2019年度上海市教委本科重点课程配套教材

初等概率论

许忠好　主编

华东师范大学精品教材建设专项基金资助

科学出版社

北京

内 容 简 介

本书主要讲授初等概率论的基本内容. 全书共四章, 内容包括概率空间、随机变量、随机向量、极限理论. 本书注重与高中概率知识的衔接, 重视概率思想的解读, 淡化理论推导和演算技巧, 表述简明、直观.

本书可作为高等院校统计学类、数学类和数据科学类等理工科专业的本科生概率论课程的教材, 同时也适合具有微积分基础的自学者使用.

图书在版编目(CIP)数据

初等概率论/许忠好主编. —北京: 科学出版社, 2019.12
2019 年度上海市教委本科重点课程配套教材
ISBN 978-7-03-063359-0

Ⅰ. ①初… Ⅱ. ①许… Ⅲ.①概率论-高等学校-教材 Ⅳ. ①O211

中国版本图书馆 CIP 数据核字 (2019) 第 255495 号

责任编辑: 胡海霞 李 萍 / 责任校对: 杨聪敏
责任印制: 吴兆东 / 封面设计: 迷底书装

科学出版社出版
北京东黄城根北街 16 号
邮政编码: 100717
http://www.sciencep.com
天津市新科印刷有限公司印刷
科学出版社发行 各地新华书店经销
*
2019 年 12 月第 一 版 开本: 720 × 1000 1/16
2024 年 9 月第六次印刷 印张: 12 3/4
字数: 255 000

定价: 39.00 元

(如有印装质量问题, 我社负责调换)

前　言

概率论是研究随机现象统计规律性的数学分支. 随着社会的进步和科学技术的发展, 特别是在当前的大数据时代, 概率论在自然科学和社会科学的各个领域应用越来越广泛, 在金融、保险、经济与企业管理、工农业生产、医学、地质学、气象与自然灾害预报等方面都起到了非常重要的作用.

本书在柯尔莫哥洛夫 (Kolmogorov) 的公理化框架下, 介绍概率论的基本内容. 全书共四章. 第 1 章着重介绍概率空间, 包括样本空间、事件域、概率、条件概率等基本概念; 第 2 章介绍一维随机变量及其分布, 还包括数学期望和方差等数字特征; 第 3 章介绍随机向量 (多维随机变量) 及其分布, 包括随机变量的独立性、随机变量函数的分布、条件分布和条件数学期望等内容; 第 4 章介绍概率论极限理论基础, 主要内容包括几乎处处收敛、依概率收敛和依分布收敛的定义及其相互关系、特征函数、大数定律及其应用、中心极限定理及其应用等.

本书的主要特点在于: 注重与高中概率知识的衔接, 侧重于讲解基本概念、基本思想和基本方法, 不拘泥于概率计算或分析技巧. 此外, 本书还尽可能融入现代概率论的一些概念 (譬如事件域、可测映射和乘积空间等) 和方法, 以期增强读者进一步学习现代概率论及其他相关课程的能力.

本书在编写过程中得到了华东师范大学统计学院的领导和同事的热心支持, 危佳钦老师多次给出了修改建议, 李育强老师也对部分章节提出了很多中肯的意见. 借此机会对他们为本书出版所做的工作表示诚挚的谢意.

由于编者水平所限, 书中难免存在疏漏与不足之处, 恳请读者批评或建议.

许忠好

2019 年 6 月 1 日

目　　录

第1章 概率空间

概率论起源于 17 世纪法国数学家帕斯卡 (Pascal) 和费马 (Fermat) 之间就赌博问题而展开的书信方式的讨论. 历史上, 概率论的发展经历了三个时期. 从 17 世纪中期概率论的产生到 18 世纪末, 概率论主要以计算各种古典概率问题为中心. 这一时期通常被称为古典概率时期. 从 18 世纪末到 19 世纪末, 概率论研究者引入了矩母函数与特征函数的概念, 并逐渐引进了比较成熟的分析工具, 使概率论的发展进入了一个新的时期, 即分析概率时期. 早期的概率论发展缓慢, 主要是由于对概率的定义没有达成广泛的共识, 直到 1933 年苏联概率学家柯尔莫哥洛夫首次给出概率的公理化定义, 为现代概率论的发展奠定了基础. 当然, 概率论的表述方式还有其他不同的公理系统, 本书所采用的是柯尔莫哥洛夫建立的公理化体系.

1.1 随机事件

在介绍概率的公理化定义之前, 我们需要一些基本的概念, 这是本节的任务.

1.1.1 样本空间

自然界中有两类现象. 一类是确定性现象, 即在一定条件下必然发生某一结果的现象. 例如, 水在 1 个标准大气压下加热到 100℃就会沸腾, 太阳从东方升起等都是确定性现象. 另一类是

定义 1.1.1 在一定条件下并不是总出现相同结果的现象, 称为**随机现象**.

例 1.1.1 下列现象都是随机现象:

(1) 抛一枚均匀的硬币, 正面向上还是反面向上;

(2) 掷一枚骰子出现的点数;

(3) 一天内进入某购物广场的顾客数;

(4) 某种品牌型号手机的寿命.

不难发现,

注 1.1.1 随机现象具有两个特点: 出现的结果不止一个; 事先我们并不知道哪个结果会出现.

注 1.1.2 尽管随机现象的结果事先不可预知, 但是很多随机现象的发生会表现出一定的规律性. 例如, 重复抛一枚均匀的硬币足够多的次数, 我们会发现, 出现正面向上的次数和反面向上的次数大致相当. 随机现象的这种规律性称为**统计规**

律性, 这正是概率统计的研究对象.

为研究随机现象的统计规律性, 我们需要进行随机试验.

定义 1.1.2　对随机现象进行的实验和观察, 称为**随机试验**, 常用大写字母 E 来表示.

由定义 1.1.2 可知,

注 1.1.3　随机试验具有两个特征: ①结果具有随机性; ②可以重复进行.

为了刻画随机试验的试验结果, 我们定义

定义 1.1.3　随机试验的每一个可能结果, 称为**样本点**, 通常记为 ω.

例 1.1.2　做下列随机试验:

(1) 抛一枚均匀的硬币, 观察是正面向上还是反面向上. 我们用 H 表示正面向上, T 表示反面向上, 则 H 和 T 都是样本点.

(2) 投掷一枚骰子, 观察其出现的点数, 则 $1,2,3,4,5,6$ 都是样本点.

(3) 观察一天内进入某购物广场的顾客数, 则 $0,1,2,\cdots$ 都是样本点.

(4) 记录某个品牌型号的手机寿命, 则任意非负实数都是样本点.

定义 1.1.4　随机试验的所有样本点组成的集合, 称为**样本空间**, 通常记为 Ω.

注 1.1.4　样本空间来自随机试验.

例 1.1.3　考虑下列随机试验的样本空间:

(1) 抛一枚均匀的硬币, 观察是正面向上还是反面向上.

(2) 投掷一枚骰子, 观察其出现的点数.

(3) 观察一天内进入某购物广场的顾客数.

(4) 记录某个品牌型号的手机寿命.

解　由例 1.1.2, 我们不难得到样本空间分别为

(1) $\Omega_1=\{H,T\}$.

(2) $\Omega_2=\{1,2,3,4,5,6\}$.

(3) $\Omega_3=\{0,1,2,\cdots\}$.

(4) $\Omega_4=[0,\infty)$. □

注 1.1.5　根据样本空间所含样本点的个数, 我们将样本空间分为两类: 一类是离散样本空间, 如果其含有有限个或可列个样本点; 另一类是连续样本空间, 如果其含有无穷不可列个样本点. 例如, 上例中 $\Omega_1,\Omega_2,\Omega_3$ 都是离散样本空间, 但 Ω_4 是连续样本空间.

1.1.2　随机事件及其运算

样本空间刻画了随机试验的所有可能的结果, 但是通常我们需要考虑其中部分试验结果, 为此, 引入随机事件的概念.

定义 1.1.5 随机试验的某些可能的结果组成的集合, 即样本空间 Ω 中的部分元素所组成的集合, 称为**随机事件**, 简称为**事件**, 通常用大写英文字母 A,B,C 等来表示.

显然,

注 1.1.6 随机事件的本质是集合, 是样本空间 Ω 的子集.

例 1.1.4 投掷一枚骰子, 观察其出现的点数, 其样本空间为 $\Omega=\{1,2,3,4,5,6\}$. 于是 $A=\{2\}$, $B=\{2,4,6\}$, $C=\{1,3,5\}$ 和 $D=\{4,5,6\}$ 都是随机事件.

注 1.1.7 事件的表示

事件除了可以用英文大写字母或者列举出样本点来表示以外, 还可以用文字语言来叙述. 例如, 在例 1.1.4 中, $A=$“掷得的点数是 2”, $B=$“掷得的点数是偶数”, $C=$“掷得的点数是奇数”, $D=$“掷得的点数大于 3”.

注 1.1.8 几类特殊事件:

(1) **基本事件** 只含有一个样本点的事件.

(2) **必然事件** 包含全部样本点的事件, 即 Ω.

(3) **不可能事件** 不含有任何样本点的事件, 用 $\varnothing$ 来表示.

例 1.1.5 在例 1.1.4 中, A 是基本事件, Ω 是必然事件.

定义 1.1.6 如果某次随机试验出现的结果 ω 包含在随机事件 A 中, 我们就称**事件 A 发生**了. 以集合论的语言来说, 即 $\omega\in A$.

例 1.1.6 在例 1.1.4 中, 如果某次掷得的点数是 2, 我们就说事件 A 发生了, B 也发生了, 但是 C 和 D 都没有发生; 若掷得的点数是 4, 我们就说事件 B 和 D 发生了, A 和 C 皆未发生.

注 1.1.9 由定义 1.1.6, 读者不难理解我们为什么用样本空间 Ω 和空集符号 $\varnothing$ 来分别表示必然事件和不可能事件.

由随机事件的定义可知, 随机事件从本质上说是集合, 因而可以依照集合的关系和运算来定义事件间的关系和运算.

定义 1.1.7 事件间的关系

(1) **包含** 若事件 A 发生必然导致事件 B 也发生, 则称事件 A **包含于**事件 B, 事件 B **包含**事件 A 或者事件 A 是事件 B 的**子事件**, 记为 $A\subset B$ 或者 $B\supset A$.

(2) **相等** 若事件 A 与 B 使得 $A\subset B$ 和 $B\subset A$ 同时满足, 则称事件 A 与 B **相等或等价**, 即为同一事件, 记为 $A=B$.

(3) **互不相容** 若事件 A 与 B 不能同时发生, 则称事件 A 与 B 互不相容.

例 1.1.7 在例 1.1.4 中, $A\subset B$, A 与 C 互不相容, B 与 C 互不相容.

定义 1.1.8 事件间的运算

(1) **并** 由事件 A 与 B 至少有一个发生构成的事件, 称为事件 A 与 B 的并, 记为 $A\cup B$.

(2) **交**　由事件 A 与 B 同时发生构成的事件, 称为事件 A 与 B 的交, 记为 $A\cap B$ 或 AB.

(3) **差**　由事件 A 发生而 B 不发生构成的事件, 称为事件 A 与事件 B 的差, 记为 $A\backslash B$.

(4) **对立**　事件 $\Omega\backslash A$ 称为事件 A 的对立事件, 记为 $\overline{A}$.

(5) **对称差**　事件 $A\backslash B$ 和 $B\backslash A$ 的并, 即事件 A 与 B 有且只有 1 个发生, 称为事件 A 与 B 的对称差, 记为 $A\triangle B$.

注 1.1.10　由定义 1.1.8,

(1) $A\cup B=B\cup A$, $AB=BA$.

(2) 一般地, $A\backslash B\neq B\backslash A$, 但 $A\triangle B=B\triangle A$.

(3) 事件 A 与 B 互不相容当且仅当 $AB=\varnothing$.

(4) 事件 A 与 B 对立, 则一定互不相容; 反之不真.

(5) $\overline{\overline{A}}=A$; $\overline{A}=B$ 当且仅当 $AB=\varnothing$ 且 $A\cup B=\Omega$ 成立.

注 1.1.11　今后为方便起见, 本书约定 (此约定也适用于多个事件的情形):

(1) 当 $AB=\varnothing$ 时, 将 $A\cup B$ 写为 $A+B$.

(2) 当 $A\supset B$ 时, 有时将 $A\backslash B$ 写为 $A-B$.

注 1.1.12　有了上述约定后, 我们有

(1) $\overline{A}=\Omega-A$.

(2) $\overline{A}=B$ 当且仅当 $A+B=\Omega$.

(3) $A\triangle B=(A\backslash B)+(B\backslash A)$, $A\cup B=(A\triangle B)+(AB)$.

例 1.1.8　已知同例 1.1.4, 则 $A\cup B=B$, $AB=A$, $\overline{B}=C$, $A\backslash B=\varnothing$, $B\backslash A=\{4,6\}$.

注 1.1.13　事件间的运算实质上是集合间的运算, 因此满足交换律、结合律和分配律等运算性质, 限于篇幅, 这里不再详述, 只列出今后经常用到的对偶公式; 事件间的关系和运算以及它们的性质可以自然地推广到任意有限个或可列个事件的情形, 这里也不再一一叙述.

定理 1.1.1　对偶公式

(1) $\overline{A\cup B}=\overline{A}\cap\overline{B}$;

(2) $\overline{A\cap B}=\overline{A}\cup\overline{B}$.

证明　(1) 先证 $\overline{A\cup B}\subset\overline{A}\cap\overline{B}$. 事实上, 若 $\omega\in\overline{A\cup B}$, 则 $\omega\notin A\cup B$. 于是 $\omega\notin A$ 且 $\omega\notin B$, 即 $\omega\in\overline{A}$ 且 $\omega\in\overline{B}$, 从而 $\omega\in\overline{A}\cap\overline{B}$. 故 $\overline{A\cup B}\subset\overline{A}\cap\overline{B}$.

再证, $\overline{A}\cap\overline{B}\subset\overline{A\cup B}$. 只需将上述证明过程逆叙即可.

(2) 的证明有两种方法. 方法一, 可仿照 (1) 的证明过程, 这里略去; 方法二, 对事件 $\overline{A}$ 和 $\overline{B}$ 直接利用 (1) 的结论, 并注意到对立事件的对立事件是其自身这个事实, 我们有

$$\overline{A}\cup\overline{B}=\overline{\overline{\overline{A}\cup\overline{B}}}=\overline{\overline{\overline{A}}\cap\overline{\overline{B}}}=\overline{A\cap B}.$$ □

注 1.1.14 读者不难验证, 对偶公式可以推广到对任意多个随机事件的情形.

例 1.1.9 设 A,B,C 为三个事件, 试用 A,B,C 表示下列事件:

(1) A 发生;
(2) 仅 A 发生;
(3) 恰有一个发生;
(4) 至少有一个发生;
(5) 至多有一个发生;
(6) 都不发生;
(7) 不都发生;
(8) 至少有两个发生.

解 不难写出

(1) A;
(2) $A\overline{B}\,\overline{C}$;
(3) $A\overline{B}\,\overline{C}\cup\overline{A}B\overline{C}\cup\overline{A}\,\overline{B}C$;
(4) $A\cup B\cup C$;
(5) $\overline{A}\,\overline{B}\,\overline{C}\cup A\overline{B}\,\overline{C}\cup\overline{A}B\overline{C}\cup\overline{A}\,\overline{B}C$;
(6) $\overline{A}\,\overline{B}\,\overline{C}$;
(7) $\overline{ABC}$;
(8) $AB\cup AC\cup BC$. □

注 1.1.15 概率论中事件的关系和运算与集合论中的集合的关系和运算的对照表, 见表 1.1.

表 1.1 概率论与集合论相关概念对照表

记号	概率论	集合论
Ω	样本空间, 必然事件	全集
$\varnothing$	不可能事件	空集
$A\subset B$	A 发生必然导致 B 发生	A 是 B 的子集
$A\cup B$	A 与 B 至少有一个发生	A 和 B 的并集
AB	A 与 B 同时发生	A 和 B 的交集
$AB=\varnothing$	A 与 B 互不相容	A 与 B 无共同元素
$A\backslash B$	A 发生且 B 不发生	A 与 B 的差集
$\overline{A}$	A 不发生	A 的余集

1.1.3 事件域

随机事件是样本空间 Ω 的子集, 但是很多场合下我们并不能把样本空间 Ω 所有的子集都作为随机事件, 否则会给后面定义事件发生的概率带来不可克服的困难 (关于这一点的详细解释已经超出了本书的范围); 同时, 为使得概率论的基本框架能够适用于解决更多的实际问题, 所考虑的随机事件应该足够丰富. 为此, 我们考虑样本空间 Ω 的部分子集所组成的事件类, 它需要满足一定的条件, 才能使其对前面介绍的事件的并、交和差等运算封闭. 为此, 我们给出事件域的概念. 事件域的本质是 σ-代数, 本章 1.6 节简要介绍了 σ-代数, 有兴趣的读者可以参阅.

定义 1.1.9 设 Ω 是某随机试验的样本空间, $\mathcal{F}$ 是由 Ω 的部分事件组成的事件类, 若 $\mathcal{F}$ 为 Ω 上的 σ-代数, 即 $\mathcal{F}$ 满足

(1) $\Omega \in \mathcal{F}$;

(2) $A \in \mathcal{F}$ 蕴含 $\overline{A} \in \mathcal{F}$;

(3) 对任意的 $n \geqslant 1$, $A_n \in \mathcal{F}$ 蕴含 $\bigcup\limits_{n=1}^{\infty} A_n \in \mathcal{F}$,

则称 $\mathcal{F}$ 为 Ω 上的**事件域**.

例 1.1.10　设 $\Omega = \{a, b, c\}$ 为某随机试验的样本空间, 则事件类 $\{\Omega, \varnothing, \{a\}, \{b, c\}\}$ 为事件域.

注 1.1.16　由定义, 我们易证: 若 $\mathcal{F}$ 为 Ω 上的事件域, 则 $\mathcal{F}$ 对事件的有限交、可列交、有限并等运算封闭.

注 1.1.17　在概率论中, 研究概率模型时, 总是假定样本空间 Ω 和事件域 $\mathcal{F}$ 都已给定, 除非特别声明. 我们通常将 $(\Omega, \mathcal{F})$ 称为**可测空间**.

为研究问题的方便, 我们有时需要对样本空间进行适当分割.

定义 1.1.10　设事件 $A_1, \cdots, A_n \in \mathcal{F}$, 满足

$$\sum_{i=1}^{n} A_i = \Omega,$$

则称事件 $A_1, \cdots, A_n$ 是样本空间 Ω 的**一组分割**.

注 1.1.18　显然, 给定样本空间 Ω 和事件域 $\mathcal{F}$, 样本空间 Ω 的分割可能不是唯一的.

1.2　概率的定义

虽然我们不能确定某次随机试验中某个试验结果是否会发生, 但是可以确定该结果发生的可能性有多大. 可能性的大小通常用 $[0, 1]$ 里的数来衡量, 称之为概率. 因此, 事件的概率直观上的含义就是其发生可能性的大小. 历史上, 在概率的公理化定义之前, 出现了很多版本定义的概率, 但各有各的优缺点. 本节先着重介绍几种比较常用的确定概率的方法: 古典方法、频率方法、几何方法和主观方法, 最后给出概率的公理化定义.

1.2.1　确定概率的常用方法

1. *古典方法*

古典方法是在 17 世纪概率论开始形成时就经常使用的研究方法. 这类概率模型所研究的随机试验需具有两个特征:

(1) 样本空间 Ω 是有限集;

(2) 每个基本事件的发生是等可能的.

这类随机试验中的事件发生的概率与其所含的样本点的个数成正比. 用 $|A|$ 表示事件 A 所含样本点的个数 (下同), 定义事件 A 发生的概率为

$$P(A)=\frac{|A|}{|\Omega|}.$$

例 1.2.1 现掷一颗骰子, 设 A 表示事件“掷得的点数为偶数”, 求 A 发生的概率.

解 设样本空间 $\Omega=\{1,2,3,4,5,6\}$, 则 Ω 中的每个样本点出现的可能性相等, 且 $A=\{2,4,6\}$. 于是, A 发生的概率为

$$P(A)=\frac{|A|}{|\Omega|}=\frac{3}{6}=\frac{1}{2}.$$

□

注 1.2.1 我们在使用古典方法计算随机事件发生的概率时, 除了需要注意样本空间是有限集之外, 还必须要求每个基本事件的发生是等可能的. 因此, 选择恰当的样本空间是值得引起注意的. 例如, 用 H 表示正面, T 表示反面, 现抛一枚均匀的硬币两次, 所得的样本空间可以至少有两种方式来记录, 分别用 Ω_1 和 Ω_2 表示:

$$\Omega_1=\{(HH),(HT),(TH),(TT)\},\qquad \Omega_2=\{2H,2T,1H1T\}.$$

显然, Ω_1 中的每个样本点的发生是等可能的, Ω_2 中的样本点不是等可能的.

例 1.2.2 一副标准的扑克牌由 52 张组成 (大小王除外), 有 4 种花式, 13 种牌型. 现从这一副牌中任取一张, 求取出的是红桃的概率.

解 注意到一副标准的扑克牌有 13 张红桃, 且 52 张扑克牌被抽到的可能性是相同的. 设 A 表示事件“取出的是红桃”, 则由古典方法知, A 发生的概率为

$$P(A)=\frac{|A|}{|\Omega|}=\frac{13}{52}=\frac{1}{4}.$$

□

注 1.2.2 用古典方法求随机事件发生的概率时, 需要计算样本空间和所考察的随机事件中样本点的个数. 通常我们不需要具体列出所有的样本点, 只需要知道所含样本点的个数即可, 所以计算中经常要用到排列组合工具. 为便于读者使用, 我们将有关排列组合的知识补充在本章 1.6 节.

2. *频率方法*

频率方法是指在大量重复试验中用频率的稳定值去替代概率的方法, 在日常生活中经常使用. 基本思想是:

(1) 随机试验可大量重复进行;

(2) $n(A)$ 表示 n 次重复试验中事件 A 发生的次数, 称 $f_n(A)=\dfrac{n(A)}{n}$ 为事件 A 发生的频率;

(3) 频率 $f_n(A)$ 会稳定于某一常数 (稳定值);

(4) 用频率的稳定值作为事件 A 发生的概率.

例 1.2.3　概率的古典方法告诉我们, 抛一枚均匀的硬币正面向上的概率是 $\frac{1}{2}$. 为验证一枚新的硬币是否均匀, 我们可以重复抛掷 n 次, 记录正面向上的次数为 m 次, 则正面向上的频率为 $\frac{m}{n}$. 如果发现随着 n 的增大, $\frac{m}{n}$ 稳定在 0.5 附近, 我们就认为该硬币是均匀的; 如果发现 $\frac{m}{n}$ 稳定在 0.8 附近, 我们完全可以认为该硬币是不均匀的. 历史上, 有许多人做了硬币抛掷试验, 结果如表 1.2 所示.

表 1.2　历史上硬币试验结果

实验者	抛掷次数	正面次数	频率
De Morgan	2048	1061	0.5181
Buffon	4040	2048	0.5069
Feller	10000	4979	0.4979
Pearson	12000	6019	0.5016
Pearson	24000	12012	0.5005

3. *几何方法*

几何方法是指借助几何度量 (长度、面积或体积等) 来计算随机事件的概率的方法. 使用几何方法, 需要满足两个条件:

(1) 样本空间 Ω 是 n 维空间中的有界区域, $L(\Omega) > 0$. 我们用 $L(A)$ 表示 A 的度量.

(2) 每个样本点落在某个子区域的概率与该区域的度量大小成正比, 与区域的形状和位置无关.

有了上面两个条件后, Ω 的那些可求度量的子集 A 都可以作为我们感兴趣的事件, 其概率定义为

$$P(A) = \frac{L(A)}{L(\Omega)}.$$

注 1.2.3　几何方法是古典方法的推广.

例 1.2.4　已知某路公交车经过某公交车站的时刻差为 5 分钟, 求乘客在此站台等候该路公交车的时间不超过 3 分钟的概率.

解　设 ω 表示从前一辆公交车开出开始计算时间乘客到达车站的时刻. 于是, 样本空间可以表示为 $\Omega = \{\omega : \omega \in (0, 5]\}$. 令 A 表示事件 "乘客候车不超过 3 分

钟”, 则 $A=\{\omega\in\Omega:2\leqslant\omega\leqslant5\}$. 故事件 A 发生的概率为

$$P(A)=\frac{L(A)}{L(\Omega)}=\frac{3}{5}. \qquad \square$$

例 1.2.5 会面问题

甲、乙二人相约于 8 点至 9 点之间在某地会面, 先到者等候 20 分钟即可离去. 求甲、乙二人成功会面的概率.

解 从 8 点开始计时, 设甲、乙二人分别到达约会地的时刻为 x 和 y, 则 (x,y) 可能取值于

$$\Omega=\{(x,y):0\leqslant x\leqslant60,0\leqslant y\leqslant60\}.$$

设 A 表示事件“二人成功会面”, 则

$$A=\{(x,y)\in\Omega:|x-y|\leqslant20\}.$$

如图 1.1 所示, 计算面积可得事件 A 发生的概率为

$$P(A)=\frac{L(A)}{L(\Omega)}=\frac{60^2-40^2}{60^2}=\frac{5}{9}. \qquad \square$$

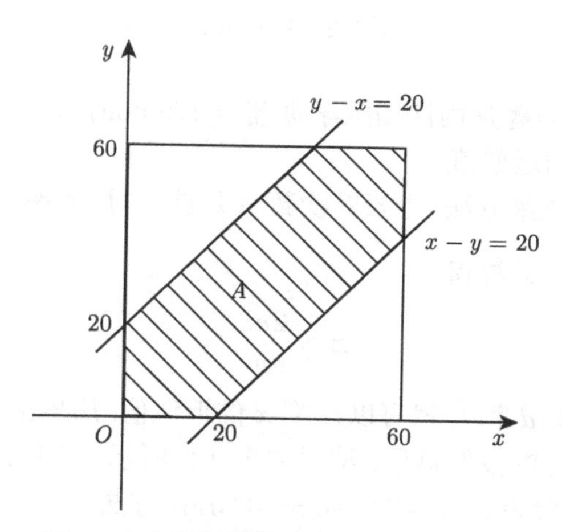

图 1.1 会面问题中事件 Ω 与 A 的图示

例 1.2.6 投针问题

向画有距离为 d 的一组平行线的平面任意投一长为 $l(l<d)$ 的针, 求针与任一平行线相交的概率.

解 设 x 表示针的中点到最近的平行线的距离, θ 表示针与此平行线的交角, 如图 1.2 所示.

于是, 针的位置可表示为

$$\Omega=\left\{(x,\theta):0\leqslant x\leqslant \frac{d}{2},0\leqslant\theta<\pi\right\}.$$

令 A 表示事件“针与任一平行线相交”, 则

$$A=\left\{(x,\theta):0\leqslant x\leqslant \frac{l}{2}\sin\theta,0\leqslant\theta<\pi\right\}.$$

计算 Ω 和 A 的面积可得事件 A 发生的概率为

$$P(A)=\frac{L(A)}{L(\Omega)}=\frac{\int_0^{\pi}\frac{l}{2}\sin\theta \mathrm{d}\theta}{\frac{d}{2}\pi}=\frac{2l}{\pi d}.$$ □

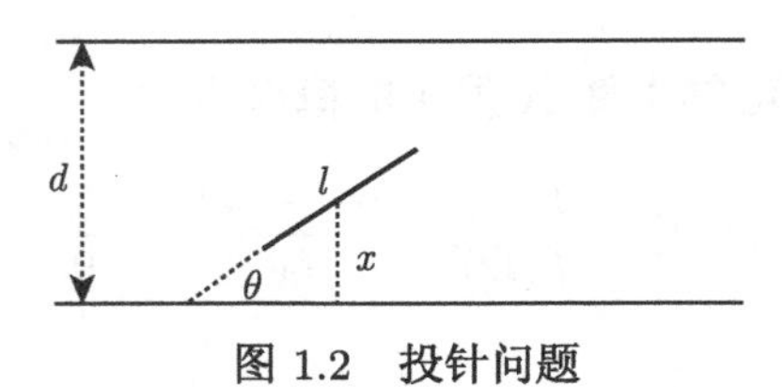

图 1.2　投针问题

注 1.2.4　投针问题是由法国数学家蒲丰 (Buffon) 于 1777 年提出的著名问题, 可以用来计算 π 的近似值.

根据确定概率的频率方法, 当投针次数 n 足够大时, 概率 $P(A)$ 可以用频率 $\frac{m}{n}$ 替代, 于是由 $\frac{m}{n}\approx\frac{2l}{\pi d}$ 计算得

$$\pi\approx\frac{2nl}{dm}.$$

因此, 只要知道了 d 和 l, 就可以计算 π 的近似值. 历史上, 为了估计 π 的近似值, 有许多人做了这样的投针试验, 结果如表 1.3 所示. 这种由构建概率模型来做近似计算的方法通常称为蒙特卡罗 (Monte-Carlo) 方法.

4. *主观方法*

实际生活中, 很多随机现象是不能通过随机试验或大量重复的随机试验进行观察或记录的, 例如, 某地下一年地震是否会发生等. 这时有关事件发生的概率就要通过主观方法来确定.

表 1.3 历史上投针试验结果

实验者	年份	投针次数	相交次数	π 的近似值
Wolf	1850	5000	2532	3.1596
Smith	1855	3204	1218.5	3.1554
De Morgan	1860	600	382.5	3.137
Fox	1884	1030	489	3.1595
Lazzerini	1901	3408	1808	3.1415929
Reina	1925	2520	859	3.1795

例 1.2.7 主观方法确定概率的例子.

(1) 某普通股民认为下个交易日某只股票价格上涨的概率为 0.9, 这是其根据对该股票历史数据的分析和公司的运营状况的了解所给出的主观概率.

(2) 某数学老师断定某学生通过期末考试的概率为 0.3, 这是该老师通过对学生平时学习情况的了解而作出的判断.

(3) 某房产中介人员认为短期内某板块商品房价格下跌的概率为 0.1, 这是基于其对该板块商品房供需行情的掌握而给出的结论.

注 1.2.5 主观方法确定概率不同于主观臆断. 主观方法确定概率是当事人基于手头掌握的资料和经验而作出的判断, 是对随机事件发生的概率的一种推断和估计, 在统计学意义上是有价值的.

1.2.2 概率的公理化定义

古典方法、频率方法、几何方法和主观方法确定随机事件发生的概率, 各自都有其适用范围, 但同时它们也都具有一定的共性. 这就启发人们去寻找适用范围更广的一般化定义. 概率的一般化定义的问题最初由数学家 Hilbert 在 1900 年提出, 直到 1933 年, 苏联数学家柯尔莫哥洛夫借助现代分析理论给出了概率的公理化定义, 这一公理化体系的建立是现代概率论开始发展的标志.

定义 1.2.1 概率的公理化定义

设 $P(\cdot)$ 是定义在 $\mathcal{F}$ 上的实值函数, 如果其满足下面三条公理:

(1) **非负性公理** $P(A) \geqslant 0$;

(2) **正则性公理** $P(\Omega) = 1$;

(3) **可列可加性公理** *若 $A_1, \cdots, A_n, \cdots$ 互不相容, 则*

$$P\left(\sum_{n=1}^{\infty} A_n\right) = \sum_{n=1}^{\infty} P(A_n),$$

*则称 $P(\cdot)$ 为***概率测度***或***概率***.*

例 1.2.8 设 $\Omega = \{H, T\}$, $\mathcal{F} = 2^{\Omega} = \{\Omega, \varnothing, \{H\}, \{T\}\}$, 设 $p : 0 < p < 1$, 定义

$\mathcal{F}$ 上的函数 P 满足

$$P(\Omega)=1,\quad P(\varnothing)=0,\quad P(\{H\})=p,\quad P(\{T\})=1-p.$$

于是由定义知, P 是概率.

注 1.2.6　本质上, 概率是一个集函数, 即自变量是集合 (事件), 取值为实数的函数.

注 1.2.7　称三元总体 $(\Omega,\mathcal{F},P)$ 为**概率空间**, 其中 Ω 为样本空间, $\mathcal{F}$ 为事件域, P 是定义在 $\mathcal{F}$ 上的概率测度.

注 1.2.8　今后, 除非特别声明, 概率空间 $(\Omega,\mathcal{F},P)$ 总是已经给定.

1.3　概率的性质

本节先简要介绍概率的性质, 最后给出几个常见的概率模型.

1.3.1　概率的初等性质

下面来研究概率的初等性质.

定理 1.3.1　概率的初等性质

设 $(\Omega,\mathcal{F},P)$ 是给定的概率空间, $A,B,C\in\mathcal{F}$, 有

(1) $P(\varnothing)=0$.

(2) **对立事件公式**　$P(\bar{A})=1-P(A)$.

(3) **有限可加性**　若 $AB=\varnothing$, 则 $P(A+B)=P(A)+P(B)$.

(4) **可减性**　若 $A\supset B$, 则 $P(A-B)=P(A)-P(B)$. 一般地, $P(A\backslash B)=P(A)-P(AB)$.

(5) **单调性**　若 $A\supset B$, 则 $P(A)\geqslant P(B)$.

(6) **有界性**　$0\leqslant P(A)\leqslant 1$.

(7) **加法公式**　$P(A\cup B)=P(A)+P(B)-P(AB)$.

(8) **次可加性**　$P(A\cup B)\leqslant P(A)+P(B)$.

(9) $P(A\cup B\cup C)=P(A)+P(B)+P(C)-P(AB)-P(AC)-P(BC)+P(ABC)$.

证明　我们逐条证明.

(1) 首先由 $\mathcal{F}$ 的定义知, $\varnothing\in\mathcal{F}$.

令 $A_1=\Omega$, $A_k=\varnothing$, $k\geqslant 2$, 则 $\{A_k,k\geqslant 1\}$ 是 $\mathcal{F}$ 中互不相容的事件列, 且 $\Omega=\sum\limits_{k=1}^{\infty}A_k$. 由概率的正则性和可列可加性公理,

$$1=P(\Omega)=P\left(\sum_{k=1}^{\infty}A_k\right)=\sum_{k=1}^{\infty}P(A_k)=P(\Omega)+\sum_{k=2}^{\infty}P(\varnothing)=1+P(\varnothing)\sum_{k=2}^{\infty}1,$$

故 $P(\varnothing)=0$.

(2) 令 $A_1=A, A_2=\overline{A}, A_k=\varnothing, k\geqslant 3$, 则 $\{A_k,k\geqslant 1\}$ 是 $\mathcal{F}$ 中互不相容的事件列, 且 $\Omega=\sum\limits_{k=1}^{\infty}A_k$. 由概率的正则性和可列可加性公理, 并应用 (1), 有

$$1=P(\Omega)=P\left(\sum_{k=1}^{\infty}A_k\right)=\sum_{k=1}^{\infty}P(A_k)=P(A)+P(\overline{A}),$$

移项即得.

(3) 令 $A_1=A, A_2=B, A_k=\varnothing, k\geqslant 3$, 则 $\{A_k,k\geqslant 1\}$ 是 $\mathcal{F}$ 中互不相容的事件列, 且 $A+B=\sum\limits_{k=1}^{\infty}A_k$. 由概率的可列可加性公理, 并应用 (1), 有

$$P(A+B)=P\left(\sum_{k=1}^{\infty}A_k\right)=\sum_{k=1}^{\infty}P(A_k)=P(A)+P(B).$$

(4) 因为 $A\supset B$, 故 $A=(A-B)+B$. 由 (3) 知, $P(A)=P(A-B)+P(B)$, 移项即得 $P(A-B)=P(A)-P(B)$. 一般地, 因为 $AB\subset A, A\backslash B=A-AB$, 故 $P(A\backslash B)=P(A-AB)=P(A)-P(AB)$.

(5) 由 (4), $P(A)-P(B)=P(A-B)$, 由概率的非负性公理, $P(A-B)\geqslant 0$. 故 $P(A)-P(B)\geqslant 0$, 即 $P(A)\geqslant P(B)$.

(6) 只需证明 $P(A)\leqslant 1$. 由单调性和 $A\subset\Omega$ 得, $P(A)\leqslant P(\Omega)=1$.

(7) 注意到 $A\cup B=A\backslash B+B$, 由 (3) 和 (4) 即得.

(8) 由 (7) 并注意到 $P(AB)\geqslant 0$ 即可.

(9) 由 (7), 并注意到 $A\cup B\cup C=(A\cup B)\cup C, (A\cup B)C=(AC)\cup(BC)$ 和 $(AC)\cap(BC)=ABC$, 有

$$\begin{aligned}P(A\cup B\cup C)&=P((A\cup B)\cup C)=P(A\cup B)+P(C)-P((A\cup B)C)\\&=P(A)+P(B)-P(AB)+P(C)-[P(AC)+P(BC)-P(ABC)]\\&=P(A)+P(B)+P(C)-P(AB)-P(AC)-P(BC)+P(ABC).\end{aligned}$$

□

注 1.3.1 **零概率事件未必是不可能事件.** 事实上, 在例 1.2.5 中, 记 $B=\{(x,y)\in\Omega: x-y=20\}$, 则由于 B 的面积 $L(B)=0$, 故 $P(B)=0$, 但是显然 $B\neq\varnothing$.

注 1.3.2 一般地, 有限可加性对任意有限多个互不相容的事件都成立, 即若 $n\geqslant 1, A_1,\cdots,A_n\in\mathcal{F}$ 且互不相容, 则

$$P\left(\sum_{k=1}^{n}A_k\right)=\sum_{k=1}^{n}P(A_k).$$

注 1.3.3　若 $P(\cdot)$ 是定义在 $\mathcal{F}$ 上的实值函数, 且满足非负性、正则性公理, 则由可列可加性可以推出有限可加性, 但反之不真, 即有限可加性推不出可列可加性 (反例见例 1.3.9).

下面给出几个利用概率的性质计算随机事件发生的概率的例子.

例 1.3.1　已知 $AB=\varnothing$, $P(A)=0.6$, $P(A\cup B)=0.8$, 求 $P(\overline{B})$.

解　因为 $AB=\varnothing$, 所以

$$P(B)=P(A\cup B)-P(A)=0.8-0.6=0.2,$$

于是 $P(\overline{B})=1-P(B)=1-0.2=0.8$. □

例 1.3.2　已知 $P(A)=0.4$, $P(B)=0.3$, $P(A\cup B)=0.6$, 求 $P(A\setminus B)$.

解　由已知及概率的性质,

$$P(A\setminus B)=P(A)-P(AB)=P(A\cup B)-P(B)=0.6-0.3=0.3.$$ □

例 1.3.3　口袋中有 $n-1$ 个黑球、1 个白球, 每次从口袋中随机地摸出一球, 并放入一个黑球. 求取第 k 次时取到的球是黑球的概率.

解　设 A_k 表示事件“取第 k 次时取到的球是黑球”, $k=1,2,\cdots$, 显然 $P(A_1)=\dfrac{n-1}{n}$, $\overline{A}_k$ 表示事件“取第 k 次时取到的球是白球”. 因为一旦某次取到白球, 之后每次取到的都是黑球, 故 $\overline{A}_k=A_1\cdots A_{k-1}\overline{A}_k$, $k=2,3,\cdots$. 由对立事件公式,

$$\begin{aligned}P(A_k)&=1-P(\overline{A}_k)=1-P(A_1\cdots A_{k-1}\overline{A}_k)\\&=1-\frac{(n-1)^{k-1}\cdot 1}{n^k}=\frac{n^k-(n-1)^{k-1}}{n^k},\end{aligned}$$

$k=2,3,\cdots$. □

读者可以利用例 1.3.3 的结果考虑下面的思考题.

思考题: 口袋中有 2 个白球, 每次从口袋中随机地摸出一球, 并放入一个黑球. 求取第 k 次时取到的球是黑球的概率.

例 1.3.4　一颗骰子掷 4 次, 求至少出现一次 6 点的概率.

解　设 A 表示事件“至少出现一次 6 点”, 则 $\overline{A}$ 表示事件“一次 6 点都不出现”. 由对立事件公式,

$$P(A)=1-P(\overline{A})=1-\frac{5^4}{6^4}=0.5177.$$ □

例 1.3.5　两颗骰子同时掷 24 次，求至少出现一次双 6 点的概率.

解 类似于上例,

$$P(A)=1-P(\overline{A})=1-\frac{35^{24}}{36^{24}}=0.4914.$$ □

例 1.3.6 从 $1,2,\cdots,9$ 中有返回地取 n 次，求取出的 n 个数的乘积能被 10 整除的概率.

解 A 表示“取到过 5”, B 表示“取到过偶数”, 则由对立事件公式和加法公式, 所求概率为

$$P(AB)=1-P(\overline{A}\cup\overline{B})=1-P(\overline{A})-P(\overline{B})+P(\overline{AB})=1-\frac{8^n}{9^n}-\frac{5^n}{9^n}+\frac{4^n}{9^n}.$$ □

例 1.3.7 一枚均匀的硬币, 甲掷 $n+1$ 次，乙掷 n 次. 求甲掷出的正面数比乙掷出的正面数多的概率.

解 用 A, B 分别表示甲、乙掷得的正面数, C, D 分别表示甲、乙掷得的反面数. 于是, 易知所求概率满足

$$\begin{aligned}P(A>B)&=P(n+1-C>n-D)=P(C-1<D)\\&=P(C\leqslant D)=1-P(C>D)=1-P(A>B),\end{aligned}$$

其中第四个等号由对立事件公式得到, 最后一个等号应用了硬币的对称性. 故

$$P(A>B)=0.5.$$ □

例 1.3.8 已知 $P(A)=P(B)=P(C)=\dfrac{1}{4}$, $P(AB)=0$, $P(AC)=P(BC)=\dfrac{1}{12}$, 求 A,B,C 都不发生的概率.

解 由概率的单调性和 $ABC\subset AB$ 知, $P(ABC)\leqslant P(AB)=0$, 于是由概率的非负性知, $P(ABC)=0$.

由对立事件公式和加法公式, 所求概率为

$$\begin{aligned}&P\left(\overline{A}\cap\overline{B}\cap\overline{C}\right)\\&=P\left(\overline{A\cup B\cup C}\right)=1-P(A\cup B\cup C)\\&=1-[P(A)+P(B)+P(C)-P(AB)-P(AC)-P(BC)+P(ABC)]\\&=1-\left(\frac{1}{4}+\frac{1}{4}+\frac{1}{4}-0-\frac{1}{12}-\frac{1}{12}+0\right)=\frac{5}{12}.\end{aligned}$$ □

定理 1.3.2 多个事件的加法公式

一般地, 若 $n\geqslant 1$, $A_1,A_2,\cdots,A_n\in\mathcal{F}$, 则

$$\begin{aligned}P\left(\bigcup_{k=1}^{n}A_k\right)=&\sum_{k=1}^{n}P(A_k)-\sum_{i<j}P(A_iA_j)+\sum_{i<j<k}P(A_iA_jA_k)\\&+\cdots+(-1)^{n-1}P(A_1A_2\cdots A_n).\end{aligned}$$

可以通过数学归纳法证明, 这里略去.

注 1.3.4　多个事件的加法公式又称为庞加莱 (Poincaré) 公式 (施利亚耶夫, 2008). 若记

$$S_m = \sum_{1 \leqslant i_1 < \cdots < i_m \leqslant n} P(A_{i_1} \cap \cdots \cap A_{i_m}),$$

则庞加莱公式可写为

$$P\left(\bigcup_{k=1}^{n} A_k\right) = \sum_{m=1}^{n} (-1)^{m-1} S_m.$$

1.3.2　概率的连续性

概率的性质表明, 概率具有有限可加性: 若 $A_1, A_2, \cdots, A_n \in \mathcal{F}$, 且对任意的 $i \neq j$, $A_i A_j = \varnothing$, 则

$$P\left(\sum_{k=1}^{n} A_k\right) = \sum_{k=1}^{n} P(A_k),$$

即有限个互不相容的事件的和发生的概率等于这有限个事件发生的概率的和. 但是我们不能在概率的定义中将可列可加性公理替换为有限可加性性质, 因为对于满足非负性和正则性公理的集函数, 有限可加性不能推出可列可加性.

例 1.3.9　设 $\Omega = [0,1] \cap \mathbb{Q}$, 即 Ω 是 $[0,1]$ 中的全体有理数构成的集合. 定义

$$\mathcal{C} = \{A_{a,b} : A_{a,b} = [a,b] \cap \Omega, \text{其中} 0 \leqslant a \leqslant b \leqslant 1, a, b \in \Omega\},$$

$\mathcal{F}$ 是包含 $\mathcal{C}$ 的最小事件域. 定义 $\mathcal{F}$ 上的集函数, 满足 $\mu(A_{a,b}) = b - a$.

易知 μ 满足有限可加性但不满足可列可加性. 事实上, 既然 Ω 是可列集, 记 $\Omega = \{r_1, r_2, \cdots\}$, $A_n = \{r_n\}$, 则 $\mu\left(\sum_{n=1}^{\infty} A_n\right) = \mu(\Omega) = 1$, 但 $\mu(A_n) = \mu(\{r_n\}) = 0$, 因而不满足可列可加性.

为讨论有限可加性和可列可加性之间的关系, 我们需要如下定义.

定义 1.3.1　设 $\{A_n, n \geqslant 1\}$ 是 $\mathcal{F}$ 中的事件列,

(1) 若 $A_1 \subset A_2 \subset \cdots \subset A_n \subset \cdots$, 即 $\{A_n, n \geqslant 1\}$ 是单调不减的, 记

$$\lim_{n \to \infty} A_n = \bigcup_{n=1}^{\infty} A_n;$$

(2) 若 $A_1 \supset A_2 \supset \cdots \supset A_n \supset \cdots$, 即 $\{A_n, n \geqslant 1\}$ 是单调不增的, 记

$$\lim_{n \to \infty} A_n = \bigcap_{n=1}^{\infty} A_n.$$

称 $\lim\limits_{n \to \infty} A_n$ 为事件列 $\{A_n, n \geqslant 1\}$ 的**极限事件**.

定义 1.3.2 称定义在 $\mathcal{F}$ 上的集函数 $\mu(\cdot)$ 是

(1)**下连续的**, 若对单调不减的事件列 $\{A_n, n \geqslant 1\}$ 满足

$$\mu\left(\lim_{n\to\infty} A_n\right) = \lim_{n\to\infty} \mu(A_n);$$

(2)**上连续的**, 若对单调不增的事件列 $\{A_n, n \geqslant 1\}$ 满足

$$\mu\left(\lim_{n\to\infty} A_n\right) = \lim_{n\to\infty} \mu(A_n).$$

定理 1.3.3 概率的连续性

设 P 是定义在 $\mathcal{F}$ 上的概率, 即是满足非负性、正则性和可列可加性三条公理的集函数, 则 P 是下连续的和上连续的.

证明 先证下连续性. 设 $A_1 \subset A_2 \subset \cdots \subset A_n \subset \cdots$, 记 $B_1 = A_1$, $B_n = A_n \backslash A_{n-1}$, $n = 2, 3, \cdots$, 则 $\{B_n, n \geqslant 1\}$ 是 $\mathcal{F}$ 中的互不相容的事件列, 且

$$\lim_{n\to\infty} A_n = \bigcup_{n=1}^{\infty} A_n = \sum_{n=1}^{\infty} B_n, \qquad \bigcup_{k=1}^{n} A_k = \sum_{k=1}^{n} B_k, \quad n \geqslant 1.$$

于是, 由概率的定义及性质知

$$\begin{aligned} P\left(\lim_{n\to\infty} A_n\right) &= P\left(\sum_{n=1}^{\infty} B_n\right) = \sum_{n=1}^{\infty} P(B_n) = \lim_{n\to\infty} \sum_{k=1}^{n} P(B_k) \\ &= \lim_{n\to\infty} P\left(\sum_{k=1}^{n} B_k\right) = \lim_{n\to\infty} P(A_n), \end{aligned}$$

其中第二个等号是因为概率的可列可加性, 第三个等号是将无穷可列项求和写为部分和的极限, 第四个等号是因为概率的有限可加性.

再证上连续性. 设 $A_1 \supset A_2 \supset \cdots \supset A_n \supset \cdots$, 则 $\overline{A}_1 \subset \overline{A}_2 \subset \cdots \subset \overline{A}_n \subset \cdots$. 于是, 对事件列 $\{\overline{A}_n, n \geqslant 1\}$ 应用概率的下连续性,

$$\begin{aligned} P\left(\lim_{n\to\infty} A_n\right) &= P\left(\bigcap_{n=1}^{\infty} A_n\right) = 1 - P\left(\bigcup_{n=1}^{\infty} \overline{A}_n\right) = 1 - \lim_{n\to\infty} P\left(\overline{A}_n\right) \\ &= 1 - \lim_{n\to\infty} (1 - P(A_n)) = \lim_{n\to\infty} P(A_n), \end{aligned}$$

其中第二个等号应用了对偶公式和概率的对立事件公式, 第三个等号应用了概率的下连续性, 第四个等号也是应用了概率的对立事件公式. □

定理 1.3.4 若 $\mu(\cdot)$ 是定义在 $\mathcal{F}$ 上的非负集函数, 且 $\mu(\Omega) = 1$, 则 μ 满足可列可加性当且仅当 μ 满足有限可加性和下连续性.

证明 必要性可仿照概率 P 的有限可加性和下连续性的证明得到, 只需证明充分性. 设 $\{A_n, n \geqslant 1\}$ 是 $\mathcal{F}$ 中的互不相容的事件列, 下证

$$\mu\left(\sum_{n=1}^{\infty} A_n\right) = \sum_{n=1}^{\infty} \mu(A_n).$$

事实上, 记 $B_n = \sum_{k=1}^{n} A_k$, $n \geqslant 1$, 则容易验证 $\{B_n, n \geqslant 1\}$ 是 $\mathcal{F}$ 中的单调不减的事件列, 且 $\sum_{n=1}^{\infty} A_n = \bigcup_{n=1}^{\infty} B_n$. 于是

$$\begin{aligned}\mu\left(\sum_{n=1}^{\infty} A_n\right) &= \mu\left(\bigcup_{n=1}^{\infty} B_n\right) = \lim_{n\to\infty} \mu(B_n)\\ &= \lim_{n\to\infty} \mu\left(\sum_{k=1}^{n} A_k\right) = \lim_{n\to\infty} \sum_{k=1}^{n} \mu(A_k) = \sum_{n=1}^{\infty} \mu(A_n),\end{aligned}$$

其中第二个等号利用了 μ 的下连续性, 第四个等号利用了 μ 的有限可加性. □

注 1.3.5 概率 P 的等价定义

设 P 是定义在 $\mathcal{F}$ 上的集函数, 称 P 是**概率测度或概率**, 若其满足

(1) **非负性公理** 对任意的 $A \in \mathcal{F}$, $P(A) \geqslant 0$;

(2) **正则性公理** $P(\Omega) = 1$;

(3) **有限可加性公理** 若 $A_1, A_2, \cdots, A_n \in \mathcal{F}$, 且对任意的 $i \neq j$, $A_i A_j = \varnothing$, 则

$$P\left(\sum_{k=1}^{n} A_k\right) = \sum_{k=1}^{n} P(A_k);$$

(4) **下连续性公理** 若 $\{A_n, n \geqslant 1\}$ 是 $\mathcal{F}$ 中的事件列, 则

$$P\left(\lim_{n\to\infty} A_n\right) = \lim_{n\to\infty} P(A_n).$$

1.3.3 常见的概率模型

下面介绍几种常见的概率模型, 许多实际问题可归结为这几类模型来考虑.

1. 不返回抽样

设有 N 个产品, 其中 M 个不合格, $N-M$ 个合格. 从中不返回地任取 n 个, 则此 n 个中有 m 个不合格的概率为

$$\frac{\mathrm{C}_M^m \cdot \mathrm{C}_{N-M}^{n-m}}{\mathrm{C}_N^n}, \qquad n \leqslant N,\ m \leqslant M,\ n-m \leqslant N-M.$$

这个模型又被称为超几何模型.

例 1.3.10 口袋中有 5 个白球、7 个黑球和 4 个红球. 从中不返回任取 3 个. 求取出的 3 个球颜色各不相同的概率.

解 由不返回抽样模型易知所求的概率为 $\dfrac{\mathrm{C}_5^1\mathrm{C}_7^1\mathrm{C}_4^1}{\mathrm{C}_{16}^3}=\dfrac{1}{4}$. □

2. 返回抽样

设有 N 个产品, 其中 M 个不合格, $N-M$ 个合格. 从中有返回地任取 n 个, 则此 n 个中有 m 个不合格的概率为

$$\mathrm{C}_n^m\frac{M^m(N-M)^{n-m}}{N^n}=\mathrm{C}_n^m\left(\frac{M}{N}\right)^m\left(\frac{N-M}{N}\right)^{n-m},$$

其中 $m=0,1,\cdots,n$.

例 1.3.11 从装有 7 个白球和 3 个黑球的袋子中有返回地取出 3 个, 求这 3 个球中有 2 个为黑球的概率.

解 这显然是一个返回抽样问题. 所求的概率应为 $\mathrm{C}_3^2\cdot\dfrac{3^2 7^1}{10^3}=0.189$. □

3. 盒子模型

n 个不同的球放入 N 个不同的盒子中, 每个盒子放球数不限, 则恰有 n 个盒子各有一球的概率为

$$\frac{\mathrm{P}_N^n}{N^n}=\frac{N!}{N^n(N-n)!}.$$

例 1.3.12 生日问题

求 $n(n<365)$ 个人中至少有两人生日相同的概率 p_n.

解 令 A 表示事件“至少有两人生日相同”, 记 $p_n=P(A)$. 考虑对立事件 $\overline{A}$, 令 $N=365$, 由盒子模型可知

$$P(\overline{A})=\frac{365!}{365^n(365-n)!}.$$

故由对立事件公式,

$$p_n=P(A)=1-P(\overline{A})=1-\frac{365!}{365^n(365-n)!}.$$

可以进一步计算得, $p_{20}=0.4058, p_{30}=0.6963, p_{50}=0.9651, p_{60}=0.9922$. □

4. 配对模型

例 1.3.13 考虑 n 个人、n 顶帽子, 每人任取 1 顶, 至少一个人拿对自己帽子的概率.

解　对每个 $k=1,2,\cdots,n$, 记 $A_k=$ "第 k 个人拿对自己的帽子", 则所求概率为 $P\left(\bigcup_{k=1}^{n}A_k\right)$.

易知,

$$P(A_k)=\frac{1}{n},\quad k=1,2,\cdots,n,$$
$$P(A_iA_j)=\frac{1}{n(n-1)},\quad i\neq j,$$
$$P(A_iA_jA_k)=\frac{1}{n(n-1)(n-2)},\quad i\neq j\neq k,$$
$$\cdots\cdots$$
$$P(A_1A_2\cdots A_n)=\frac{1}{n!}.$$

于是, 由加法公式,

$$\begin{aligned}P\left(\bigcup_{k=1}^{n}A_k\right)&=\sum_{k=1}^{n}P(A_k)-\sum_{i<j}P(A_iA_j)+\sum_{i<j<k}P(A_iA_jA_k)\\&\quad+\cdots+(-1)^{n-1}P(A_1A_2\cdots A_n)\\&=n\cdot\frac{1}{n}-\mathrm{C}_n^2\cdot\frac{1}{n(n-1)}+\mathrm{C}_n^3\cdot\frac{1}{n(n-1)(n-2)}+\cdots+(-1)^{n-1}\frac{1}{n!}\\&=\sum_{k=1}^{n}(-1)^{k-1}\frac{1}{k!}.\end{aligned}$$

□

1.4　随机事件的独立

独立性是描述随机事件之间关系的一种刻画, 是概率论中重要的概念之一. 本节先来定义随机事件的独立性, 再借此定义随机试验的独立性.

1.4.1　两个随机事件的独立

下面来看几个例子.

例 1.4.1　甲、乙两射手独立地向同一目标射击一次, 其命中率分别为 0.9 和 0.8, 求目标被击中的概率.

解　设 A 表示事件"甲击中目标", B 表示事件"乙击中目标", 于是事件 A 和 B 相互独立, $P(A)=0.9$, $P(B)=0.8$, 且 $A\cup B=$"目标被击中". 由加法公式和 A, B 的独立性, 目标被击中的概率为

$$\begin{aligned}P(A\cup B)&=P(A)+P(B)-P(AB)=P(A)+P(B)-P(A)P(B)\\&=0.9+0.8-0.9\cdot0.8=0.98.\end{aligned}$$

□

例 1.4.2 两名实习工人各自加工一零件, 加工为正品的概率分别是 0.6 和 0.7, 假设两个零件是否加工为正品相互独立, 求这两个零件都是次品的概率.

解 设 A 表示事件"第一件是正品", B 表示事件"第二件是正品", 于是事件 A 和 B 相互独立, $P(A)=0.6$, $P(B)=0.7$. 由 A 与 B 的独立性和概率的性质知, 所求概率为

$$\begin{aligned}P(\overline{A}\,\overline{B})&=1-P(A\cup B)\\&=1-[P(A)+P(B)-P(AB)]\\&=1-P(A)-P(B)+P(A)P(B)\\&=1-0.6-0.7+0.6\cdot 0.7=0.12.\end{aligned}$$

□

注 1.4.1 由独立性的定义和事件的单调性, 若事件 A 是零概率事件, 即 $P(A)=0$, 则 A 与任何事件 B 都独立. 特别地, 不可能事件 $\varnothing$ 与任何事件独立.

注 1.4.2 0-1 律

若事件 A 与其自身独立, 则 $P(A)=0$ 或 1.

证明 由定义, $P(A\cap A)=P(A)\cdot P(A)$, 即 $P(A)=[P(A)]^2$, 故 $P(A)=0$ 或 1.

□

例 1.4.3 考虑掷一枚均匀的硬币两次的随机试验, 用 A 表示事件"第一次掷得的是正面", B 表示事件"第二次掷得的是反面". 易知样本空间 $\Omega=\{(H,H),(H,T),(T,H),(T,T)\}$, $A=\{(H,H),(H,T)\}$, $B=\{(H,T),(T,T)\}$, $AB=\{(H,T)\}$, 于是

$$P(A)=P(B)=\frac{1}{2},\quad P(AB)=\frac{1}{4},\quad P(AB)=P(A)P(B),$$

故 A 与 B 独立.

注 1.4.3 例 1.4.3 中 A 与 B 独立但是 $AB=\{(H,T)\}\neq\varnothing$, 即"事件 A 和 B 相互独立"不能推出"事件 A 和 B 互不相容". 反之也是.

定理 1.4.1 *下列表述相互等价:*

(1) 事件 A 与 B 独立;

(2) 事件 $\overline{A}$ 与 B 独立;

(3) 事件 A 与 $\overline{B}$ 独立;

(4) 事件 $\overline{A}$ 与 $\overline{B}$ 独立.

证明 我们只证明 (1) $\Rightarrow$ (2) 和 (4) $\Rightarrow$ (1). (3) $\Rightarrow$ (4) 可以仿 (1) $\Rightarrow$ (2) 证得, 只需将 B 替换为 $\overline{B}$. (2) $\Rightarrow$ (3) 可以仿 (4) $\Rightarrow$ (1) 证得, 只需将 $\overline{B}$ 替换为 B.

(1) $\Rightarrow$ (2) 由概率的性质和 $P(AB)=P(A)P(B)$,

$$\begin{aligned}P(\overline{A}B)&=P(B-AB)=P(B)-P(AB)=P(B)-P(A)P(B)\\&=(1-P(A))P(B)=P(\overline{A})P(B).\end{aligned}$$

(4) $\Rightarrow$ (1) 由概率的性质和 $P(\overline{A}\,\overline{B})=P(\overline{A})P(\overline{B})$,

$$\begin{aligned}P(AB)&=P(\overline{\overline{A}\cup\overline{B}})=1-P(\overline{A}\cup\overline{B})\\&=1-\left[P(\overline{A})+P(\overline{B})-P(\overline{A}\,\overline{B})\right]\\&=1-\left[P(\overline{A})+P(\overline{B})-P(\overline{A})P(\overline{B})\right]\\&=1-\{1-P(A)+1-P(B)-[1-P(A)]\,[1-P(B)]\}\\&=P(A)P(B).\end{aligned}$$

□

注 1.4.4 若 $P(A)=0$ 或 1, 则 A 与任一事件都独立 (证明留作习题).

1.4.2 多个随机事件的独立

在定义多个事件独立性之前, 我们来看随机事件的两两独立、三三独立等定义.

定义 1.4.1 两两独立

称 $n(\geqslant 2)$ 个事件 $A_1,A_2,\cdots,A_n\in\mathcal{F}$ **两两独立**, 若对任意的 $1\leqslant i<j\leqslant n$,

$$P(A_iA_j)=P(A_i)\cdot P(A_j)$$

都成立, 即任意两个不同的事件同时发生的概率等于各自发生的概率的乘积.

定义 1.4.2 三三独立

称 $n(\geqslant 3)$ 个事件 $A_1,A_2,\cdots,A_n\in\mathcal{F}$ **三三独立**, 若对任意的 $1\leqslant i<j<k\leqslant n$,

$$P(A_iA_jA_k)=P(A_i)\cdot P(A_j)\cdot P(A_k)$$

都成立, 即任意三个互异的事件同时发生的概率等于各自发生的概率的乘积.

类似地, 对于足够多的事件, 我们可以定义 n 个事件的四四独立, $\cdots$, nn 独立.

接下来, 我们可以定义多个事件的独立性了.

定义 1.4.3 设 $(\Omega,\mathcal{F},P)$ 为一给定的概率空间, $n\geqslant 2$, $A_1,A_2,\cdots,A_n$ 是 $\mathcal{F}$ 中的随机事件, 若这 n 个事件两两独立, 三三独立, $\cdots$, nn 独立, 则称随机事件 $A_1,A_2,\cdots,A_n$**相互独立**, 简称为**独立**.

特别地,

注 1.4.5 三个事件间的相互独立

事件 A, B 和 C 相互独立当且仅当它们两两独立和三三独立, 即满足

$$P(AB)=P(A)P(B),\quad P(AC)=P(A)P(C),\quad P(BC)=P(B)P(C)$$

和

$$P(ABC) = P(A)P(B)P(C).$$

例 1.4.4 设样本空间 $\Omega = \{1,2,3,4,5,6,7,8\}$, 每个样本点出现的可能性相等. 记 $A = \{1,2,3,4\}$, $B = \{1,2,5,6\}$, $C = \{1,3,5,7\}$. 于是 $AB = \{1,2\}$, $AC = \{1,3\}$, $BC = \{1,5\}$, $ABC = \{1\}$. 故

$$P(A) = P(B) = P(C) = \frac{1}{2}, \quad P(AB) = P(AC) = P(BC) = \frac{1}{4}, \quad P(ABC) = \frac{1}{8},$$

从而事件 A, B 和 C 相互独立.

注 1.4.6 若事件 A, B 和 C 相互独立, 则 $A \cup B$ 与 C 独立, $A \cap B$ 与 C 独立, $A - B$ 与 C 独立. 注意此处相互独立不能替换为两两独立.

注 1.4.7 两两独立未必三三独立, 三三独立未必两两独立.

例 1.4.5 考虑掷一枚均匀的硬币两次的随机试验, 用 A 表示事件"第一次掷得的是正面", B 表示事件"第二次掷得的是正面", C 表示事件"两次掷得的结果是相同的". 易知样本空间 $\Omega = \{(H,H),(H,T),(T,H),(T,T)\}$, $A = \{(H,H),(H,T)\}$, $B = \{(H,H),(T,H)\}$, $C = \{(H,H),(T,T)\}$, $AB = AC = BC = ABC = \{(H,H)\}$, $A \cup B = \{(H,H),(H,T),(T,H)\}$, $(A \cup B)C = \{(H,H)\}$, $A \backslash B = \{(H,T)\}$. 于是

$$P(A) = P(B) = P(C) = \frac{1}{2}, \quad P(A \cup B) = \frac{3}{4}, \quad P(A \backslash B) = \frac{1}{4}$$

且

$$P(AB) = P(AC) = P(BC) = P(ABC) = P((A \cup B)C) = \frac{1}{4}.$$

故事件 A, B 和 C 两两独立, 但非三三独立. 尽管 A 与 B 独立, B 与 C 独立, 但 $A \cup B$ 与 C 不独立, $A \cap B$ 与 C 不独立, $A \backslash B$ 与 C 不独立.

例 1.4.6 设样本空间 $\Omega = \{1,2,3,4,5,6,7,8\}$, 每个样本点出现的可能性相等. 记 $A = \{1,2,3,4\}$, $B = \{1,5,6,7\}$, $C = \{1,6,7,8\}$. 于是 $AB = AC = ABC = \{1\}$, $BC = \{1,6,7\}$. 故

$$P(A) = P(B) = P(C) = \frac{1}{2}, \quad P(BC) = \frac{3}{8}, \quad P(AB) = P(AC) = P(ABC) = \frac{1}{8},$$

从而事件 A, B 和 C 三三独立, 但不两两独立.

注 1.4.8 由多个事件相互独立的定义和概率的性质, 我们易知下列命题成立:

(1) 随机事件 $A_1, A_2, \cdots, A_n \in \mathcal{F}$ 相互独立当且仅当对任意的指标集 $I \subset \{1,2,\cdots,n\}$, 有

$$P\left(\bigcap_{i \in I} A_i\right) = \prod_{i \in I} P(A_i)$$

成立.

(2) 随机事件 $A_1, A_2, \cdots, A_n$ 相互独立当且仅当

$$P\left(\bigcap_{k=1}^{n} B_k\right) = \prod_{k=1}^{n} P(B_k), \quad \text{其中} B_k \in \{A_k, \Omega\}, k = 1, 2, \cdots, n$$

成立.

(3) $n(\geqslant 2)$ 个事件 $A_1, A_2, \cdots, A_n \in \mathcal{F}$ 相互独立当且仅当对任意的整数 m: $2 \leqslant m \leqslant n$, 其中的任意 m 个互异的事件都相互独立.

相互独立时, 多个事件的加法公式即庞加莱公式有着简单的表现形式:

定理 1.4.2　若事件 $A_1, A_2, \cdots, A_n (n \geqslant 2)$ 相互独立, 则

$$P\left(\bigcup_{k=1}^{n} A_k\right) = 1 - \prod_{k=1}^{n}(1 - P(A_k)).$$

证明　因为 $A_1, A_2, \cdots, A_n$ 相互独立, 不难推出 $\overline{A}_1, \overline{A}_2, \cdots, \overline{A}_n$ 也相互独立, 于是

$$P\left(\bigcup_{k=1}^{n} A_k\right) = 1 - P\overline{\left(\bigcup_{k=1}^{n} A_k\right)} = 1 - P\left(\bigcap_{k=1}^{n} \overline{A}_k\right)$$
$$= 1 - \prod_{k=1}^{n} P(\overline{A}_k) = 1 - \prod_{k=1}^{n}(1 - P(A_k)). \qquad \square$$

1.4.3　事件类的独立

接下来给出随机事件类的独立性定义.

定义 1.4.4　有限个随机事件类的独立

设 $n \geqslant 2, \mathcal{C}_1, \mathcal{C}_2, \cdots, \mathcal{C}_n$ 是 $(\Omega, \mathcal{F}, P)$ 中的随机事件类, 即 $\mathcal{C}_i \subset \mathcal{F}, i = 1, 2, \cdots, n$. 若对任意的 $A_i \in \mathcal{C}_i$, $i = 1, 2, \cdots, n$, 随机事件 $A_1, A_2, \cdots, A_n$ 相互独立, 则称 $\mathcal{C}_1, \mathcal{C}_2, \cdots, \mathcal{C}_n$ 是**相互独立的随机事件类**.

定义 1.4.5　任意多个随机事件类的独立性

设 T 是一任意指标集, 对任意的 $t \in T$, $\mathcal{C}_t \subset \mathcal{F}$ 是随机事件类. 若对任意的有限集 $I \subset T$, $\mathcal{C}_i, i \in I$ 是相互独立的随机事件类, 则称 $\mathcal{C}_t, t \in T$ 是**相互独立的随机事件类**.

在验证事件域的独立性时, 我们有下面的定理.

定理 1.4.3　设 T 是一任意指标集, 对任意的 $t \in T$, 随机事件类 $\mathcal{C}_t$ 对事件的有限交运算封闭, 若 $\mathcal{C}_t, t \in T$ 是相互独立的随机事件类, 则事件域类 $\sigma(\mathcal{C}_t), t \in T$ 也是相互独立的随机事件类.

这个定理的证明需要用到测度论中的单调类定理, 这里略去, 有兴趣的读者可以参阅文献 Resnick (2014).

1.4.4 随机试验的独立

利用随机事件的独立性, 我们可以定义随机试验的独立性.

定义 1.4.6 设 E_1 和 E_2 是两个随机试验, 若 E_1 的任一随机事件和 E_2 的任一随机事件都是相互独立的, 则称**试验 E_1 和 E_2 相互独立**.

注 1.4.9 参照任意多个随机事件的独立性定义, 读者可将定义 1.4.6 推广到任意多个随机试验的情形.

定义 1.4.7 若试验 E 仅有两个可能的结果, 则称 E 为伯努利 (Bernoulli) **试验**.

例 1.4.7 掷一枚均匀的硬币观察"正面朝上"或"反面朝上"的试验; 抛一颗骰子观察"出现的点数是偶数还是奇数"的试验, 都是伯努利试验.

定义 1.4.8 若 $E_1, E_2, \cdots, E_n$ 是 n 个相互独立且相同的试验, 称之为 **n 重独立重复试验**. n 重独立重复的伯努利试验简称为 **n 重伯努利试验**.

例 1.4.8 掷 n 次相同的骰子为 n 重独立重复试验; 掷 n 次相同的硬币为 n 重伯努利试验.

注 1.4.10 由定理 1.4.2 知, 若 $A_1, A_2, \cdots, A_n$ 相互独立, 且各自发生的概率皆为 $\delta : 0 < \delta < 1$, 则 $A_1, A_2, \cdots, A_n$ 至少有一个发生的概率随着 n 的增大趋向于 1. 特别地, 虽然在一次试验中事件 A 是小概率事件 (即 $P(A)$ 非常小但是大于 0), 然而只要试验次数足够多, 事件 A 几乎必然发生.

注 1.4.11 定义 1.4.6 是不严密的. 因为在考虑随机事件的独立性时, 随机事件必须处在同一个概率空间中. 严格的定义需要借助于乘积空间的概念. 设 E_1 和 E_2 是两个随机试验, 相应的概率空间分别为 $(\Omega_1, \mathcal{F}_1, P_1)$ 和 $(\Omega_2, \mathcal{F}_2, P_2)$. 定义

$$\Omega = \Omega_1 \times \Omega_2 = \{(\omega_1, \omega_2) : \omega_1 \in \Omega_1, \omega_2 \in \Omega_2\},$$

$$\mathcal{F} = \sigma(\{A \times B : A \in \mathcal{F}_1, B \in \mathcal{F}_2\})$$

和乘积概率测度 P 满足

$$P(A \times \Omega_2) = P_1(A) 和 P(\Omega_1 \times B) = P_2(B), \qquad \forall A \in \mathcal{F}_1, B \in \mathcal{F}_2.$$

我们称 $(\Omega, \mathcal{F}, P)$ 为概率空间 $(\Omega_1, \mathcal{F}_1, P_1)$ 和 $(\Omega_2, \mathcal{F}_2, P_2)$ 的乘积空间.

有了乘积空间概念后, 对 E_1 中的事件 A 和 E_2 中的事件 B, 我们说 A 与 B 独立, 实质上是指在乘积空间 $(\Omega, \mathcal{F}, P)$ 中, 事件 $A \times \Omega_2$ 和 $\Omega_1 \times B$ 相互独立. 有关乘积空间和随机试验的更详细的描述, 读者可参阅文献李少甫等 (2011).

1.5 条件概率

前面几节中, 我们对随机事件发生的概率的讨论, 都是基于给定的概率空间下

进行的, 除此之外通常没有别的信息可用. 可是在实际问题中, 我们对随机试验通常已经了解了部分信息, 即除了样本空间之外, 还知道某些事件已经发生等额外信息. 利用这类额外信息计算的概率为条件概率.

1.5.1　定义

我们先从一个例子开始.

例 1.5.1　考虑随机试验掷骰子, 样本空间 $\Omega = \{1,2,3,4,5,6\}$. 令 A 表示事件"掷得的点数是 2", 在只知道样本空间 Ω 而不知其他额外的信息情况下, 掷得的点数可能是 $1,2,3,4,5,6$ 中的一种, 由古典方法知, 事件 A 发生的概率是 $\frac{1}{6}$. 若已经知道掷得的点数是偶数, 掷得的点数只能是 $2,4,6$ 中的一种情形, 由古典方法知, A 发生的概率是 $\frac{1}{3}$.

在上例中, 除了样本空间 Ω 外, 已经知道随机试验的一部分信息或某事件已经发生, 利用这一新条件所计算的概率称为条件概率. 一般地, 我们有

定义 1.5.1　设 $(\Omega, \mathcal{F}, P)$ 是给定的概率空间, $B \in \mathcal{F}$ 且满足 $P(B) > 0$. 对任意的事件 $A \in \mathcal{F}$, 令

$$P(A|B) \triangleq \frac{P(AB)}{P(B)}.$$

称 $P(A|B)$ 为在事件 B 发生的条件下事件 A 发生的**条件概率**.

注 1.5.1　关于条件概率的定义, 我们需要注意:

(1) 若 $P(B) = 0$, 则 $P(A|B)$ 没有意义;

(2) 若 $P(B) > 0$, A 与 B 相互独立, 则 $P(A|B) = P(A)$.

例 1.5.2　在例 1.5.1 中, A 表示事件"掷得的点数是 2", B 表示事件"掷得的点数是偶数". 于是, $A = \{2\}$, $B = \{2,4,6\}$, $AB = \{2\}$, 从而

$$P(A) = \frac{1}{6}, \quad P(B) = \frac{1}{2}, \quad P(AB) = \frac{1}{6}.$$

故由条件概率的定义知, 若已经知道掷得的点数是偶数, 掷得的点数是 2 的条件概率为

$$P(A|B) = \frac{P(AB)}{P(B)} = \frac{1/6}{1/2} = \frac{1}{3}.$$

显见, 这里 $P(A) \neq P(A|B)$.

例 1.5.3　已知 $P(A) = P(B) = 0.6$, $P(A \cup B) = 0.84$, 求 $P(\overline{B}|A)$.

解　注意到 $A \cup B = B + A\overline{B}$, 由条件概率的定义和概率的性质,

$$P(\overline{B}|A) = \frac{P(A\overline{B})}{P(A)} = \frac{P(A \cup B) - P(B)}{P(A)} = \frac{0.84 - 0.6}{0.6} = 0.4.$$

□

注 1.5.2 相对应地, 称 $P(A)$ 为事件 A 的**无条件概率**. 令 $B=\Omega$, 我们可以将无条件概率视为条件概率, 即 $P(A)=P(A|\Omega)$.

概率可视为条件概率, 下面的定理告诉我们条件概率是新的概率.

定理 1.5.1 **条件概率是概率**. 详细地, 在概率空间 $(\Omega,\mathcal{F},P)$ 中, $B\in\mathcal{F}$, 且 $P(B)>0$. 定义集函数

$$P_B(A)=P(A|B),\quad \forall A\in\mathcal{F},$$

则 P_B 也是定义在 $\mathcal{F}$ 上的概率.

证明 显然, P_B 是 $\mathcal{F}$ 到 $\mathbb{R}$ 上的函数, 由概率的定义, 只需证明 P_B 满足非负性、正则性和可列可加性公理.

(1) **非负性** 对任意的 $A\in\mathcal{F}$, $P_B(A)=P(A|B)=\dfrac{P(AB)}{P(B)}\geqslant 0$;

(2) **正则性** $P_B(\Omega)=\dfrac{P(\Omega B)}{P(B)}=1$;

(3) **可列可加性** 若 $A_1,A_2,\cdots\in\mathcal{F}$, 且对任意的 $i\neq j$, $A_iA_j=\varnothing$, 则由 P 的可列可加性,

$$\begin{aligned}
P_B\left(\sum_{k=1}^{\infty}A_k\right)=&P\left(\sum_{k=1}^{\infty}A_k\Big|B\right)=\frac{P\left(B\sum\limits_{k=1}^{\infty}A_k\right)}{P(B)}\\
=&\frac{P\left(\sum\limits_{k=1}^{\infty}A_kB\right)}{P(B)}=\frac{\sum\limits_{k=1}^{\infty}P(A_kB)}{P(B)}\\
=&\sum_{k=1}^{\infty}\frac{P(A_kB)}{P(B)}=\sum_{k=1}^{\infty}P(A_k|B)=\sum_{k=1}^{\infty}P_B(A_k).
\end{aligned}$$

□

1.5.2 性质

注 1.5.3 既然条件概率是概率, 则必满足概率的性质, 例如

(1) $P(\overline{A}|B)=1-P(A|B)$;

(2) $P(A\cup C|B)=P(A|B)+P(C|B)-P(AC|B)$;

(3) $P(A\backslash C|B)=P(A|B)-P(AC|B)$

等, 证明略去.

注 1.5.4 条件概率除了满足概率的性质以外, 还有一些特殊的性质. 设 $(\Omega,\mathcal{F},P)$ 是给定的概率空间, $B\in\mathcal{F}$, $P(B)>0$, 则有

(1) $P(B|B)=1$;

(2) 若 $P(B)=1$, 则 $P(A|B)=P(A)$;

(3) 若 $AB=\varnothing$, 则 $P(A|B)=0$;

(4) 若 $A\subset B$, 则 $P(A|B)=\dfrac{P(A)}{P(B)}$,

以及**乘法公式、全概率公式**和贝叶斯 (Bayes) 公式等.

定理 1.5.2　乘法公式

设 $(\Omega,\mathcal{F},P)$ 是给定的概率空间.

(1) 若 $A,B\in\mathcal{F}$, 且 $P(A)>0,P(B)>0$, 则

$$P(AB)=P(A)P(B|A)=P(B)P(A|B).$$

(2) 若 $n>1$, $A_1,A_2,\cdots,A_n\in\mathcal{F}$, 且 $P(A_1A_2\cdots A_{n-1})>0$, 则

$$P(A_1A_2\cdots A_n)=P(A_1)P(A_2|A_1)\cdots P(A_n|A_1A_2\cdots A_{n-1}).$$

证明　(1) 因为 $P(A)>0,P(B)>0$, 故 $P(B|A)$ 和 $P(A|B)$ 都有意义. 等式由条件概率的定义立得.

(2) 由概率的单调性,

$$P(A_1)\geqslant P(A_1A_2)\geqslant\cdots\geqslant P(A_1A_2\cdots A_{n-1})>0,$$

于是等式右边的条件概率都有意义. 注意到 $A_1A_2\cdots A_n=(A_1A_2\cdots A_{n-1})A_n$ 及

$$P(A_1A_2\cdots A_n)=P(A_1A_2\cdots A_{n-1})P(A_n|A_1A_2\cdots A_{n-1}),$$

等式由归纳法立得. □

例 1.5.4　一批产品的次品率为 4%, 正品中一等品占 75%. 现从这批产品中任意取一件, 求恰好为一等品的概率.

解　设 A 表示“取到一等品”事件, B 表示“取得正品”事件. 由已知, $P(\overline{B})=4\%$, $P(A|B)=75\%$. 注意到一等品必为正品, 即 $A\subset B$, 从而 $A=AB$. 由乘法公式,

$$P(A)=P(AB)=P(B)P(A|B)=(1-4\%)\cdot 75\%=72\%,$$

即恰好为一等品的概率为 72%. □

例 1.5.5　一批零件共有 100 个，其中 10 个不合格品. 从中一个一个不返回取出, 求第三次才取出不合格品的概率.

解　记 $A_i=$“第 i 次取出的是合格品”, $i=1,2,3$. 由乘法公式, 所求概率为

$$P(A_1A_2\overline{A_3})=P(A_1)P(A_2|A_1)P(\overline{A_3}|A_1A_2)=\frac{90}{100}\cdot\frac{89}{99}\cdot\frac{10}{98}=\frac{89}{1078}.$$ □

注 1.5.5 乘法公式通常用于求多个事件同时发生的概率, 它将无条件概率化为多个条件概率的乘积来计算.

注 1.5.6 乘法公式的条件概率版本

若 $B, A_1A_2, \cdots, A_n \in \mathcal{F}$, 且 $P(A_1A_2\cdots A_{n-1}B) > 0$, 则

$$P(A_1A_2\cdots A_n|B) = P(A_1|B)P(A_2|A_1B)\cdots P(A_n|A_1A_2\cdots A_{n-1}B).$$

证明留给读者思考.

定理 1.5.3 全概率公式

设 $(\Omega, \mathcal{F}, P)$ 是给定的概率空间.

(1) 对于任意事件 A 和 B, 若 $0 < P(B) < 1$, 则

$$P(A) = P(A|B)P(B) + P(A|\overline{B})P(\overline{B}).$$

(2) 设 $B_1B_2, \cdots, B_n$ 是样本空间 Ω 的一组分割, 且 $P(B_k) > 0, k = 1, 2, \cdots, n$, 则对任意的事件 $A \in \mathcal{F}$, 有

$$P(A) = \sum_{k=1}^{n} P(B_k)P(A|B_k).$$

证明 (1) 是 (2) 的特例, 只需证 (2).

注意到 $A = A\Omega = A\sum\limits_{k=1}^{n} B_k = \sum\limits_{k=1}^{n} AB_k$, 由概率的有限可加性和乘法公式, 得

$$P(A) = P\left(\sum_{k=1}^{n} AB_k\right) = \sum_{k=1}^{n} P(AB_k) = \sum_{k=1}^{n} P(B_k)P(A|B_k). \qquad \square$$

注 1.5.7 全概率公式可用于求复杂事件的概率, 其关键在于寻找另一组事件来“分割”样本空间.

例 1.5.6 设 10 件产品中有 3 件不合格品, 从中不返回地取两次, 每次一件, 求取出的第二件为不合格品的概率.

解 设 $A =$“第一次取得不合格品”, $B =$“第二次取得不合格品”. 由全概率公式, 所求概率为

$$P(B) = P(A)P(B|A) + P(\overline{A})P(B|\overline{A}) = \frac{3}{10}\cdot\frac{2}{9} + \frac{7}{10}\cdot\frac{3}{9} = \frac{3}{10}. \qquad \square$$

例 1.5.7 抽签原理

假定现有 n 支签, 其中有 k 支是好签. 让 n 个人不返回地依次抽取一支. 求第 $m(1 \leqslant m \leqslant n)$ 个人抽到好签的概率.

解 设 A_m 表示事件“第 m 个人抽到好签”, $m=1,2,\cdots,n$. 于是显然有 $P(A_1)=\dfrac{k}{n}$. 由全概率公式, 当 $n\geqslant 2$ 时,

$$\begin{aligned}P(A_2)=&P(A_1)P(A_2|A_1)+P(\overline{A_1})P(A_2|\overline{A_1})\\=&\frac{k}{n}\cdot\frac{k-1}{n-1}+\frac{n-k}{n}\cdot\frac{k}{n-1}=\frac{k}{n};\end{aligned}$$

当 $n\geqslant 3$ 时

$$\begin{aligned}P(A_3)=&P(A_1A_2)P(A_3|A_1A_2)+P(\overline{A_1}A_2)P(A_3|\overline{A_1}A_2)\\&+P(A_1\overline{A_2})P(A_3|A_1\overline{A_2})+P(\overline{A_1}\,\overline{A_2})P(A_3|\overline{A_1}\,\overline{A_2})\\=&\frac{k(k-1)}{n(n-1)}\cdot\frac{k-2}{n-2}+\frac{k(n-k)}{n(n-1)}\cdot\frac{k-1}{n-2}\\&+\frac{(n-k)k}{n(n-1)}\cdot\frac{k-1}{n-2}+\frac{(n-k)(n-k-1)}{n(n-1)}\cdot\frac{k}{n-2}\\=&\frac{k}{n}.\end{aligned}$$

由此我们猜测 $P(A_m)=\dfrac{k}{n}$, 接下来归纳证明之. 由全概率公式,

$$\begin{aligned}P(A_{m+1})=&P(A_1)P(A_{m+1}|A_1)+P(\overline{A_1})P(A_{m+1}|\overline{A_1})\\=&\frac{k}{n}\cdot\frac{k-1}{n-1}+\frac{n-k}{n}\cdot\frac{k}{n-1}=\frac{k}{n},\end{aligned}$$

这里 $P(A_{m+1}|A_1)=\dfrac{k-1}{n-1}$ 是因为在 A_1 发生后, $n-1$ 支签中有 $k-1$ 支好签, 第 $m+1$ 个人抽签实际是以此为初始状态的第 m 次抽取, 从而由归纳假设立得; $P(A_{m+1}|\overline{A_1})=\dfrac{k}{n-1}$ 同理.

综上, 第 $m(1\leqslant m\leqslant n)$ 个人抽到好签的概率为 $\dfrac{k}{n}$, 即与 m 的大小无关. □

注 1.5.8 抽签原理与日常生活经验是一致的. 我们经常看到在一些体育赛事中采用抽签的方式来选择场地或出场次序, 这对参赛各方都是公平的.

例 1.5.8 甲口袋有 a 个白球、b 个黑球、乙口袋有 n 个白球、m 个黑球. 从甲口袋任取一球放入乙口袋, 然后从乙口袋中任取一球, 求从乙口袋中取出的是白球的概率.

解 设 A 表示事件“从甲口袋中取出的球是白球”, B 表示事件“从乙口袋中取出的球是白球”, 则易知

$$P(A)=\frac{a}{a+b},\quad P(\overline{A})=\frac{b}{a+b},$$

$$P(B|A) = \frac{n+1}{m+n+1}, \quad P(B|\overline{A}) = \frac{n}{m+n+1},$$

所求概率为 $P(B)$. 由全概率公式,

$$\begin{aligned} P(B) &= P(A)P(B|A) + P(\overline{A})P(B|\overline{A}) \\ &= \frac{a}{a+b} \cdot \frac{n+1}{m+n+1} + \frac{b}{a+b} \cdot \frac{n}{m+n+1} \\ &= \frac{(a+b)n+a}{(a+b)(m+n+1)}. \end{aligned}$$

□

例 1.5.9　敏感性问题的调查

假设现在需要在某校发放问卷调查学生考试作弊的比例. 作弊对学生而言是不光彩的事情, 因此为获取更加真实的数据, 在调查问卷中, 给出两个问题: ①你的生日在 7 月 1 日之前? ②你是否曾经作弊过? 要求被调查者通过摸球决定回答哪个问题, 假设从装有 a 个白球和 b 个黑球的袋子中随机取一球, 若取得白球回答问题①, 否则回答问题②. 只有被调查者知道自己回答哪个问题, 且答卷只需填写“是”或“否”的答案. 假定现在收集到有效问卷 n 张, 回答“是”的问卷 m 张. 现在要求据此估计该校学生作弊的比例.

解　令 A 表示事件“答案为‘是’”, B 表示事件“回答问题②”, 则由已知, 我们所要估计的是概率 $p = P(A|B)$. 易知 $P(B) = \frac{b}{a+b}$, $P(\overline{B}) = \frac{a}{a+b}$. 一般认为, 生日在 7 月 1 日之前和在 7 月 1 日之后是等可能的, 故 $P(A|\overline{B}) = \frac{1}{2}$.

由概率的频率方法, A 发生的概率 $P(A)$ 可近似认为是 $\frac{m}{n}$. 于是, 由全概率公式 $P(A) = P(B)P(A|B) + P(\overline{B})P(A|\overline{B})$ 得

$$\frac{m}{n} = \frac{b}{a+b} \cdot p + \frac{a}{a+b} \cdot \frac{1}{2},$$

解得

$$p = \frac{2m(a+b) - na}{2nb}.$$

这样我们就估计出了该校学生作弊的比例. 譬如 $a = 40$, $b = 60$, $n = 1000$, $m = 250$, 计算得到

$$p = \frac{2 \times 250(40+60) - 1000 \times 40}{2 \times 1000 \times 60} = 0.083,$$

即该校大约有 8.3% 的学生曾经作弊过.

□

注 1.5.9　全概率公式的条件概率版本

设 $B_1B_2, \cdots, B_n$ 是样本空间 Ω 的一组分割, $A, C \in \mathcal{F}$ 且 $P(B_kC) > 0$, $k = 1, 2, \cdots, n$, 则

$$P(A|C) = \sum_{k=1}^{n} P(B_k|C)P(A|B_kC).$$

证明留给读者思考.

由条件概率的定义、乘法公式和全概率公式, 我们可以得出

定理 1.5.4　贝叶斯公式

设 $B_1B_2, \cdots, B_n$ 是样本空间 Ω 的一组分割, 且 $P(B_k) > 0$, $k = 1, 2, \cdots, n$, 又有 $A \in \mathcal{F}$, 且 $P(A) > 0$, 则对每个 $j = 1, 2, \cdots, n$, 有

$$P(B_j|A) = \frac{P(B_j)P(A|B_j)}{\sum\limits_{k=1}^{n} P(B_k)P(A|B_k)}, \quad j = 1, 2, \cdots, n.$$

证明　由乘法公式, 有 $P(AB_j) = P(B_j)P(A|B_j)$; 由全概率公式, 有 $P(A) = \sum\limits_{k=1}^{n} P(B_k)P(A|B_k)$. 故由条件概率的定义,

$$P(B_j|A) = \frac{P(AB_j)}{P(A)} = \frac{P(B_j)P(A|B_j)}{\sum\limits_{k=1}^{n} P(B_k)P(A|B_k)},$$

对任意的 $j = 1, 2, \cdots, n$ 都成立. □

注 1.5.10　贝叶斯公式给出了非常重要的逻辑推理思路, 其在概率统计中应用广泛. 一般地, 我们可以将 $B_1, B_2, \cdots, B_n$ 看作导致 A 发生的原因, 称 $P(B_k)$ 为先验概率, 其反映了各种“原因”发生的可能性大小, 通常是以往经验的总结, 在这次试验前就已经知道. 条件概率 $P(B_k|A)$ 是在事件 A 发生的条件下, 某个“原因” B_k 发生的概率, 称为“后验概率”. 贝叶斯公式是已知“最后结果”, 求“原因”的概率. 因此贝叶斯公式又称“后验概率公式”或“逆概公式”.

例 1.5.10　某商品由三个厂家供应, 其供应量为: 甲厂家是乙厂家的 2 倍; 乙、丙两厂相等. 各厂产品的次品率为 2%, 2%, 4%. 若从市场上随机抽取一件此种商品, 发现是次品, 求它是甲厂生产的概率?

解　设 A 表示事件“随机抽取的一件是次品”, B_1 表示事件“随机抽取的一件是甲厂生产的”, B_2 表示事件“随机抽取的一件是乙厂生产的”, B_3 表示事件“随机抽取的一件是丙厂生产的”. 由题设, 易知 $P(B_1) = \frac{1}{2}$, $P(B_2) = P(B_3) = \frac{1}{4}$,

$P(A|B_1)=P(A|B_2)=2\%$, $P(A|B_3)=4\%$. 由贝叶斯公式, 所求的概率为

$$P(B_1|A)=\frac{P(B_1)P(A|B_1)}{\sum\limits_{i=1}^{3}P(B_i)P(A|B_i)}=\frac{\frac{1}{2}\cdot 2\%}{\frac{1}{2}\cdot 2\%+\frac{1}{4}\cdot 2\%+\frac{1}{4}\cdot 4\%}=\frac{2}{5}.$$ □

例 1.5.11　一道选择题有 m 个备选答案, 只有 1 个是正确答案. 假定考生不知道正确答案时, 会等可能地从 m 个备选答案中选一个. 设某考生知道正确答案的概率为 p, 求该考生答对该题的概率. 若已知该考生答对了该题, 求其确实知道正确答案的概率.

解　设 A 表示事件 "考生答对了该题", B 表示事件 "考生知道正确答案". 由题设,

$$P(B)=p,\quad P(\overline{B})=1-p,\quad P(A|B)=1,\quad P(A|\overline{B})=\frac{1}{m}.$$

由全概率公式知, 考生答对该题的概率为

$$P(A)=P(B)P(A|B)+P(\overline{B})P(A|\overline{B})=p\cdot 1+(1-p)\cdot\frac{1}{m}=\frac{1+(m-1)p}{m}.$$

若已知该考生答对了该题, 由贝叶斯公式, 其确实知道正确答案的概率为

$$P(B|A)=\frac{P(B)P(A|B)}{P(B)P(A|B)+P(\overline{B})P(A|\overline{B})}=\frac{p\cdot 1}{\frac{1+(m-1)p}{m}}=\frac{mp}{1+(m-1)p}.$$ □

注 1.5.11　贝叶斯公式的条件概率版本

设 $B_1,B_2,\cdots,B_n$ 是样本空间 Ω 的一组分割, $A,C\in\mathcal{F}$, 且 $P(AC)>0$, $P(B_kC)>0$, $k=1,2,\cdots,n$, 则对每个 $j=1,2,\cdots,n$, 有

$$P(B_j|AC)=\frac{P(B_j|C)P(A|B_jC)}{\sum\limits_{k=1}^{n}P(B_k|C)P(A|B_kC)},\quad j=1,2,\cdots,n.$$

证明留给读者思考. □

*1.6　补　　充

本节首先补充给出有关 σ-代数和可测映射的概念, 再给出利用古典方法计算概率所需的排列组合知识.

1.6.1　σ-代数

本节假定 Ω 可以是抽象的非空集合, 未必是样本空间.

定义 1.6.1　设 Ω 是给定的非空集合, $\mathcal{F}$ 是由 Ω 的部分子集组成的集合类, 若 $\mathcal{F}$ 满足

(1) $\Omega \in \mathcal{F}$;

(2) $A \in \mathcal{F}$ 蕴含 $\overline{A} \in \mathcal{F}$;

(3) 对任意的 $n \geqslant 1$, $A_n \in \mathcal{F}$ 蕴含 $\bigcup_{n=1}^{\infty} A_n \in \mathcal{F}$,

则称 $\mathcal{F}$ 为**集合 Ω 上的 σ-代数**, 简称为 **σ-代数**.

我们将集合 Ω 的所有子集组成的集合记为 $\mathcal{P}(\Omega)$, 即 $\mathcal{P}(\Omega) = \{A : A \subset \Omega\}$; 将 Ω 上的所有 σ-代数组成的集合, 记为 $\mathfrak{D}(\Omega)$, 即

$$\mathfrak{D}(\Omega) = \{\mathcal{F} \subset \mathcal{P}(\Omega) : \mathcal{F}\text{为集合}\Omega\text{上的}\sigma\text{- 代数}\}.$$

注 1.6.1　容易验证,

(1) 设 $\mathcal{F}_0 = \{\Omega, \varnothing\}$, 则 $\mathcal{F}_0, \mathcal{P}(\Omega) \in \mathfrak{D}(\Omega)$;

(2) 设 $\mathcal{F} \in \mathfrak{D}(\Omega)$, 则必有 $\mathcal{F}_0 \subset \mathcal{F} \subset \mathcal{P}(\Omega)$;

(3) 设 $\mathcal{F} \in \mathfrak{D}(\Omega)$, 则 $\mathcal{F}$ 对集合的有限并、有限交、可列交等运算都封闭.

例 1.6.1　设 $A \subset \Omega$, 且 $A \neq \varnothing$, $A \neq \Omega$, 则 $\{\Omega, \varnothing, A, \overline{A}\} \in \mathfrak{D}(\Omega)$.

例 1.6.2　设 $\Omega = \{1, 2, 3\}$, 则集类 $\{\Omega, \varnothing, \{1\}, \{2, 3\}\} \in \mathfrak{D}(\Omega)$.

由 σ-代数的定义知, 任意多个定义在 Ω 上的 σ-代数的交仍为 Ω 上的 σ-代数, 即

定理 1.6.1　设 T 是一指标集, 对任意的 $t \in T$, $\mathcal{F}_t \in \mathfrak{D}(\Omega)$, 则 $\bigcap_{t \in T} \mathcal{F}_t \in \mathfrak{D}(\Omega)$.

证明　由 σ-代数的定义立得. □

定义 1.6.2　设 $\mathcal{C} \subset \mathcal{P}(\Omega)$, 称集类

$$\bigcap_{\{\mathcal{F} \in \mathfrak{D}(\Omega) : \mathcal{F} \supset \mathcal{C}\}} \mathcal{F}$$

是**由 $\mathcal{C}$ 生成的 σ-代数**, 记为 $\sigma(\mathcal{C})$.

注 1.6.2　显然, $\sigma(\mathcal{C})$ 是包含 $\mathcal{C}$ 的最小 σ-代数.

例 1.6.3　设 $A \subset \Omega$, 且 $A \neq \varnothing$, $A \neq \Omega$, 则容易证明 $\sigma(\{A\}) = \{\Omega, \varnothing, A, \overline{A}\}$.

注 1.6.3　今后为了方便,

(1) 设 $A \subset \Omega$, 通常将 $\sigma(\{A\})$ 写为 $\sigma(A)$;

(2) 设 $\mathcal{C} \subset \mathcal{P}(\Omega)$, $A \subset \Omega$, 记

$$\mathcal{C} \cap A = \{B \cap A : B \in \mathcal{C}\}.$$

定理 1.6.2 设 $\mathcal{C} \subset \mathcal{P}(\Omega)$, $A \subset \Omega$, 则 $\sigma(\mathcal{C}) \cap A \in \mathfrak{D}(A)$ 且

$$\sigma(\mathcal{C}) \cap A = \sigma(\mathcal{C} \cap A).$$

证明 由 σ-代数的定义, 易证 $\sigma(\mathcal{C}) \cap A \in \mathfrak{D}(A)$. 下证 $\sigma(\mathcal{C}) \cap A = \sigma(\mathcal{C} \cap A)$. 一方面, 由于 $\mathcal{C} \subset \sigma(\mathcal{C})$, 于是 $\mathcal{C} \cap A \subset \sigma(\mathcal{C}) \cap A$. 又 $\sigma(\mathcal{C}) \cap A \in \mathfrak{D}(A)$, 从而

$$\sigma(\mathcal{C} \cap A) \subset \sigma(\mathcal{C}) \cap A.$$

另一方面, 记 $\Lambda = \{B \subset \Omega : B \cap A \in \sigma(\mathcal{C} \cap A)\}$, 则 $\mathcal{C} \subset \Lambda$ 显然. 倘若 Λ 是 σ-代数, 则 $\sigma(\mathcal{C}) \cap A \subset \sigma(\mathcal{C} \cap A)$. 然而由 Λ 的定义和 $\sigma(\mathcal{C})$ 是 σ-代数立得 Λ 是 σ-代数.□

下面我们给出博雷尔 (Borel) σ-代数的概念.

定义 1.6.3 设 $\Omega = \mathbb{R}^d$,

$$\mathcal{C} = \left\{ \prod_{i=1}^{d} (a_i, b_i] \subset \Omega : -\infty \leqslant a_i < b_i \leqslant \infty \right\},$$

称 $\sigma(\mathcal{C})$ 为**博雷尔 σ-代数**或**博雷尔域**, 记为 $\mathcal{B}(\mathbb{R}^d)$, 在不引起混淆时, 简记为 $\mathcal{B}$; 称 $\mathcal{B}(\mathbb{R}^d)$ 中的集合为**博雷尔集**.

若 $A \subset \mathbb{R}^d$, 记 $\mathcal{B}(\mathbb{R}^d) \cap A$ 为 $\mathcal{B}(A)$.

这里不加证明地给出一个常用的结论, 有兴趣的读者可以参阅文献 Resnick (2014)[17].

例 1.6.4 设

$$\mathcal{C}_1 = \{(a, b) : -\infty \leqslant a \leqslant b \leqslant \infty\},$$

$$\mathcal{C}_2 = \{[a, b) : -\infty < a \leqslant b \leqslant \infty\},$$

$$\mathcal{C}_3 = \{[a, b] : -\infty < a \leqslant b < \infty\},$$

$$\mathcal{C}_4 = \{(-\infty, b) : b \in \mathbb{R}\},$$

则 $\mathcal{B}(\mathbb{R}) = \sigma(\mathcal{C}_1) = \sigma(\mathcal{C}_2) = \sigma(\mathcal{C}_3) = \sigma(\mathcal{C}_4)$.

1.6.2 可测映射

为给出可测映射的定义, 我们需要做一些准备工作.

定义 1.6.4 设 f 是集合 Ω_1 到 Ω_2 上的映射, 对任意的 $B \subset \Omega_2$, 定义

$$f^{-1}(B) = \{\omega \in \Omega_1 : f(\omega) \in B\},$$

即 f^{-1} 建立了 $\mathcal{P}(\Omega_2)$ 到 $\mathcal{P}(\Omega_1)$ 上的映射. 若 $\mathcal{C} \subset \mathcal{P}(\Omega_2)$, 记

$$f^{-1}(\mathcal{C}) = \{f^{-1}(B) : B \in \mathcal{C}\}.$$

定理 1.6.3 设 f 是集合 Ω_1 到 Ω_2 上的映射, $\mathcal{A}\in\mathfrak{D}(\Omega_2)$, 则 $f^{-1}(\mathcal{A})\in\mathfrak{D}(\Omega_1)$.

证明 (1) $\Omega_1=f^{-1}(\Omega_2)\in f^{-1}(\mathcal{A})$.

(2) 若 $B\in f^{-1}(\mathcal{A})$, 则存在 $A\in\mathcal{A}$, 使得 $B=f^{-1}(A)$. 于是,

$$\overline{B}=\Omega_1\setminus f^{-1}(A)=f^{-1}(\Omega_2\setminus A)\in f^{-1}(\mathcal{A}).$$

(3) 若对任意的 $i\geqslant 1$, $B_i\in f^{-1}(\mathcal{A})$, 则存在 $A_i\in\mathcal{A}$, 使得 $B_i\in f^{-1}(A_i)$. 既然 $\mathcal{A}\in\mathfrak{D}(\Omega_2)$, 于是,

$$\bigcup_{i=1}^{\infty}B_i=\bigcup_{i=1}^{\infty}f^{-1}(A_i)=f^{-1}\left(\bigcup_{i=1}^{\infty}A_i\right)\in f^{-1}(\mathcal{A}).\qquad\square$$

定理 1.6.4 设 f 是集合 Ω_1 到 Ω_2 上的映射, $\mathcal{C}\subset\mathcal{P}(\Omega_2)$, 则 $f^{-1}(\sigma(\mathcal{C}))\in\mathfrak{D}(\Omega_1)$, 且

$$f^{-1}(\sigma(\mathcal{C}))=\sigma\left(f^{-1}(\mathcal{C})\right).$$

证明 由定理 1.6.3 立得 $f^{-1}(\sigma(\mathcal{C}))\in\mathfrak{D}(\Omega_1)$. 下证 $f^{-1}(\sigma(\mathcal{C}))=\sigma\left(f^{-1}(\mathcal{C})\right)$.

一方面, 由于 $\mathcal{C}\subset\sigma(\mathcal{C})$, 于是 $f^{-1}(\mathcal{C})\subset f^{-1}(\sigma(\mathcal{C}))$, 进而 $\sigma\left(f^{-1}(\mathcal{C})\right)\subset f^{-1}(\sigma(\mathcal{C}))$.

另一方面, 记 $\Lambda=\{A\subset\Omega_2:f^{-1}(A)\in\sigma\left(f^{-1}(\mathcal{C})\right)\}$. 显然有 $\mathcal{C}\subset\Lambda$. 由 σ-代数的定义易证 Λ 为 Ω_2 上的 σ-代数, 故 $\sigma(\mathcal{C})\subset\Lambda$, 从而 $f^{-1}(\sigma(\mathcal{C}))\subset\sigma\left(f^{-1}(\mathcal{C})\right)$. □

定义 1.6.5 若 $\mathcal{F}\in\mathfrak{D}(\Omega)$, 即 $\mathcal{F}$ 为集合 Ω 上的 σ-代数, 则称二元组 $(\Omega,\mathcal{F})$ 为**可测空间**.

例 1.6.5 $(\mathbb{R}^d,\mathcal{B}(\mathbb{R}^d))$ 为可测空间.

为便于在第 2 章中引入随机变量的定义, 我们来给出可测映射的定义.

定义 1.6.6 设 $(\Omega_1,\mathcal{F}_1)$ 和 $(\Omega_2,\mathcal{F}_2)$ 是两个可测空间, f 是 Ω_1 到 Ω_2 上的映射, 若对任意的 $B\in\mathcal{F}_2$, $f^{-1}(B)\in\mathcal{F}_1$ 成立, 则称 f 是由 $(\Omega_1,\mathcal{F}_1)$ 到 $(\Omega_2,\mathcal{F}_2)$ 上的**可测映射**, 简记为 $f\in\mathcal{F}_1/\mathcal{F}_2$.

定理 1.6.5 设 $(\Omega_1,\mathcal{F}_1)$ 和 $(\Omega_2,\mathcal{F}_2)$ 是两个可测空间, 其中 $\mathcal{F}_2=\sigma(\mathcal{C})$. 若 f 是 Ω_1 到 Ω_2 上的映射, 且对任意的 $B\in\mathcal{C}$, $f^{-1}(B)\in\mathcal{F}_1$ 成立, 则 $f\in\mathcal{F}_1/\mathcal{F}_2$.

证明 由已知, $f^{-1}(\mathcal{C})\subset\mathcal{F}_1$. 由于 $\mathcal{F}_1$ 是 σ-代数, 故由 $\sigma(f^{-1}(\mathcal{C}))$ 的最小性知, $\sigma(f^{-1}(\mathcal{C}))\subset\mathcal{F}_1$. 由定理 1.6.4 知

$$f^{-1}(\mathcal{F}_2)=f^{-1}(\sigma(\mathcal{C}))=\sigma(f^{-1}(\mathcal{C}))\subset\mathcal{F}_1.\qquad\square$$

推论 1.6.1 设 f 是可测空间 $(\Omega,\mathcal{F})$ 到博雷尔域 $(\mathbb{R},\mathcal{B}(\mathbb{R}))$ 上的映射, 则 f 是可测的当且仅当对任意的 $x\in\mathbb{R}$, $\{\omega\in\Omega:f(\omega)\leqslant x\}\in\mathcal{F}$.

证明 由例 1.6.4 知, $\mathcal{B}(\mathbb{R})=\sigma(\{(-\infty,x]:x\in\mathbb{R}\})$, 于是由定理 1.6.5 立得. □

例 1.6.6 定义在 $(\mathbb{R},\mathcal{B}(\mathbb{R}))$ 上到 $(\mathbb{R},\mathcal{B}(\mathbb{R}))$ 上的连续函数都是可测映射.

证明参见文献周民强 (2008).

定理 1.6.6 若 f 是由 $(\Omega_1, \mathcal{F}_1)$ 到 $(\Omega_2, \mathcal{F}_2)$ 上的可测映射, g 是由 $(\Omega_2, \mathcal{F}_2)$ 到 $(\Omega_3, \mathcal{F}_3)$ 上的可测映射, 则 f 与 g 的复合映射 $g \circ f$ 是由 $(\Omega_1, \mathcal{F}_1)$ 到 $(\Omega_3, \mathcal{F}_3)$ 上的可测映射.

证明 由已知, $f^{-1}(\mathcal{F}_2) \subset \mathcal{F}_1$ 和 $g^{-1}(\mathcal{F}_3) \subset \mathcal{F}_2$. 于是,

$$(g \circ f)^{-1}(\mathcal{F}_3) = f^{-1}(g^{-1}(\mathcal{F}_3)) \subset f^{-1}(\mathcal{F}_2) \subset \mathcal{F}_1.$$

故由可测性的定义知, $g \circ f \in \mathcal{F}_1/\mathcal{F}_3$. □

定义 1.6.7 若 f 是可测空间 $(\Omega, \mathcal{F})$ 到博雷尔域 $(\mathbb{R}, \mathcal{B}(\mathbb{R}))$ 的可测映射, 称

$$\sigma(f) = f^{-1}(\mathcal{B}(\mathbb{R})) = \{f^{-1}(B) : B \in \mathcal{B}(\mathbb{R})\}$$

为由 f **诱导的 σ-代数**. 显然 $\sigma(f)$ 是使得映射 f 可测的最小 σ-代数.

1.6.3 排列组合

排列组合知识在中学数学中已经学过, 这里主要从应用古典方法计算概率的角度, 对排列组合知识进行简单的回顾. 我们借助两个模型来说明. 首先来看袋子模型.

1. 袋子模型

设袋子中装有标号为 $1, 2, \cdots, n$ 的 n 个球, 从中按照以下方式任取 r 个球, 分别计算每种情形下可能的样本点总数.

(1) 取球有放回, 讲究取球的次序;

(2) 取球不放回, 讲究取球的次序;

(3) 取球不放回, 不讲究取球的次序;

(4) 取球有放回, 不讲究取球的次序.

易知, 对应于四种情形的样本空间可以表述为

(1) $\Omega_1 = \{(i_1, i_2, \cdots, i_r) : 1 \leqslant i_j \leqslant n, j = 1, 2, \cdots, n\}$;

(2) $\Omega_2 = \{(i_1, i_2, \cdots, i_r) : 1 \leqslant i_j \leqslant n, j = 1, 2, \cdots, n, 且 i_j 互异\}$;

(3) $\Omega_3 = \{\{i_1, i_2, \cdots, i_r\} : 1 \leqslant i_j \leqslant n, j = 1, 2, \cdots, n\}$, 这里每个样本点都是一个集合, 由集合元素的互异性知, i_j 是互异的;

(4) $\Omega_4 = \left\{(x_1, x_2, \cdots, x_n) : \sum\limits_{k=1}^{n} x_k = r, x_k 都取非负整数\right\}$, 这里 x_k 表示标号为 k 的球被取到的次数.

由排列组合的加法原理和乘法原理知, 计算上述四个样本空间所含的样本点数分别对应于

(1) **重复排列** $|\Omega_1| = n^r$;

(2) **选排列** $|\Omega_2| = \mathrm{P}_n^r = \dfrac{n!}{(n-r)!} = n(n-1)\cdots(n-r+1)$;

(3) **组合** $|\Omega_3| = \mathrm{C}_n^r = \dfrac{\mathrm{P}_n^r}{r!} = \dfrac{n!}{r!(n-r)!}$;

(4) **重复组合** $|\Omega_4| = \mathrm{C}_{n+r-1}^r = \dfrac{(n+r-1)!}{r!(n-1)!}$.

2. 占位模型

考虑将 r 个球放到标号为 $1, 2, \cdots, n$ 的 n 个盒子中, 分别计算每种情形下可能的样本点总数.

(1) 球有区别, 每盒所装球数不限;

(2) 球有区别, 每盒至多装一球;

(3) 球无区别, 每盒至多装一球;

(4) 球无区别, 每盒所装球数不限.

因为袋子模型中"取到标号为 i 的球"对应于占位模型中"标号为 i 的盒子被占用", 故占位模型与袋子模型是等价的, 只是同一问题的不同描述而已. 我们把这两个模型相对应的情形及可能样本点数列表如表 1.4 所示.

表 1.4 常见的排列组合模型

名称	袋子模型	占位模型	可能结果数
重复排列	有放回, 讲究次序	球有区别, 盒子不限制球数	n^r
选排列	不放回, 讲究次序	球有区别, 每盒至多一球	P_n^r
组合	不放回, 不讲次序	球无区别, 每盒至多一球	C_n^r
重复组合	有放回, 不讲次序	球无区别, 盒子不限制球数	C_{n+r-1}^r

例 1.6.7 抽签原理

设有 n 支签, 其中 k 支是好签, n 个人依次不返回地随机抽取一支. 求第 $m(1 \leqslant m \leqslant n)$ 个人抽到好签的概率.

解 前面已经利用全概率公式给出了解答 (见例 1.5.7), 这里利用占位模型和古典方法来计算概率.

n 个人依次抽签可视为将 n 支不同的签放到 n 个格子中, 每格一支. 这是全排列问题, 故 $|\Omega| = n!$. 设 A_m 表示事件"第 m 个人抽到好签", $m = 1, 2, \cdots, n$. 事件 A_m 发生, 等价于第 m 个格子可以放 k 支好签中的任一支, 因而有 k 种放法; 接着将剩下的 $n-1$ 支不同的签放到 $n-1$ 个格子中, 每格一支, 有 $(n-1)!$ 种放法. 于是由乘法原理, $|A_m| = k \cdot (n-1)!$. 故

$$P(A_m) = \frac{k \cdot (n-1)!}{n!} = \frac{k}{n}.$$ □

习 题 1

1. 在 $0,1,\cdots,9$ 中任取一个数, A 表示事件"取到的数不超过 3", B 表示事件"取到的数不小于 5", 求下列事件

$$A\cup B,\quad AB,\quad \overline{A},\quad \overline{B}.$$

2. 设 $\Omega=(-\infty,\infty)$, $A=\{x\in\Omega:1\leqslant x\leqslant 5\}$, $B=\{x\in\Omega:3<x<7\}$, $C=\{x\in\Omega:x<0\}$, 求下列事件

$$\overline{A},\quad A\cup B,\quad B\overline{C},\quad \overline{A}\cap\overline{B}\cap\overline{C},\quad (A\cup B)C.$$

3. 写出下列事件的对立事件:

(1) A="掷三枚硬币, 全为正面";

(2) B="抽检一批产品, 至少有三个次品";

(3) C="射击三次, 至多命中一次".

4. 设 I 是任意指标集, $\{A_i, i\in I\}$ 是一事件类, 证明

$$\overline{\bigcup_{i\in I}A_i}=\bigcap_{i\in I}\overline{A}_i,\quad \overline{\bigcap_{i\in I}A_i}=\bigcup_{i\in I}\overline{A}_i.$$

5. 设 $\mathcal{F}$ 是 Ω 上的事件域, $A,B\in\mathcal{F}$. 证明: $A\cup B$, AB, $A\backslash B$, $A\triangle B\in\mathcal{F}$.

6. 设 $\mathcal{F}$ 是 Ω 上的事件域, $A,B,C\in\mathcal{F}$. 证明事件运算的分配律:

$$A(B\cup C)=(AB)\cup(AC),\quad A\cup(BC)=(A\cup B)(A\cup C).$$

7. 设 $\mathcal{F}$ 是 Ω 上的事件域, $B\in\mathcal{F}$. 证明: 集类 $\mathcal{F}_B=\{AB:A\in\mathcal{F}\}$ 是 $\Omega_B=\Omega\cap B=B$ 上的事件域.

8. 现从有 15 名男生和 30 名女生的班级中随机挑选 10 名同学参加某项课外活动, 求在被挑选的同学中恰好有 3 名男生的概率.

9. 一副标准的扑克牌 52 张, 一张一张地轮流分给 4 名游戏者, 每人 13 张, 求每人恰好有一张 A 的概率.

10. 一副标准的扑克牌 52 张, 一张一张地轮流分给 4 名游戏者, 每人 13 张, 求 4 张 A 恰好全被一人得到的概率.

11. 从装有 10 双不同尺码或不同样式的皮鞋的箱子中, 任取 4 只, 求其中能成 $k(0\leqslant k\leqslant 2)$ 双的概率.

12. 求一个有 20 人的班级中有且仅有 2 人生日相同的概率.

13. 一副标准的扑克牌 52 张, 一张一张地轮流分给 4 名游戏者甲、乙、丙、丁, 每人 13 张, 求事件"甲得到 6 张红桃, 乙得到 4 张红桃, 丙得到 2 张红桃, 丁得到 1 张红桃"的概率.

14. 同时抛 4 枚硬币, 求至少出现一个正面的概率.

15. 同时掷 6 颗骰子, 求每个骰子的点数各不相同的概率.

16. 同时掷 7 颗骰子, 求每种点数至少都出现一次的概率.

17. 设 $P(A)=a, P(B)=b$, $P(A\cup B)=c$, 求概率 $P(\overline{\overline{A}\cup\overline{B}})$.

18. 设 $P(A)=0.7$, $P(A\setminus B)=0.3$, 求概率 $P(\overline{AB})$.

19. 设 $A,B\in\mathcal{F}$, 证明

$$P(A)=P(AB)+P(A\overline{B}),\quad P(A\triangle B)=P(A)+P(B)-2P(AB).$$

20. 设 $P(A)=0.4$, $P(B)=0.7$, 求 $P(AB)$ 的最大值和最小值, 并分别给出取到最大值和最小值时的条件.

21. 设 $A_1,A_2,\cdots,A_n$ 是 $\mathcal{F}$ 中互不相容的事件, 证明 $P\left(\sum\limits_{k=1}^{n}A_k\right)=\sum\limits_{k=1}^{n}P(A_k)$.

22. 设 $\{A_n,n\geqslant 1\}$ 是 $\mathcal{F}$ 中的事件列, 定义 $B_1=A_1$,

$$B_n=\bigcap_{k=1}^{n-1}\overline{A}_k\cap A_n,\quad n=2,3,\cdots,$$

证明事件列 $\{B_n,n\geqslant 1\}$ 两两互不相容, 且

$$P\left(\bigcup_{k=1}^{n}A_k\right)=\sum_{k=1}^{n}P(B_k),\quad n=1,2,\cdots$$

和

$$P\left(\bigcup_{n=1}^{\infty}A_n\right)=\sum_{n=1}^{\infty}P(B_n).$$

23. 设 $A_1,A_2,\cdots,A_n$ 是 $\mathcal{F}$ 中的事件, 证明 Bonferroni 不等式

$$P\left(\bigcap_{k=1}^{n}A_k\right)\geqslant 1-\sum_{k=1}^{n}P(\overline{A_k}).$$

24. 设 $A_1,A_2,\cdots$ 是一列事件, 且对任意的 $k\geqslant 1$, $P(A_k)=1$, 求概率 $P\left(\bigcap\limits_{k=1}^{n}A_k\right)$.

25. 证明多个事件的加法公式: 若 $n\geqslant 1$, $A_1,A_2,\cdots,A_n\in\mathcal{F}$, 则

$$P\left(\bigcup_{k=1}^{n}A_k\right)=\sum_{k=1}^{n}P(A_k)-\sum_{i<j}P(A_iA_j)+\sum_{i<j<k}P(A_iA_jA_k)+\cdots+(-1)^{n-1}P(A_1A_2\cdots A_n).$$

26. 两个随机事件的相互独立和互不相容有何区别?

27. 若 $P(A)=0$ 或 1, 证明 A 与任一事件都独立.

28. 10 件产品中有 3 件不合格品, 现从中随机抽取 2 件, A_1 表示事件"第一件是不合格品", A_2 表示事件"第二件是不合格品". 问:

(1) 若抽取是有返回的, A_1 与 A_2 是否独立?

(2) 若抽取是不返回的, A_1 与 A_2 是否独立?

29. 制作某个产品有两个关键工序, 第一道和第二道工序的不合格品的概率分别为 3% 和 5%, 假定两道工序互不影响, 试问该产品为不合格品的概率.

30. 三人独立地对同一目标进行射击, 各人击中的概率分别为 0.7, 0.8, 0.6. 求目标被击中的概率.

31. 一袋中有 10 个球、3 个黑球、7 个白球, 每次有返回地从中随机取出一球. 若共取 10 次, 求 10 次中能取到黑球的概率及 10 次中恰好取到 3 次黑球的概率.

32. 证明当 $P(B) > 0$ 时, 事件 A 与 B 独立的充要条件是 $P(A|B) = P(A)$.

33. 设掷 2 颗骰子, 掷得的点数之和记为 X, 已知 X 为奇数, 求 $X < 8$ 的概率.

34. 已知 $P(A) = \frac{1}{4}, P(B|A) = \frac{1}{3}, P(A|B) = \frac{1}{2}$, 求概率 $P(A \cup B)$.

35. 设 $P(A) = P(B) = \frac{1}{3}, P(A|B) = \frac{1}{6}$, 求概率 $P(\overline{A}|\overline{B})$.

36. 从装有 r 个红球和 w 个白球的盒子中不返回地取出两个, 求事件“第一个为红球, 第二个为白球”的概率.

37. 甲袋中装有 2 个白球和 4 个黑球, 乙袋中装有 3 个白球和 2 个黑球, 现随机地从乙袋中取出一球放入甲袋, 然后从甲袋中随机取出一球, 试求从甲袋中取得的球是白球的概率.

38. 已知 12 个乒乓球都是全新的. 每次比赛时随机取出 3 个, 用完再放回. 求第三次比赛时取出的 3 个球都是新球的概率.

39. 设有三张卡片, 第一张两面皆为红色, 第二张两面皆为黄色, 第三张一面是红色一面是黄色. 随机地选择一张卡片并随机地选择其中一面. 如果已知此面是红色, 求另一面也是红色的概率.

40. 设 n 只罐子的每一只中装有 4 个白球和 6 个黑球, 另有一只罐子中装有 5 个白球和 5 个黑球. 从这 $n+1$ 个罐子中随机地选择一只罐子, 从中任取两个球, 结果发现两个都是黑球. 已知在此条件下, 有 5 个白球和 3 个黑球留在选出的罐子中的条件概率是 $\frac{1}{7}$, 求 n 的值.

41. 甲、乙、丙三个同学同时独立参加考试, 不及格的概率分别为 0.2, 0.3, 0.4.

(1) 求恰有 2 位同学不及格的概率;

(2) 若已知 3 位同学中有 2 位不及格, 求其中 1 位是同学乙的概率.

42. 有 N 把钥匙, 只有一把能开房门, 随机不放回地抽取钥匙开门, 求恰好第 $n(n \leqslant N)$ 次打开房门的概率.

第2章 随机变量

本章研究随机变量及其分布. 随机变量是定义在样本空间上的实值函数, 反映了样本点的某种数量指标. 我们可以借助随机变量来刻画随机事件, 使用经典分析工具去研究概率论. 今后我们总是假定 Ω 是样本空间, $\mathcal{F}$ 是 Ω 上的事件域, 因而 $(\Omega, \mathcal{F})$ 是可测空间. 若还有 P 是定义在 $\mathcal{F}$ 的概率, 则 $(\Omega, \mathcal{F}, P)$ 就构成了概率空间.

2.1 随机变量与分布函数

第 1 章将所研究的随机现象的试验结果称为样本点 ω. 通常, 一个随机试验的样本点可以是数量指标, 譬如, 观察掷一颗骰子出现的点数, 记录某购物广场一天内光顾的顾客数和某种品牌型号的手机寿命等试验的结果都与一个数量相联系. 但并非所有随机试验的样本点都涉及数字, 譬如抛一枚硬币, 正面向上或反面向上的基本结果都与数量无关, 这就给进一步进行数理研究带来了麻烦. 为此, 我们在概率空间 $(\Omega, \mathcal{F}, P)$ 中引入了随机变量.

2.1.1 随机变量的定义

定义 2.1.1 若 X 是由可测空间 $(\Omega, \mathcal{F})$ 到 $(\mathbb{R}, \mathcal{B}(\mathbb{R}))$ 上的可测映射, 称 X 为**随机变量**(常简写为 r.v.).

由例 1.6.4 知, $\mathcal{B}(\mathbb{R}) = \sigma(\{(-\infty, x] : x \in \mathbb{R}\})$, 于是我们有下面的等价定义 (定义 2.1.2), 比定义 2.1.1 更常被用来判断一个映射是否是随机变量.

定义 2.1.2 设 $(\Omega, \mathcal{F}, P)$ 为某随机现象的可测空间, X 是定义在 Ω 上的实值函数, 则 X 是随机变量当且仅当对任意的实数 x, $\{\omega \in \Omega : X(\omega) \leqslant x\} \in \mathcal{F}$.

例 2.1.1 设 $(\Omega, \mathcal{F}, P)$ 是给定的可测空间, c 是给定的实数. 对任意的 $\omega \in \Omega$, 定义 $X(\omega) = c$, 则 X 是一个 (常数值) 随机变量, 这是因为对任意的实数 x,

$$\{\omega \in \Omega : X(\omega) \leqslant x\} = \begin{cases} \varnothing, & x < c, \\ \Omega, & x \geqslant c \end{cases} \in \mathcal{F}.$$

例 2.1.2 抛掷一枚均匀的硬币, $\Omega = \{H, T\}$, $\mathcal{F} = \{\Omega, \varnothing, \{H\}, \{T\}\}$. 定义

$$X(\omega) = \begin{cases} 1, & \omega = H, \\ 0, & \omega = T. \end{cases}$$

则由 $\{\omega \in \Omega : X(\omega) \leqslant x\} = \begin{cases} \varnothing, & x < 0, \\ \{T\}, & 0 \leqslant x < 1, \\ \Omega, & x \geqslant 1 \end{cases} \in \mathcal{F}$ 知 X 亦为随机变量. 称只有两个取值的随机变量为**伯努利随机变量**.

例 2.1.3 设 $(\Omega, \mathcal{F})$ 是给定的可测空间, $A \in \mathcal{F}$. 定义

$$1_A(\omega) = \begin{cases} 1, & \omega \in A, \\ 0, & \omega \in \overline{A}, \end{cases}$$

则 1_A 是一个伯努利随机变量 (通常称 1_A 为事件 A 的示性函数). 注意到 $A = \{\omega \in \Omega : 1_A(\omega) = 1\}$, **故任一随机事件都可以用随机变量来刻画.**

注 2.1.1 今后为了方便, 我们经常使用示性函数来表示一些分段函数. 示性函数有如下性质:

$$1_{AB} = 1_A \cdot 1_B, \quad 1_{A\cup B} = 1_A + 1_B - 1_{AB}.$$

另外, 我们约定 $1_\varnothing = 0$.

注 2.1.2 由随机变量的定义, 我们立知

(1) 随机变量是函数, 定义域为 Ω, 值域为 $(-\infty, \infty)$;

(2) 对于任意的实数 k, a 和 b, $\{X = k\} = \{\omega \in \Omega : X(\omega) = k\}$ 和 $\{a < X \leqslant b\} = \{\omega \in \Omega : a < X(\omega) \leqslant b\}$ 为随机事件;

(3) $\{X = k\} = \{X \leqslant k\} - \{X < k\}$, $\{a < X \leqslant b\} = \{X \leqslant b\} - \{X \leqslant a\}$, $\{X \leqslant a\} = \Omega - \{X > a\}, \cdots$;

(4) 同一样本空间可以定义不同的随机变量.

例 2.1.4 掷硬币 $\Omega = \{H, T\}$, $\mathcal{F} = \{\Omega, \varnothing, \{H\}, \{T\}\}$, 则 $Y(\omega) = 1_{\{T\}}(\omega) = \begin{cases} 0, & \omega = H, \\ 1, & \omega = T \end{cases}$ 也是一个随机变量.

例 2.1.5 设 $\Omega = \{a, b, c\}$ 为样本空间, $\mathcal{F} = \{\Omega, \varnothing, \{b\}, \{a, c\}\}$ 为事件域. 定义

$$X(\omega) = 1_{\{b\}}(\omega) + 2 \cdot 1_{\{c\}}(\omega) = \begin{cases} 0, & \omega = a, \\ 1, & \omega = b, \\ 2, & \omega = c. \end{cases}$$

因为 $\{X \leqslant 0\} = \{a\} \notin \mathcal{F}$, 故 X 不是随机变量.

注 2.1.3 特别地, 若事件域 $\mathcal{F} = 2^\Omega$(即为 Ω 的幂集, $2^\Omega = \{A : A \subset \Omega\}$), 则定义在 Ω 上的任意实值函数都是随机变量.

2.1.2　分布函数

尽管随机变量取值为实数, 但其定义域是样本空间, 可以是很抽象的集合. 故对于随机变量仍不便于进行数学上的处理. 为此今后我们通过研究分布函数来研究随机变量.

定理 2.1.1　设 X 是概率空间 $(\Omega,\mathcal{F},P)$ 上的随机变量, 对任意的 $B\in\mathcal{B}(\mathbb{R})$, 定义

$$P\circ X^{-1}(B)=P(X^{-1}(B)),$$

则 $P\circ X^{-1}$ 是可测空间 $(\mathbb{R},\mathcal{B}(\mathbb{R}))$ 上的概率测度.

证明　首先, 由定义知 $P\circ X^{-1}$ 是 $\mathcal{B}(\mathbb{R})$ 到 $\mathbb{R}$ 上的函数. 其次, 注意到 P 是概率测度, 于是有

(1) 对任意的 $B\in\mathcal{B}(\mathbb{R})$, $P\circ X^{-1}(B)=P(X^{-1}(B))\geqslant 0$;

(2) $P\circ X^{-1}(\mathbb{R})=P(X^{-1}(\mathbb{R}))=P(\Omega)=1$;

(3) 若 $\{B_n,n\geqslant 1\}\subset\mathcal{B}(\mathbb{R})$ 且互不相容, 则

$$\begin{aligned}P\circ X^{-1}\left(\sum_{n=1}^{\infty}B_n\right)&=P\left(X^{-1}\left(\sum_{n=1}^{\infty}B_n\right)\right)=P\left(\sum_{n=1}^{\infty}X^{-1}(B_n)\right)\\&=\sum_{n=1}^{\infty}P(X^{-1}(B_n))=\sum_{n=1}^{\infty}P\circ X^{-1}(B_n).\end{aligned}$$

故由定义知, $P\circ X^{-1}$ 是可测空间 $(\mathbb{R},\mathcal{B}(\mathbb{R}))$ 上的概率测度. □

定义 2.1.3　设 X 是概率空间 $(\Omega,\mathcal{F},P)$ 上的随机变量, 称函数

$$F(x)=P\circ X^{-1}((-\infty,x])=P(X\leqslant x),\quad x\in\mathbb{R}$$

为随机变量 X 的**累积分布函数**, 简称为**分布函数**(简记为 d.f.).

注 2.1.4　分布函数 F 是 $\mathbb{R}\longrightarrow[0,1]$ 上的映射.

例 2.1.6　设 $(\Omega,\mathcal{F},P)$ 是给定的概率空间, c 是给定的实数. 随机变量

$$X(\omega)=c,\quad \omega\in\Omega$$

的分布函数为

$$F(x)=P(X\leqslant x)=\begin{cases}0, & x<c,\\ 1, & c\leqslant x\end{cases}=1_{[c,\infty)}(x).$$

如图 2.1 所示. 这里, 我们称 F 为一个**退化分布**(函数).

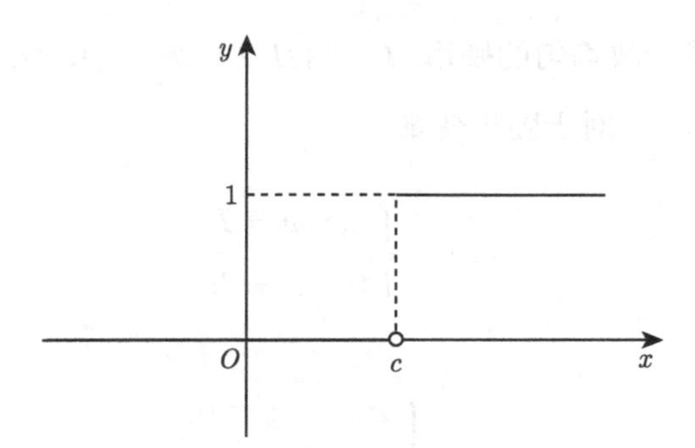

图 2.1 退化分布函数 $F(x)$ 的图像

例 2.1.7 抛掷一枚均匀的硬币, $\Omega=\{H,T\}$, $\mathcal{F}=\{\Omega,\varnothing,\{H\},\{T\}\}$, 定义概率 P 满足 $P(\{H\})=\dfrac{1}{2}$. 对于伯努利随机变量

$$X(\omega)=1_{\{H\}}(\omega)=\begin{cases}1, & \omega=H,\\ 0, & \omega=T\end{cases}$$

及任意的实数 x,

$$\{X\leqslant x\}=\begin{cases}\varnothing, & x<0,\\ \{T\}, & 0\leqslant x<1,\\ \Omega, & 1\leqslant x.\end{cases}$$

于是, X 的分布函数为

$$F(x)=P(X\leqslant x)=\begin{cases}0, & x<0,\\ \dfrac{1}{2}, & 0\leqslant x<1,\\ 1, & 1\leqslant x\end{cases}=\frac{1}{2}1_{[0,1)}(x)+1_{[1,\infty)}(x).$$

如图 2.2 所示.

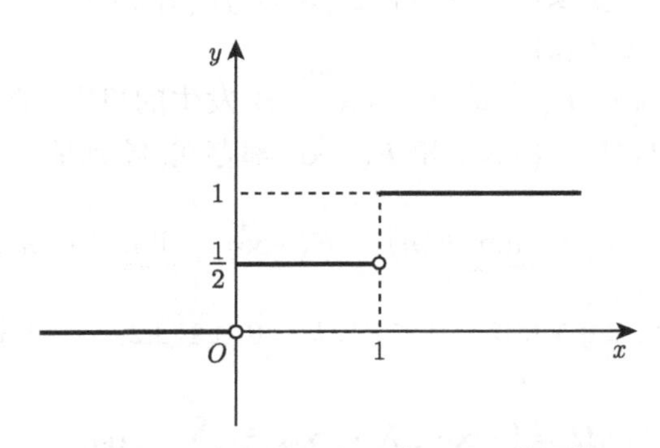

图 2.2 伯努利分布函数 $F(x)$ 的图像

例 2.1.8　抛掷一枚均匀的硬币, $\Omega=\{H,T\}$, $\mathcal{F}=\{\Omega,\varnothing,\{H\},\{T\}\}$, 定义概率 P 满足 $P(\{H\})=\dfrac{1}{2}$. 对于随机变量

$$Y(\omega)=\begin{cases}1, & \omega=T,\\ 0, & \omega=H\end{cases}$$

及任意的实数 y,

$$\{Y\leqslant y\}=\begin{cases}\varnothing, & y<0,\\ \{H\}, & 0\leqslant y<1,\\ \Omega, & 1\leqslant y.\end{cases}$$

于是, Y 的分布函数为

$$F(y)=P(Y\leqslant y)=\begin{cases}0, & y<0,\\ \dfrac{1}{2}, & 0\leqslant y<1,\\ 1, & 1\leqslant y\end{cases}=\frac{1}{2}1_{[0,1)}(y)+1_{[1,\infty)}(y).$$

注 2.1.5　例 2.1.7 和例 2.1.8 表明, 同一概率空间中不同的随机变量可以有相同的分布函数.

定理 2.1.2　分布函数的性质

设 $F(x)$ 是某随机变量 X 的分布函数, 则 $F(x)$ 具有以下性质:

(1)**单调性**　若 $x<y$, 则 $F(x)\leqslant F(y)$;

(2)**有界性**　对任意的实数 x, $0\leqslant F(x)\leqslant 1$, $F(+\infty)=1$, $F(-\infty)=0$, 其中 $F(+\infty)\triangleq\lim\limits_{x\to+\infty}F(x)$, $F(-\infty)\triangleq\lim\limits_{x\to-\infty}F(x)$;

(3) **右连续性**　对任意的实数 x, $F(x+0)=F(x)$, 其中 $F(x+0)\triangleq\lim\limits_{y\to x+}F(y)$.

证明　(1) 若 $x<y$, 则 $\{X\leqslant x\}\subset\{X\leqslant y\}$. 由概率的单调性知, $P(X\leqslant x)\leqslant P(X\leqslant y)$, 即 $F(x)\leqslant F(y)$.

(2) 因为对任意的 x, $F(x)$ 是事件 $\{X\leqslant x\}$ 发生的概率, 故 $0\leqslant F(x)\leqslant 1$. 由 $F(x)$ 的单调性知, $F(+\infty)$ 和 $F(-\infty)$ 都存在, 特别地,

$$F(+\infty)=\lim_{n\to\infty}F(n),\quad F(-\infty)=\lim_{n\to\infty}F(-n).$$

记 $A_k=\{\omega\in\Omega:k-1<X(\omega)\leqslant k\}$, $k=0,\pm1,\pm2,\cdots$, 于是

$$\Omega=\{-\infty<X<\infty\}=\sum_{k=-\infty}^{\infty}A_k.$$

由概率的定义,

$$1 = P(\Omega) = P\left(\sum_{k=-\infty}^{\infty} A_k\right) = \sum_{k=-\infty}^{\infty} P(A_k) = \lim_{n\to\infty} \sum_{k=-n+1}^{n} P(A_k)$$
$$= \lim_{n\to\infty} (F(n) - F(-n)) = F(+\infty) - F(-\infty).$$

又 $0 \leqslant F(x) \leqslant 1$, 故 $F(+\infty), F(-\infty) \in [0,1]$, 从而必有 $F(+\infty) = 1$, $F(-\infty) = 0$.

(3) 对任意的实数 x, 由 F 的单调性知, $F(x+0)$ 存在且

$$F(x+0) = \lim_{n\to\infty} F\left(x + \frac{1}{n}\right).$$

记 $B_k = \left\{x + \frac{1}{k+1} < X \leqslant x + \frac{1}{k}\right\}$, $k = 1, 2, \cdots$. 于是

$$\{x < X \leqslant x+1\} = \sum_{k=1}^{\infty} B_k, \quad \left\{x + \frac{1}{n+1} < X \leqslant x+1\right\} = \sum_{k=1}^{n} B_k, \ n = 1, 2, \cdots.$$

由概率的可列可加性公理和有限可加性知

$$\begin{aligned}
F(x+1) - F(x) =& P(x < X \leqslant x+1) = P\left(\sum_{k=1}^{\infty} B_k\right) \\
=& \sum_{k=1}^{\infty} P(B_k) = \lim_{n\to\infty} \sum_{k=1}^{n} P(B_k) = \lim_{n\to\infty} P\left(\sum_{k=1}^{n} B_k\right) \\
=& \lim_{n\to\infty} P\left(x + \frac{1}{n+1} < X \leqslant x+1\right) \\
=& \lim_{n\to\infty} \left(F(x+1) - F\left(x + \frac{1}{n+1}\right)\right) \\
=& F(x+1) - \lim_{n\to\infty} F\left(x + \frac{1}{n}\right) \\
=& F(x+1) - F(x+0),
\end{aligned}$$

故对任意的实数 x, $F(x+0) = F(x)$, 即 F 在 x 处右连续. □

利用分布函数的性质, 我们可以求一些待定参数, 如

例 2.1.9 已知随机变量 X 的分布函数为

$$F(x) = \begin{cases} A + Be^{-\frac{x^2}{2}}, & x > 0, \\ 0, & x \leqslant 0 \end{cases} = \left(A + Be^{-\frac{x^2}{2}}\right) 1_{(0,\infty)}(x),$$

求常数 A 和 B.

解 由 $F(0) = 0$ 和 $F(x)$ 在 0 点处的右连续性知, $A+B = 0$; 又由 $F(+\infty) = 1$ 知 $A = 1$, 故 $B = -1$. □

定理 2.1.3　设 F 是随机变量 X 的分布函数, 则

(1) $P(X > x) = 1 - F(x)$;

(2) $P(X < x) = F(x-0) \triangleq \lim\limits_{y \to x-} F(y)$;

(3) $P(X = x) = F(x) - F(x-0)$;

(4) $P(X \geqslant x) = 1 - F(x-0)$;

(5) $P(a < X \leqslant b) = F(b) - F(a)$;

(6) $P(a < X < b) = F(b-0) - F(a)$;

(7) $P(a \leqslant X < b) = F(b-0) - F(a-0)$;

(8) $P(a \leqslant X \leqslant b) = F(b) - F(a-0)$.

证明　只需证明 (2). 由 F 的单调性知, 对任意的 $x \in \mathbb{R}$, $F(x-0)$ 存在. 于是,

$$F(x-0) = \lim_{n \to \infty} F\left(x - \frac{1}{n}\right).$$

设 $x \in \mathbb{R}$, 记 $A_1 = \{X \leqslant x - 1\}$,

$$A_n = \left\{x - \frac{1}{n-1} < X \leqslant x - \frac{1}{n}\right\}, \quad n = 2, 3, \cdots,$$

容易证明, $\{A_n, n \geqslant 1\}$ 是互不相容的事件列, $\{X < x\} = \sum\limits_{n=1}^{\infty} A_n$ 且

$$P(A_1) = F(x-1), \quad P(A_n) = F\left(x - \frac{1}{n}\right) - F\left(x - \frac{1}{n-1}\right), \quad n = 2, 3, \cdots.$$

于是由概率的可列可加性,

$$\begin{aligned} P(X < x) =& P\left(\sum_{n=1}^{\infty} A_n\right) = \sum_{n=1}^{\infty} P(A_n) = \lim_{n \to \infty} \sum_{k=1}^{n} P(A_k) \\ =& \lim_{n \to \infty} \left\{F(x-1) + \sum_{k=2}^{n} \left[F\left(x - \frac{1}{k}\right) - F\left(x - \frac{1}{k-1}\right)\right]\right\} \\ =& \lim_{n \to \infty} F\left(x - \frac{1}{n}\right) = F(x-0). \end{aligned}$$

□

注 2.1.6　**分布函数与随机变量的关系**

在给定的概率空间 $(\Omega, \mathcal{F}, P)$ 中, 如果随机变量 X 已经有了定义, 则就会有与 X 相对应的分布函数 $F(x)$. 反之, 若一个定义在 $(-\infty, \infty)$ 上的实函数 F 满足定理 2.1.2 的三条性质, 则可以证明存在一个随机变量 X, 使得 F 是 X 的分布函数 (证明已经超出了本书的范围, 有兴趣的读者可以参阅文献 Durrett (2013)). 前面的例子已经说明, 不同的随机变量可以有相同的分布函数.

2.2 概率分布

2.2.1 离散型分布

有一类随机变量, 其取值仅可能为有限个或可列个, 这类随机变量就是本节将要介绍的离散型随机变量.

定义 2.2.1 设随机变量 X 的可能取值为有限个或可列个, 记为 $x_1, x_2, \cdots$, 则称 X 为**离散型随机变量**或 X 具有**离散型分布**, 并称

$$p_k = P(X = x_k), \quad k = 1, 2, \cdots$$

为 X 的**分布列**或**概率函数**(简记为 p.f.).

注 2.2.1 分布列通常可以用表格来表示:

X	x_1	x_2	$\cdots$	x_n	$\cdots$
P	p_1	p_2	$\cdots$	p_n	$\cdots$

表格中第一行数字代表随机变量 X 所有可能的取值, 第二行数字表示 X 取相应数值的概率.

例 2.2.1 **单点分布**

若随机变量 X 满足 $P(X = c) = 1$, 即 X 的分布函数 F 是一个退化分布函数, 则称 X 服从**单点分布**, 记为 $X \sim \delta_c$, 其分布列为

X	c
P	1

例 2.2.2 抛掷一枚均匀的硬币, $\Omega = \{H, T\}$, $\mathcal{F} = \{\Omega, \varnothing, \{H\}, \{T\}\}$, 定义概率 P 满足 $P(\{H\}) = \dfrac{1}{3}$. 于是随机变量

$$X(\omega) = \begin{cases} 1, & \omega = H, \\ 0, & \omega = T \end{cases}$$

的分布列为

X	0	1
P	$\dfrac{2}{3}$	$\dfrac{1}{3}$

给定某离散型随机变量的分布列, 我们可以求相关随机事件发生的概率, 例如,

例 2.2.3　已知随机变量 X 的分布列为 $P(X=k)=\frac{2}{3}\left(\frac{1}{3}\right)^{k-1}$, $k=1,2,\cdots$, 求概率 $P(X\geqslant 2)$.

解　由对立事件公式和 X 的分布列知

$$P(X\geqslant 2)=1-P(X<2)=1-P(X=1)=1-\frac{2}{3}\left(\frac{1}{3}\right)^{1-1}=\frac{1}{3}.$$

□

命题 2.2.1　分布列的性质

设 $p_k, k\geqslant 1$ 是某随机变量 X 的分布列, 则其满足下面两个性质:

(1) **非负性**　$p_k\geqslant 0, k=1,2,\cdots$;

(2) **正则性**　$\sum_{k=1}^{\infty}p_k=1$.

证明　由概率的非负性知 p_k 是非负的. 正则性只需注意 $\Omega=\sum_{k=1}^{\infty}\{X=x_k\}$, 由概率的正则性和可列可加性公理立得. □

这里需要指出的是, 非负性和正则性是分布列的特征性质, 即若有一数列满足非负性和正则性, 则其必为某离散型随机变量的分布列.

例 2.2.4　设随机变量 X 的分布列为

X	-1	0	1	2
P	$\frac{1}{4}$	a	$\frac{1}{2}$	$\frac{1}{8}$

求常数 a 的值.

解　由分布列的正则性, 即

$$1=\sum_i p_i=\frac{1}{4}+a+\frac{1}{2}+\frac{1}{8},$$

解得 $a=\frac{1}{8}$. □

已知离散型随机变量的分布列, 我们可以很快得到其分布函数.

定理 2.2.1　*设离散型随机变量 X 具有分布列*

$$p_k=P(X=x_k),\quad k=1,2,\cdots,$$

则 X 的分布函数为

$$F(x)=\sum_{k:x_k\leqslant x}p_k=\sum_k p_k\cdot 1_{(-\infty,x]}(x_k),$$

这里我们约定 $\sum_{k\in\varnothing}p_k=0$.

证明 只需注意到 $\Omega = \sum_k \{X = x_k\}$, 因而对任意的 x,

$$\{X \leqslant x\} = \{X \leqslant x\} \cap \Omega = \sum_{k:x_k \leqslant x} \{X = x_k\},$$

由分布函数的定义和概率的可列可加性即得. □

类似于定理 2.2.1 的证明, 我们易得

定理 2.2.2 设 $D \in \mathcal{B}(\mathbb{R})$, 随机变量 X 具有分布列 $\{p_k : k \geqslant 1\}$, 则

$$P(X \in D) = \sum_{k:x_k \in D} p_k = \sum_k p_k \cdot 1_D(x_k).$$

例 2.2.5 已知随机变量 X 的分布列为

X	0	1	2
P	$\frac{1}{2}$	$\frac{1}{3}$	$\frac{1}{6}$

求 X 的分布函数和概率 $P\left(0 < X < \frac{5}{2}\right)$.

解 由定理 2.2.1 知, X 的分布函数为

$$F(x) = \sum_{k:x_k \leqslant x} p_k = \begin{cases} 0, & x < 0, \\ \frac{1}{2}, & 0 \leqslant x < 1, \\ \frac{5}{6}, & 1 \leqslant x < 2, \\ 1, & 2 \leqslant x. \end{cases}$$

所求概率为

$$P\left(0 < X < \frac{5}{2}\right) = \sum_{k:x_k \in (0,\frac{5}{2})} p_k = P(X = 1) + P(X = 2) = \frac{1}{3} + \frac{1}{6} = \frac{1}{2}.$$ □

由定理 2.2.1 我们不难得出

注 2.2.2 **离散型随机变量的分布函数的特征**

设 $F(x)$ 是离散型随机变量 X 的分布函数, 则 $F(x)$

(1) 是单调不降的阶梯函数;

(2) 在其间断点处均为右连续的;

(3) 间断点即为 X 的可能取值点;

(4) 在其间断点处的跳跃高度是对应的概率值.

已知分布函数, 由离散型随机变量的分布函数的特征, 我们可以求出其分布列:

定理 2.2.3　设 $F(x)$ 是离散型随机变量 X 的分布函数, 则 X 的可能取值点为 F 的所有间断点 $x_1, x_2, \cdots$, 分布列为

$$P(X = x_k) = F(x_k) - F(x_k - 0), \quad k = 1, 2, \cdots.$$

例 2.2.6　已知 X 的分布函数为 $F(x) = \begin{cases} 0, & x < 0, \\ 0.4, & 0 \leqslant x < 1, \\ 0.8, & 1 \leqslant x < 2, \\ 1, & 2 \leqslant x, \end{cases}$ 求 X 的分布列.

解　易知 X 的可能取值点为 F 的间断点, 即 $0, 1, 2$.

$$\begin{aligned} P(X = 0) &= F(0) - F(0 - 0) = 0.4 - 0 = 0.4, \\ P(X = 1) &= F(1) - F(1 - 0) = 0.8 - 0.4 = 0.4, \\ P(X = 2) &= F(2) - F(2 - 0) = 1 - 0.8 = 0.2 \end{aligned}$$

或者

$$P(X = 2) = 1 - P(X = 0) - P(X = 1) = 1 - 0.4 - 0.4 = 0.2.$$

故 X 的分布列为

X	0	1	2
P	0.4	0.4	0.2

□

2.2.2　连续型分布

前面介绍了离散型随机变量, 概率论中还有一类随机变量, 其取值可能充满某个区间, 这是本节中要介绍的连续型随机变量.

定义 2.2.2　设随机变量 X 的分布函数为 $F(x)$, 若存在非负函数 $p(x)$, 使得对任意的实数 x,

$$F(x) = \int_{-\infty}^{x} p(t)\mathrm{d}t,$$

则称 X 为**连续型随机变量**或具有**连续型分布**; 称 $p(x)$ 为**概率密度函数**, 简称为密度函数 (记为 p.d.f.).

例 2.2.7　设随机变量 X 服从柯西分布, 即其分布函数为

$$F(x) = \frac{1}{\pi}\left(\arctan x + \frac{\pi}{2}\right), \quad -\infty < x < \infty.$$

易知 X 为连续型随机变量, 概率密度函数为

$$p(x) = \frac{1}{\pi(1 + x^2)}, \quad -\infty < x < \infty.$$

注 2.2.3 由定义 2.2.2,

(1) 连续型随机变量的分布函数 $F(x)$ 为连续函数.

(2) 对任意的实数 a, $P(X=a)=F(a)-F(a-0)=0$.

(3) 由连续型随机变量的定义可知, 若 x 是分布函数 F 的可导点, 则 $p(x)=\dfrac{\mathrm{d}F}{\mathrm{d}x}(x)$. 若 x 是分布函数 F 的不可导点, $p(x)$ 理论上可以是任意实数, 但是通常为了方便, 我们定义 $p(x)=0$. 故概率密度函数不是唯一的.

由定义 2.2.2 和分布函数的性质 (即 $F(\infty)=1$), 我们易知

命题 2.2.2 概率密度函数的性质

设 $p(x)$ 是连续型随机变量 X 的概率密度函数, 则其具有性质:

(1) **非负性** 即对任意的实数 x, $p(x)\geqslant 0$;

(2) **正则性** 即

$$\int_{-\infty}^{\infty} p(x)\mathrm{d}x=1.$$

同离散情形一样, 非负性和正则性是概率密度函数的特征性质, 即若有一函数满足非负性和正则性, 则其必为某连续型随机变量的概率密度函数.

例 2.2.8 设随机变量 X 具有概率密度函数

$$p(x)=k\mathrm{e}^{-3x}\cdot 1_{(0,\infty)}(x)=\begin{cases} k\mathrm{e}^{-3x}, & x>0,\\ 0, & x\leqslant 0.\end{cases}$$

求: (1) 常数 k; (2) 分布函数 $F(x)$.

解 (1) 由概率密度函数的正则性,

$$1=\int_{-\infty}^{\infty} p(x)\mathrm{d}x=\int_0^{\infty} k\mathrm{e}^{-3x}\mathrm{d}x=\frac{k}{3},$$

解得 $k=3$.

(2) 记 $D^*=(0,\infty)$, 由 (1) 知, X 的概率密度函数为

$$p(x)=3\mathrm{e}^{-3x}\cdot 1_{D^*}(x)=\begin{cases} 3\mathrm{e}^{-3x}, & x>0,\\ 0, & x\leqslant 0.\end{cases}$$

对任意的 $x\in\mathbb{R}$, 记 $D_x=(-\infty,x]$, 则 $D_x\cap D^*=\varnothing\cdot 1_{(-\infty,0]}(x)+(0,x]\cdot 1_{(0,\infty)}(x)$.

于是, 由连续型随机变量的分布函数的定义,

$$\begin{aligned} F(x)&=\int_{-\infty}^{x} p(t)\mathrm{d}t=\int_{D_x} p(t)\mathrm{d}t=\int_{D_x\cap D^*} 3\mathrm{e}^{-3t}\mathrm{d}t\\ &=\begin{cases} \displaystyle\int_0^x 3\mathrm{e}^{-3t}\mathrm{d}t, & x>0,\\ 0, & x\leqslant 0\end{cases}=\begin{cases} 1-\mathrm{e}^{-3x}, & x>0,\\ 0, & x\leqslant 0.\end{cases}\end{aligned}$$

□

类似于离散型情形 (定理 2.2.2), 我们不加证明地给出下面的结论.

定理 2.2.4 已知随机变量 X 具有概率密度函数 $p(x)$, $D \in \mathcal{B}(\mathbb{R})$, 则

$$P(X \in D) = \int_D p(x)\mathrm{d}x.$$

例 2.2.9 设随机变量 X 具有概率密度函数

$$p(x) = \begin{cases} 3\mathrm{e}^{-3x}, & x > 0, \\ 0, & x \leqslant 0, \end{cases}$$

求概率 $P(|X| < 1)$.

解 记 $D = (-1, 1)$, 所求概率为

$$P(|X| < 1) = \int_D p(x)\mathrm{d}x = \int_{D\cap(0,\infty)} 3\mathrm{e}^{-3x}\mathrm{d}x = \int_0^1 3\mathrm{e}^{-3x}\mathrm{d}x = 1 - \mathrm{e}^{-3}. \qquad \square$$

注 2.2.4 **概率密度函数不是概率**. 若连续型随机变量 $X \sim p(x)$, 因为

$$P\left(X \in \left(x - \frac{\Delta x}{2}, x + \frac{\Delta x}{2}\right)\right) = \int_{x-\frac{\Delta x}{2}}^{x+\frac{\Delta x}{2}} p(t)\mathrm{d}t \approx p(x)\Delta x,$$

故 $p(x)$ 在 x 处的取值反映 X 在 x 附近取值可能性的大小, 但本身不是概率. 然而对于离散型随机变量 X, 若其具有分布列 $\{p_k, k \geqslant 1\}$, p_k 表示 X 取值 x_k 的概率.

定理 2.2.5 设随机变量 X 的概率密度函数为 $p(x)$, 其为偶函数, 即对任意的实数 x, $p(x) = p(-x)$. 于是, 对任意的实数 $a > 0$, 分布函数 F 满足

$$F(-a) = \frac{1}{2} - \int_0^a p(x)\mathrm{d}x, \qquad F(a) + F(-a) = 1.$$

特别地, $F(0) = \dfrac{1}{2}$, $P(|X| \leqslant a) = 2F(a) - 1$, $P(|X| \geqslant a) = 2(1 - F(a))$.

证明 因为 $p(x)$ 是偶函数, 故由概率密度函数的正则性知

$$1 = \int_{-\infty}^{\infty} p(y)\mathrm{d}y = 2\int_0^{\infty} p(y)\mathrm{d}y = 2\int_{-\infty}^0 p(y)\mathrm{d}y = 2F(0),$$

故 $F(0) = \dfrac{1}{2}$, 且 $\displaystyle\int_0^{\infty} p(y)\mathrm{d}y = \frac{1}{2}$.

由连续型随机变量的定义, 对任意的实数 a,

$$\begin{aligned} F(-a) &= \int_{-\infty}^{-a} p(x)\mathrm{d}x = \int_{-\infty}^{-a} p(-x)\mathrm{d}x = \int_{\infty}^{a} p(y)\mathrm{d}(-y) = \int_a^{\infty} p(y)\mathrm{d}y \\ &= \int_0^{\infty} p(y)\mathrm{d}y - \int_0^a p(y)\mathrm{d}y = \frac{1}{2} - \int_0^a p(x)\mathrm{d}x, \end{aligned}$$

又由

$$\int_a^{\infty} p(y)\mathrm{d}y = \int_{-\infty}^{\infty} p(y)\mathrm{d}y - \int_{-\infty}^{a} p(y)\mathrm{d}y = 1 - F(a),$$

得 $F(a) + F(-a) = 1$. 于是

$$P(|X| \leqslant a) = P(X \leqslant a) - P(X < -a) = F(a) - F(-a) = 2F(a) - 1$$

和

$$P(|X| \geqslant a) = 1 - P(|X| < a) = 1 - (2F(a) - 1) = 2(1 - F(a)).$$

□

2.2.3 混合型分布

前面介绍了常见的离散型分布和连续型分布, 这两类分布还有很多, 我们不可能一一介绍. 特别需要注意的是, 除了离散型分布和连续型分布之外, 还有既非离散型又非连续型的分布. 这里只简单介绍一下由离散型分布和连续型分布所组成的混合型分布, 见文献丁万鼎等 (1988).

定义 2.2.3 设 $F_1(x)$ 是某离散型随机变量的分布函数, $F_2(x)$ 是某连续型随机变量的分布函数, 容易证明, 对任意的 $\alpha, 0 < \alpha < 1$, $F(x) = \alpha F_1(x) + (1-\alpha)F_2(x)$ 是一个分布函数, 称其对应的分布为混合型分布.

例 2.2.10 设汇入某蓄水池的总水量为 X, 其分布函数为

$$F_X(x) = \begin{cases} 0, & x < 0, \\ \dfrac{x}{3}, & 0 \leqslant x < 3, \\ 1, & x \geqslant 3, \end{cases}$$

该水池最大蓄水量为 2 个单位, 即超过 2 个单位后要溢出. 求该水池蓄水量 Y 的分布函数.

解 易知, $Y = \begin{cases} X, & X \leqslant 2, \\ 2, & X > 2. \end{cases}$ 由 X 的分布函数知, Y 的分布函数为

$$F_Y(x) = P(Y \leqslant x) = \begin{cases} P(X \leqslant x), & x < 2, \\ 1, & x \geqslant 2 \end{cases} = \begin{cases} 0, & x < 0, \\ \dfrac{x}{3}, & 0 \leqslant x < 2, \\ 1, & x \geqslant 2. \end{cases}$$

如图 2.3 所示.

显然$F_Y(x) = \dfrac{1}{3}F_1(x) + \dfrac{2}{3}F_2(x)$, 其中 $F_1(x) = \begin{cases} 0, & x < 2, \\ 1, & x \geqslant 2 \end{cases}$ 是一个离散型分布

($x=2$ 处的单点分布) 的分布函数, 而 $F_2(x)=\begin{cases}0, & x<0,\\ \dfrac{x}{2}, & 0\leqslant x<2,\\ 1, & x\geqslant 2\end{cases}$ 是连续型分布的分布函数 (均匀分布 $U[0,2]$, 参见 2.4 节). □

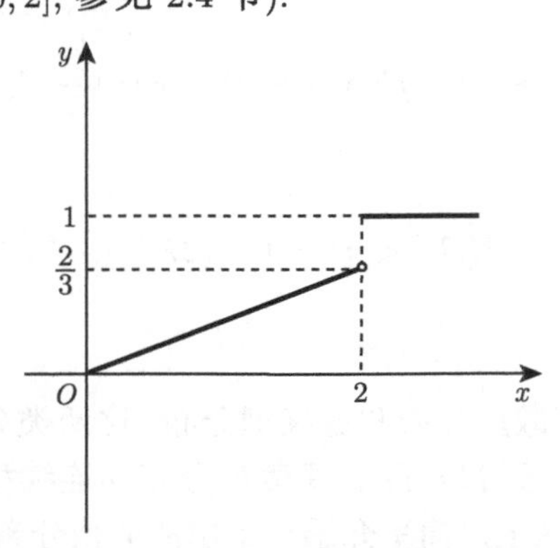

图 2.3 随机变量 Y 的分布函数图像

注 2.2.5 本书今后仅研究离散型分布和连续型分布.

2.3 常用离散型分布

本节将介绍几种常用的离散型分布. 先来看跟伯努利试验有关的三个分布. 我们假定每次伯努利试验中成功的概率为 p.

2.3.1 二项分布

设 X 表示 n 重伯努利试验中成功的次数, 则 X 具有分布列

$$P(X=k)=\mathrm{C}_n^k p^k(1-p)^{n-k},\quad k=0,1,\cdots,n,$$

称 X 服从参数为 (n,p) 的**二项分布**, 记为 $X\sim b(n,p)$.

特别地, 当 $n=1$ 时, 称 $b(1,p)$ 为两点分布或 0-1 分布.

注 2.3.1 分布列正则性的验证: 由二项式定理, 有

$$\sum_{k=0}^{n}p_k=\sum_{k=0}^{n}\mathrm{C}_n^k p^k(1-p)^{n-k}=(p+1-p)^n=1.$$

例 2.3.1 设某射手每次射击命中目标的概率为 0.8, 求射击 10 次命中 2 次的概率.

解 设 X 表示射击 10 次命中的次数, 则由题意知, $X\sim b(10,0.8)$. 故所求概率为

$$P(X=2)=\mathrm{C}_{10}^2 0.8^2(1-0.8)^{10-2}\approx 7.4\times 10^{-5}.$$ □

例 2.3.2 设随机变量 $X\sim b(2,p)$, $Y\sim b(4,p)$, 已知 $P(X\geqslant 1)=\dfrac{8}{9}$, 求概率 $P(Y\geqslant 1)$.

解 由题意知

$$P(X=0)=\mathrm{C}_2^0p^0(1-p)^2=(1-p)^2,$$
$$P(Y=0)=\mathrm{C}_4^0p^0(1-p)^4=(1-p)^4.$$

于是

$$\begin{aligned}P(Y\geqslant 1)=&1-P(Y=0)=1-(P(X=0))^2\\=&1-(1-P(X\geqslant 1))^2=1-\left(1-\frac{8}{9}\right)^2=\frac{80}{81}.\end{aligned}$$
□

2.3.2 几何分布

设 X 表示伯努利试验中首次成功时的总试验次数, 则 X 具有分布列

$$P(X=k)=p(1-p)^{k-1},\quad k=1,2,\cdots,$$

称 X 服从参数为 p 的**几何分布**, 记为 $X\sim \mathrm{Ge}(p)$.

注 2.3.2 分布列正则性的验证: 由无穷等比数列求和公式, 立得

$$\sum_{k=1}^{\infty}p_k=p\sum_{k=1}^{\infty}(1-p)^{k-1}=p\cdot\frac{1}{1-(1-p)}=1.$$

例 2.3.3 设某射手每次射击命中目标的概率为 0.8, 现连续对目标进行射击, 求首次命中时至少射击了 10 次的概率.

解 设 X 表示首次命中目标时的射击次数, 则由题意得 $X\sim\mathrm{Ge}(0.8)$. 于是, 所求概率

$$\begin{aligned}P(X\geqslant 10)=&1-P(X\leqslant 9)=1-\sum_{k=1}^{9}P(X=k)\\=&1-\sum_{k=1}^{9}0.8\cdot(1-0.8)^{k-1}=0.2^9.\end{aligned}$$
□

由条件概率的定义, 不难证明

注 2.3.3 **几何分布具有无记忆性**. 设 $X\sim\mathrm{Ge}(p)$, 则

$$P(X>m+n|X>m)=P(X>n)$$

对任意的非负整数 m,n 都成立. 由高等数学知识可知, 具有无记忆性的离散型分布必是几何分布.

注 2.3.4　无记忆性表明: 在一系列伯努利试验中, 已知在前 m 次未成功的条件下, 接下去的 n 次试验中仍未成功的概率与已经失败的次数 m 无关.

2.3.3　负二项分布

设 X 表示伯努利试验中第 r 次成功时的总试验次数, 则 X 具有分布列

$$P(X=k)=\mathrm{C}_{k-1}^{r-1}p^r(1-p)^{k-r}, \quad k=r,r+1,\cdots,$$

称 X 服从参数为 (r,p) 的**负二项分布或帕斯卡分布**, 记为 $X\sim \mathrm{Nb}(r,p)$.

注 2.3.5　显然, 当 $r=1$ 时, 负二项分布即为几何分布, 即 $\mathrm{Nb}(1,p)=\mathrm{Ge}(p)$.

注 2.3.6　分布列正则性的验证: 由二项式的级数展开式,

$$(1-x)^{-r}=\sum_{j=0}^{\infty}\frac{(-r)(-r-1)\cdots(-r-j+1)}{j!}(-x)^j=\sum_{j=0}^{\infty}\mathrm{C}_{j+r-1}^{j}x^j,$$

令 $x=1-p$, 得

$$\begin{aligned}\sum_{k=r}^{\infty}p_k&=p^r\sum_{j=0}^{\infty}\mathrm{C}_{j+r-1}^{r-1}(1-p)^j=p^r\sum_{j=0}^{\infty}\mathrm{C}_{j+r-1}^{j}(1-p)^j\\&=p^r(1-(1-p))^{-r}=1.\end{aligned}$$

例 2.3.4　**巴拿赫火柴问题**(Banach's match problem)

波兰数学家巴拿赫喜欢抽烟, 每天出门时随身携带两盒火柴, 每盒都有 n 根火柴, 分别放在左右两个衣袋里. 每次使用时, 便随机地从其中一盒中取出一根. 试求他首次发现其中一盒火柴已用完, 而另一盒中剩下 $k(0\leqslant k\leqslant n)$ 根火柴的概率.

解　将取一次火柴盒看作一次随机试验, 设 A 表示事件"取左边口袋中的火柴盒", 则 $P(A)=\dfrac{1}{2}$. 记 X 表示 A 发生 $n+1$ 次时的试验次数, 则 $X\sim \mathrm{Nb}\left(n+1,\dfrac{1}{2}\right)$. 记 B 表示事件"首次发现左边口袋火柴盒已空, 右边口袋火柴盒尚余 k 根", 则 $B=\{X=n+1+n-k=2n-k+1\}$. 故

$$\begin{aligned}P(B)&=P(X=2n-k+1)\\&=\mathrm{C}_{2n-k+1-1}^{n+1-1}\left(\frac{1}{2}\right)^{n+1}\left(1-\frac{1}{2}\right)^{2n-k+1-(n+1)}\\&=\mathrm{C}_{2n-k}^{n}\left(\frac{1}{2}\right)^{2n-k+1}.\end{aligned}$$

由对称性知, "首次发现右边口袋火柴盒已空, 左边口袋火柴盒尚余 k 根"的概率亦为

$$\mathrm{C}_{2n-k}^{n}\left(\frac{1}{2}\right)^{2n-k+1}.$$

故首次发现其中一盒火柴已用完, 而另一盒中剩下 k 根火柴的概率为

$$2\cdot \mathrm{C}_{2n-k}^{n}\left(\frac{1}{2}\right)^{2n-k+1}=\mathrm{C}_{2n-k}^{n}\left(\frac{1}{2}\right)^{2n-k},\quad k=0,1,\cdots,n. \qquad \square$$

2.3.4 泊松分布

设 $\lambda>0$, 随机变量 X 具有分布列

$$P(X=k)=\frac{\lambda^k}{k!}\mathrm{e}^{-\lambda},\quad k=0,1,2,\cdots,$$

则称 X 服从参数为 λ 的**泊松**(Poisson)**分布**, 记为 $X\sim P(\lambda)$.

注 2.3.7 分布列正则性的验证:

在函数 $f(x)=\mathrm{e}^x$ 的级数展开式 $\mathrm{e}^x=\sum\limits_{k=0}^{\infty}\frac{x^k}{k!}$ 中令 $x=\lambda$, 得

$$\sum_{k=0}^{\infty}p_k=\mathrm{e}^{-\lambda}\sum_{k=0}^{\infty}\frac{\lambda^k}{k!}=\mathrm{e}^{-\lambda}\cdot\mathrm{e}^{\lambda}=1.$$

注 2.3.8 泊松分布是法国数学家泊松于 1837 年首次引入的 (李少甫等, 2011). 泊松分布通常用来刻画稀有事件发生的次数或个数, 例如, 某块稻田的害虫数、放射性物质在一定时间内放射出的粒子数、一本辞典中的错字个数等都服从泊松分布; 它还经常用来刻画社会生活中各种服务的需求量, 譬如一段时间内进入某家便利店的顾客数、某地铁站到来的乘客数等都可以认为服从泊松分布.

例 2.3.5 某种棉布平均每米有疵点 3 个 (假定 t 米布上的疵点数服从参数为 $3t$ 的泊松分布). 试求 3 米布上的疵点数的概率分布列.

解 设 X 表示 3 米布上的疵点数, 则 $X\sim P(9)$, 于是 X 的分布列为

$$P(X=k)=\frac{9^k}{k!}\mathrm{e}^{-9},\quad k=0,1,2,\cdots. \qquad \square$$

泊松分布可认为是二项分布的极限分布.

定理 2.3.1 泊松定理

设 $\lim\limits_{n\to\infty}np_n=\lambda$, 则对固定的正整数 k,

$$\lim_{n\to\infty}\mathrm{C}_n^k p_n^k(1-p_n)^{n-k}=\frac{\lambda^k}{k!}\mathrm{e}^{-\lambda}.$$

证明 对固定的正整数 k, 注意到

$$\mathrm{C}_n^k p_n^k(1-p_n)^{n-k}=\frac{(np_n)^k}{k!}\cdot\frac{n}{n}\cdot\frac{n-1}{n}\cdots\frac{n-k+1}{n}\cdot\left(1-\frac{np_n}{n}\right)^{n\cdot\frac{n-k}{n}},$$

由 $\left(1+\frac{1}{n}\right)^n\to\mathrm{e}$ 即得. $\square$

注 2.3.9　由泊松定理, 当 n 充分大而 p 很小且 np 适中 (通常要求 $0.1 \leqslant np \leqslant 10$) 时, 可作近似计算:

$$P(X=k)=\mathrm{C}_n^k p^k(1-p)^{n-k} \approx \frac{(np)^k}{k!}\mathrm{e}^{-np}, \quad k=0,1,\cdots,n.$$

例 2.3.6　设每颗炮弹命中目标的概率为 0.01, 求 500 发炮弹中命中 5 发的概率.

解　设 X 表示命中的炮弹数, 则 $X \sim b(500, 0.01)$, 这里 $np=5$ 适中, 由泊松定理, 所求概率为

$$P(X=5) \approx \frac{5^5}{5!}\mathrm{e}^{-5} \approx 0.175.$$

□

2.3.5　超几何分布

若随机变量 X 有分布列

$$P(X=k)=\frac{\mathrm{C}_M^k \cdot \mathrm{C}_{N-M}^{n-k}}{\mathrm{C}_N^n}, \quad k=0,1,\cdots,\min(n,M),$$

其中 $n \leqslant N$, $M \leqslant N$, 则称 X 服从参数为 (n,N,M) 的**超几何分布**, 记为 $X \sim h(n,N,M)$.

注 2.3.10　超几何分布对应于**不返回抽样**模型: N 个产品中有 M 个不合格品, 从中抽取 n 个, X 表示其中不合格品的个数.

注 2.3.11　正则性由组合数性质

$$\mathrm{C}_M^0\mathrm{C}_{N-M}^n+\mathrm{C}_M^1\mathrm{C}_{N-M}^{n-1}+\cdots+\mathrm{C}_M^n\mathrm{C}_{N-M}^0=\mathrm{C}_N^n$$

即得.

注 2.3.12　超几何分布的极限分布是二项分布, 即若固定 n 和 k, 当 $N \to \infty$, 且 $\dfrac{M}{N} \to p$ 时,

$$\frac{\mathrm{C}_M^k \cdot \mathrm{C}_{N-M}^{n-k}}{\mathrm{C}_N^n} \to \mathrm{C}_n^k p^k(1-p)^{n-k},$$

故超几何分布可以用二项分布来作近似计算.

2.4　常用连续型分布

本节将介绍几种常用的连续型分布: 正态分布、均匀分布和 Gamma 分布等.

2.4.1 正态分布

设随机变量 X 具有概率密度函数

$$p(x)=\frac{1}{\sqrt{2\pi}\sigma}\exp\left\{-\frac{(x-\mu)^2}{2\sigma^2}\right\},\quad -\infty<x<\infty,$$

其中 $\mu,\sigma>0$ 为参数, 称 X 服从**正态分布**, 记为 $X\sim N(\mu,\sigma^2)$.

注 2.4.1 利用 Γ-函数的性质 (参见命题 2.4.1), 我们可以验证正态分布概率密度函数的正则性. 事实上, 依次作积分变换 $x=\sigma y+\mu$ 和 $y=\sqrt{2t}$,

$$\begin{aligned}\int_{-\infty}^{\infty}p(x)\mathrm{d}x&=\int_{-\infty}^{\infty}\frac{1}{\sqrt{2\pi}\sigma}\exp\left\{-\frac{(x-\mu)^2}{2\sigma^2}\right\}\mathrm{d}x=\frac{2}{\sqrt{2\pi}}\int_0^{\infty}\exp\left(-\frac{y^2}{2}\right)\mathrm{d}y\\&=\frac{2}{\sqrt{2\pi}}\int_0^{\infty}\mathrm{e}^{-t}\cdot\frac{\sqrt{2}}{2}t^{-\frac{1}{2}}\mathrm{d}t=\frac{1}{\sqrt{\pi}}\Gamma\left(\frac{1}{2}\right)=1.\end{aligned}$$

注 2.4.2 特别地, 当 $\mu=0,\sigma=1$ 时, 称 X 服从**标准正态分布**, 记为 $X\sim N(0,1)$. 习惯上, 将标准正态分布的概率密度函数记为

$$\varphi(x)=\frac{1}{\sqrt{2\pi}}\mathrm{e}^{-\frac{x^2}{2}},\quad -\infty<x<\infty,$$

分布函数记为 $\Phi(x)$. 注意到 $\varphi(x)$ 是偶函数, 因此对任意的 x, $\Phi(x)+\Phi(-x)=1$(参见定理 2.2.5).

注 2.4.3 正态分布是数学家高斯在研究误差分布时发现的一个分布, 无论在实际应用还是在概率统计理论研究中, 正态分布都占有非常重要的地位, 相当广泛的一类随机现象可以用正态分布或者近似地用正态分布来刻画. 例如, 某校一年级同学的身高、某地 4 月份的平均气温、测量甲乙两地之间的距离等, 都服从或近似服从正态分布.

正态分布的概率密度函数 $p(x)$ 的图像如图 2.4 所示.

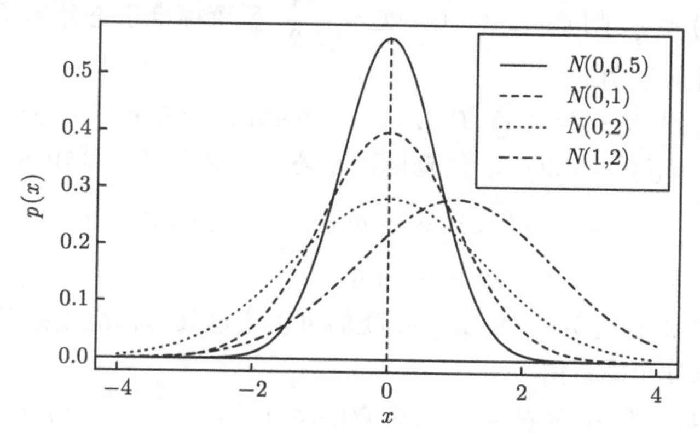

图 2.4 不同 μ、不同 σ^2 的正态分布概率密度函数图像示意图

由图像不难看出

注 2.4.4　正态分布概率密度函数的性质:

(1) $p(x)$ 关于直线 $x=\mu$ 对称, 且在 μ 处取得最大值;

(2) 若 σ 不变, μ 改变, 则 $p(x)$ 图像沿 x 轴左右移动, 但形状保持不变;

(3) 若 μ 不变, σ 改变, 则 $p(x)$ 图像对称轴位置不变, 但陡峭程度发生改变.

注 2.4.5　通常称 μ 为位置参数, σ 为尺度参数.

注意到标准正态分布的分布函数 $\Phi(x)=\int_{-\infty}^{x}\frac{1}{\sqrt{2\pi}}\mathrm{e}^{-\frac{t^2}{2}}\mathrm{d}t$ 不能用初等函数表示出来, 为求出 $\Phi(x)$ 的值, 我们可以借助附录中的标准正态分布函数表. 具体地说,

注 2.4.6　已知 x,

(1) 若 $x\geqslant 0$, 直接查表可得 $\Phi(x)$ 的值;

(2) 若 $x<0$, 则 $-x>0$, 先查表得 $\Phi(-x)$ 的值, 再由 $\Phi(x)=1-\Phi(-x)$ 计算得到 $\Phi(x)$ 的值.

例 2.4.1　设 $X\sim N(0,1)$. 求概率 $P(X>-1.96)$ 及 $P(|X|<1.96)$.

解　查标准正态分布函数表, 可得 $\Phi(1.96)=0.9750$, 故所求概率为

$$P(X>-1.96)=1-P(X\leqslant -1.96)=1-\Phi(-1.96)=\Phi(1.96)=0.9750,$$

$$P(|X|<1.96)=\Phi(1.96)-\Phi(-1.96)=2\Phi(1.96)-1=0.95.$$ □

同样, 已知 $\Phi(x)$ 的值, 可以通过反查标准正态分布函数表或再利用关系式 $\Phi(x)=1-\Phi(-x)$, 求出 x 的值.

注 2.4.7　已知 $\Phi(x)$,

(1) 若 $\Phi(x)\geqslant\frac{1}{2}$, 直接反查标准正态分布函数表可得 x 的值;

(2) 若 $\Phi(x)<\frac{1}{2}$, 则 $\Phi(-x)=1-\Phi(x)>\frac{1}{2}$, 反查标准正态分布函数表可得 $-x$ 的值, 进而得到 x 的值.

例 2.4.2　设 $X\sim N(0,1)$, $P(X\leqslant b)=0.9515$, $P(X\leqslant a)=0.0505$. 求 a,b.

解　因为 $\Phi(b)=0.9515$, 反查标准正态分布函数表, 可知 $b=1.66$. 因为 $\Phi(a)=0.0505<\frac{1}{2}$, 于是由 $\Phi(-a)=1-\Phi(a)=1-0.0505=0.9495$, 反查标准正态分布函数表, 可得 $-a=1.64$, 故 $a=-1.64$. □

对一般情形的正态分布 $N(\mu,\sigma^2)$, 我们可以通过其与标准正态分布 $N(0,1)$ 之间的关系, 来求分布函数值.

定理 2.4.1　设 X 服从正态分布 $N(\mu,\sigma^2)$, $Y=\frac{X-\mu}{\sigma}$, 则 Y 服从标准正态分布 $N(0,1)$.

证明 显然 X 的概率密度函数为

$$p_X(x)=\frac{1}{\sqrt{2\pi}\sigma}\exp\left\{-\frac{(x-\mu)^2}{2\sigma^2}\right\},\quad -\infty<x<\infty.$$

设 Y 的分布函数为 $F_Y(y)$, 则

$$\begin{aligned}F_Y(y)&=P(Y\leqslant y)=P\left(\frac{X-\mu}{\sigma}\leqslant y\right)=P(X\leqslant\mu+\sigma y)\\&=\int_{-\infty}^{\mu+\sigma y}p_X(x)\mathrm{d}x=\int_{-\infty}^{y}p_X(\mu+\sigma t)\cdot\sigma\mathrm{d}t,\end{aligned}$$

其中最后一个等号是因为作了积分变量替换 $x=\mu+\sigma t$.

于是, Y 的概率密度函数为

$$p_Y(y)=\frac{\mathrm{d}F_Y(y)}{\mathrm{d}y}=\frac{\mathrm{d}}{\mathrm{d}y}\left(\int_{-\infty}^{y}p_X(\mu+\sigma t)\cdot\sigma\mathrm{d}t\right)=\sigma\cdot p_X(\mu+\sigma y)=\frac{1}{\sqrt{2\pi}}\mathrm{e}^{-\frac{y^2}{2}},$$

即 $p_Y(y)=\varphi(y)$ 为标准正态分布 $N(0,1)$ 的概率密度函数, 故 $Y\sim N(0,1)$. □

注 2.4.8 定理 2.4.1 的证明思想是由分布函数的定义来求随机变量函数的分布, 这个思想在第 3 章中还将继续使用, 请读者注意.

由定理 2.4.1, 我们不难得出

推论 2.4.1 设 X 服从正态分布 $N(\mu,\sigma^2)$, 则 X 的分布函数为

$$F(x)=\varPhi\left(\frac{x-\mu}{\sigma}\right).$$

证明 由题设和定理 2.4.1 知, $\dfrac{X-\mu}{\sigma}\sim N(0,1)$. 故由分布函数的定义知, X 的分布函数为

$$F(x)=P(X\leqslant x)=P\left(\frac{X-\mu}{\sigma}\leqslant\frac{x-\mu}{\sigma}\right)=P\left(Y\leqslant\frac{x-\mu}{\sigma}\right)=\varPhi\left(\frac{x-\mu}{\sigma}\right).\ \square$$

有了定理 2.4.1 和推论 2.4.1, 我们可以对一般的正态分布 $N(\mu,\sigma^2)$ 求其分布函数的值.

例 2.4.3 设 X 服从正态分布 $N(10,4)$, 求概率 $P(10<X<13)$ 和 $P(|X-10|<2)$.

解 由推论 2.4.1 知, 所求概率为

$$\begin{aligned}P(10<X<13)&=\varPhi\left(\frac{13-10}{2}\right)-\varPhi\left(\frac{10-10}{2}\right)\\&=\varPhi(1.5)-0.5=0.9332-0.5=0.4332,\end{aligned}$$

$$P(|X-10|<2)=P(8<X<12)=\Phi\left(\frac{12-10}{2}\right)-\Phi\left(\frac{8-10}{2}\right)$$
$$=\Phi(1)-\Phi(-1)=2\Phi(1)-1=2\cdot 0.8413-1=0.6826.$$

也可直接应用定理 2.4.1,

$$P(|X-10|<2)=P\left(\left|\frac{X-10}{2}\right|<1\right)=\Phi(1)-\Phi(-1)$$
$$=2\Phi(1)-1=2\cdot 0.8413-1=0.6826.$$ □

例 2.4.4　设 X 服从正态分布 $N(\mu,\sigma^2)$, 已知 $P(X\leqslant -5)=0.063$ 和 $P(X\leqslant 3)=0.6179$. 求 μ, σ 及 $P(|X-\mu|<\sigma)$.

解　由题意和推论 2.4.1 知

$$\begin{cases}\Phi\left(\dfrac{-5-\mu}{\sigma}\right)=F(-5)=0.063,\\[2ex] \Phi\left(\dfrac{3-\mu}{\sigma}\right)=F(3)=0.6179.\end{cases}$$

注意到 $\Phi(x)+\Phi(-x)=1$, 并查表得 $\begin{cases}\dfrac{5+\mu}{\sigma}=1.53,\\[2ex] \dfrac{3-\mu}{\sigma}=0.3.\end{cases}$ 解得 $\mu\approx 1.69, \sigma\approx 4.37$.

由定理 2.4.1 知

$$P(|X-\mu|<\sigma)=P\left(\left|\frac{X-\mu}{\sigma}\right|\leqslant 1\right)=2\Phi(1)-1=0.6826.$$ □

注 2.4.9　正态分布的 3σ 准则

设 $X\sim N(\mu,\sigma^2)$, 则

(1) $P(|X-\mu|<\ \sigma)=2\Phi(1)-1=0.6826$;

(2) $P(|X-\mu|<2\sigma)=2\Phi(2)-1=0.9544$;

(3) $P(|X-\mu|<3\sigma)=2\Phi(3)-1=0.9974$.

这表明, X 几乎总是在 $(\mu-3\sigma,\mu+3\sigma)$ 内取值, 这就是**正态分布的 3σ 准则**. 这个准则被广泛地应用到企业质量管理中, 人们通常习惯于称它为 6σ 管理准则.

2.4.2　均匀分布

若随机变量 X 具有概率密度函数

$$p(x)=\frac{1}{b-a}\cdot 1_{[a,b]}(x)=\begin{cases}\dfrac{1}{b-a}, & a\leqslant x\leqslant b,\\[2ex] 0, & x<a\text{或}x>b,\end{cases}$$

则称 X 服从区间 $[a,b]$ 上的**均匀分布**, 记为 $X\sim U[a,b]$.

注 2.4.10 我们容易验证均匀分布的概率密度函数满足正则性. 由积分的性质, $\int_{-\infty}^{\infty} p(x)\mathrm{d}x = \int_a^b \frac{1}{b-a}\mathrm{d}x = 1.$

显然, 由分布函数的定义知, X 的分布函数为

$$F(x) = \int_{-\infty}^{x} p(t)\mathrm{d}t = \begin{cases} 0, & x \leqslant a, \\ \dfrac{x-a}{b-a}, & a < x \leqslant b, \\ 1, & x > b. \end{cases}$$

注 2.4.11 粗略地说, 若 $X \sim U[a,b]$, 则 X 表示从区间 $[a,b]$ 中随机地取出的点的位置. 均匀分布在误差分析和模拟计算时被广泛应用.

注 2.4.12 特别地, 若 $X \sim U\left[0, \frac{1}{2}\right]$, 则其概率密度函数为

$$p(x) = \begin{cases} 2, & 0 \leqslant x \leqslant \dfrac{1}{2}, \\ 0, & x < 0 \text{或} x > \dfrac{1}{2}. \end{cases}$$

显然, 当 $x \in \left[0, \frac{1}{2}\right]$ 时, $p(x) = 2 > 1$. 这也表明**概率密度函数不是概率**.

例 2.4.5 设随机变量 X 服从均匀分布 $U(2,5)$. 现在对 X 进行三次独立观测, 试求至少有两次观测值大于 3 的概率.

解 由于 X 在 $[2,5]$ 上服从均匀分布, 概率密度函数为 $p(x) = \begin{cases} \frac{1}{3}, & 2 < x < 5, \\ 0, & \text{其他情形}, \end{cases}$ 故观测值大于 3 的概率为

$$p = P(X > 3) = \int_3^{\infty} p(x)\mathrm{d}x = \int_3^5 \frac{1}{3}\mathrm{d}x = \frac{2}{3}.$$

设 Y 表示对 X 进行三次独立观测, 观测值大于 3 的次数, 则 $Y \sim b\left(3, \frac{2}{3}\right)$, 即 Y 服从参数为 3 和 $\frac{2}{3}$ 的二项分布. 于是

$$\begin{aligned} P(Y \geqslant 2) &= 1 - P(Y=0) - P(Y=1) \\ &= 1 - \left(1 - \frac{2}{3}\right)^3 - 3\left(\frac{2}{3}\right)^1\left(1 - \frac{2}{3}\right)^2 = \frac{20}{27} \end{aligned}$$

即为所求概率. □

2.4.3 Gamma 分布

为了介绍 Gamma 分布, 我们需要引入 Gamma 函数.

1. Γ-函数

定义 2.4.1 称含参数 $\alpha(\alpha>0)$ 的积分 $\Gamma(\alpha)=\int_0^{\infty}x^{\alpha-1}\mathrm{e}^{-x}\mathrm{d}x$ 为 **Γ-函数或 Gamma(伽马) 函数**.

读者可以自行验证上述定义中非正常积分是收敛的, 即 Γ-函数有意义.

命题 2.4.1 Γ-函数的性质

(1) $\Gamma(1)=1, \Gamma(\alpha+1)=\alpha\Gamma(\alpha)$;

(2) $\Gamma\left(\frac{1}{2}\right)=\sqrt{\pi}$;

(3) 设 $a>0$, $b>0$, 记 $B(a,b)=\int_0^1 t^{a-1}(1-t)^{b-1}\mathrm{d}t$, 则 $B(a,b)=\dfrac{\Gamma(a)\Gamma(b)}{\Gamma(a+b)}$.

证明 (1) 直接求得 $\Gamma(1)=\int_0^{\infty}\mathrm{e}^{-x}\mathrm{d}x=1$.

由分部积分公式,

$$\begin{aligned}\Gamma(\alpha+1)&=\int_0^{\infty}x^{\alpha+1-1}\mathrm{e}^{-x}\mathrm{d}x=-\int_0^{\infty}x^{\alpha}\mathrm{d}\left(\mathrm{e}^{-x}\right)\\&=\int_0^{\infty}\mathrm{e}^{-x}\mathrm{d}\left(x^{\alpha}\right)=\alpha\int_0^{\infty}x^{\alpha-1}\mathrm{e}^{-x}\mathrm{d}x=\alpha\Gamma(\alpha).\end{aligned}$$

(2) 记 $I=\int_0^{\infty}\mathrm{e}^{-t^2}\mathrm{d}t$, 则由极坐标变换可知

$$\begin{aligned}(2I)^2&=\left(\int_{-\infty}^{\infty}\mathrm{e}^{-t^2}\mathrm{d}t\right)^2=\int_{-\infty}^{\infty}\mathrm{e}^{-x^2}\mathrm{d}x\int_{-\infty}^{\infty}\mathrm{e}^{-y^2}\mathrm{d}y\\&=\iint_{\mathbb{R}^2}\mathrm{e}^{-(x^2+y^2)}\mathrm{d}x\mathrm{d}y=\int_0^{2\pi}\mathrm{d}\theta\int_0^{\infty}\mathrm{e}^{-r^2}r\mathrm{d}r=\pi,\end{aligned}$$

于是 $I=\dfrac{\sqrt{\pi}}{2}$. 故

$$\Gamma\left(\frac{1}{2}\right)=\int_0^{\infty}x^{-\frac{1}{2}}\mathrm{e}^{-x}\mathrm{d}x=\int_0^{\infty}t^{-1}\mathrm{e}^{-t^2}\cdot 2t\mathrm{d}t=2I=\sqrt{\pi}.$$

(3) 由 Γ-函数的定义,

$$\begin{aligned}\Gamma(a)\Gamma(b)&=\int_0^{\infty}x^{a-1}\mathrm{e}^{-x}\mathrm{d}x\cdot\int_0^{\infty}y^{b-1}\mathrm{e}^{-y}\mathrm{d}y=\int_0^{\infty}\int_0^{\infty}\mathrm{e}^{-(x+y)}x^{a-1}y^{b-1}\mathrm{d}x\mathrm{d}y\\&=\int_0^{\infty}s^{a+b-1}\mathrm{e}^{-s}\mathrm{d}s\int_0^1 t^{a-1}(1-t)^{b-1}\mathrm{d}t=\Gamma(a+b)\cdot B(a,b).\end{aligned}$$

第三个等号是因为作了积分变量代换 $\begin{cases}s=x+y,\\ t=\dfrac{x}{x+y}.\end{cases}$ □

2. Gamma 分布

随机变量 X 具有概率密度函数

$$p(x)=\begin{cases}\dfrac{\lambda^{\alpha}}{\Gamma(\alpha)}x^{\alpha-1}\mathrm{e}^{-\lambda x}, & x>0,\\ 0, & x\leqslant 0,\end{cases}$$

其中 $\Gamma(\alpha)$ 为 Γ-函数, 称 X 服从参数为 $\alpha>0$ 和 $\lambda>0$ 的 **Gamma 分布或伽马分布**, 记为 $X\sim \mathrm{Ga}(\alpha,\lambda)$.

注 2.4.13 由 Γ-函数的定义, 不难验证概率密度函数满足正则性, 事实上,

$$\int_{-\infty}^{\infty}p(x)\mathrm{d}x=\frac{1}{\Gamma(\alpha)}\int_{0}^{\infty}(\lambda x)^{\alpha-1}\mathrm{e}^{-\lambda x}\mathrm{d}(\lambda x)=\frac{1}{\Gamma(\alpha)}\cdot\Gamma(\alpha)=1.$$

注 2.4.14 特别地,

(1) 若 $\alpha=1$, 则称 X 服从参数为 λ 的**指数分布**, 记为 $\mathrm{Exp}(\lambda)$, 其概率密度函数为

$$p(x)=\begin{cases}\lambda\mathrm{e}^{-\lambda x}, & x>0,\\ 0, & x\leqslant 0.\end{cases}$$

(2) 称参数 $\alpha=\dfrac{n}{2},\lambda=\dfrac{1}{2}$ 的 Gamma 分布为自由度为 n 的**卡方分布**, 记为 $\chi^2(n)$. 卡方分布是统计推断中三大抽样分布之一.

注 2.4.15 指数分布应用广泛, 日常生活中一些耐用品的寿命、一些服务设施 (例如超市收银台、修理店等) 在接连服务两个服务对象时的等待时间都服从指数分布.

命题 2.4.2 指数分布的无记忆性

设 $X\sim\mathrm{Exp}(\lambda)$, 则对任意的 $s,t>0$, 有

$$P(X>s+t|X>s)=P(X>t).$$

证明 易知 X 的分布函数为

$$F(x)=\int_{-\infty}^{x}p(t)\mathrm{d}t=\begin{cases}\displaystyle\int_{0}^{x}\lambda\mathrm{e}^{-\lambda t}\mathrm{d}t, & x>0,\\ 0, & x\leqslant 0\end{cases}=\begin{cases}1-\mathrm{e}^{-\lambda x}, & x>0,\\ 0, & x\leqslant 0.\end{cases}$$

于是, 当 $s,t>0$ 时,

$$\begin{aligned}P(X>s+t|X>s)&=\frac{P(X>s+t,X>s)}{P(X>s)}=\frac{1-F(s+t)}{1-F(s)}\\&=\frac{1-(1-\mathrm{e}^{-\lambda(s+t)})}{1-(1-\mathrm{e}^{-\lambda s})}=\mathrm{e}^{-\lambda t}=1-F(t)=P(X>t).\end{aligned}$$ □

注 2.4.16　Gamma 分布也有着很深刻的应用背景. 例如, 一个公交车站在时间 $[0,t)$ 内来排队候车的乘客数 $N(t)$ 通常被认为服从参数为 λt 的泊松分布, 可以证明第 n 个乘客到来的时刻 S_n 服从 Gamma 分布 $\mathrm{Ga}(n,\lambda)$(茆诗松等, 2011, 例 2.5.6).

2.4.4　柯西分布

随机变量 X 具有概率密度函数 $p(x)=\dfrac{1}{\pi(1+x^2)},-\infty<x<\infty$, 称 X 服从**柯西分布**.

柯西分布的分布函数为

$$F(x)=\int_{-\infty}^{x}p(t)\mathrm{d}t=\int_{-\infty}^{x}\frac{1}{\pi(1+t^2)}\mathrm{d}t=\frac{1}{\pi}\left(\arctan x+\frac{\pi}{2}\right).$$

注 2.4.17　两个相互独立的标准正态随机变量的商服从柯西分布, 参见例 3.8.1.

2.4.5　幂律分布

随机变量 X 具有概率密度函数

$$p(x)=\begin{cases}(\gamma-1)x^{-\gamma}, & x>1,\\ 0, & x\leqslant 1,\end{cases}$$

称 X 服从参数为 γ 的**幂律分布**(power law distribution), 其中参数 $\gamma>1$ 为幂律指数.

幂律分布一个重要的应用领域是复杂网络. 现实世界中的很多网络的度分布服从幂律分布, 且大多数幂律指数满足 $2<\gamma<3$. 例如, 演员合作网络和蛋白质网络的幂律指数分别为 $\gamma=2.3$ 和 $\gamma=2.4$ (Boccaletti et al., 2006).

2.5　数学期望和方差

一个随机变量的性质完全由其分布函数确定. 两个不同的随机变量, 它们对应的分布可能不同, 因而难以像实数那样进行比较研究, 因此我们需要从数量角度刻画一个随机变量的分布特征. 本节介绍随机变量的常用数字特征: 数学期望和方差.

2.5.1　数学期望

设甲、乙两人每射击一发子弹命中的环数分别用 X 与 Y 来表示, 其分布列分别为

X	8	9	10
P	0.1	0.8	0.1

Y	8	9	10
P	0.1	0.7	0.2

由分布列, 我们该如何判断甲、乙二人谁的射击技术更好? 一个自然的想法, 设甲、乙二人各自射击了 n 发子弹, 由于概率可视为频率的近似, 则甲、乙分别大约射中了 $0.1n\cdot 8+0.8n\cdot 9+0.1n\cdot 10$ 和 $0.1n\cdot 8+0.7n\cdot 9+0.2n\cdot 10$, 比较这两个数值的大小即可. 这样计算得到的数值实际上是每发子弹命中环数的加权平均值与 n 的乘积. 这种加权平均值即我们将要介绍的随机变量的数学期望.

定义 2.5.1 设离散型随机变量 X 具有分布列 $P(X=x_k)=p_k$, $k=1,2,\cdots$. 若级数 $\sum\limits_{k=1}^{\infty}x_k\cdot p_k$ 绝对收敛, 即 $\sum\limits_{k=1}^{\infty}|x_k|\cdot p_k<\infty$, 则称 $\sum\limits_{k=1}^{\infty}x_k\cdot p_k$ 为 X 的数学期望, 记为 EX, 即

$$EX=\sum_{k=1}^{\infty}x_k\cdot p_k.$$

例 2.5.1 设随机变量 X 的分布列为

X	0	1	2
P	$\frac{1}{2}$	$\frac{1}{4}$	$\frac{1}{4}$

求 X 的数学期望.

解 由定义, X 的数学期望为

$$EX=0\cdot\frac{1}{2}+1\cdot\frac{1}{4}+2\cdot\frac{1}{4}=\frac{3}{4}.$$

□

注 2.5.1 关于数学期望的定义, 我们必须注意:

(1) 定义中要求 $\sum\limits_{k=1}^{\infty}|x_k|\cdot p_k<\infty$ 是必要的. 随机变量的取值 $x_1,x_2,\cdots$ 进行重新编号不会改变其分布函数, 因而不会影响其概率性质. 但是当 X 取值是无穷多个时, 只有绝对收敛才能保证无穷级数的求和不受求和次序的影响而唯一确定.

(2) 若将 $P(X=x_k)$ 视为点 x_k 的质量, 概率分布视为质量在数轴上的分布, 则数学期望 EX 即该质量分布的重心所在.

类似地, 对连续型随机变量, 我们有

定义 2.5.2 设连续型随机变量 X 有概率密度函数 $p(x)$. 若积分 $\int_{-\infty}^{\infty}x\cdot p(x)\mathrm{d}x$ 绝对收敛, 即 $\int_{-\infty}^{\infty}|x|p(x)\mathrm{d}x<\infty$, 则称 $\int_{-\infty}^{\infty}x\cdot p(x)\mathrm{d}x$ 为 X 的数学期望, 记为 EX, 即

$$EX=\int_{-\infty}^{\infty}x\cdot p(x)\mathrm{d}x.$$

例 2.5.2　设随机变量 X 服从均匀分布 $U(0,1)$, 求 X 的数学期望.

解　易知 X 的概率密度函数为 $p(x)=\begin{cases}1, & 0<x<1,\\ 0, & x\leqslant 0或x\geqslant 1.\end{cases}$ 由定义, X 的数学期望为

$$EX=\int xp(x)\mathrm{d}x=\int_0^1 x\cdot 1\mathrm{d}x=\frac{1}{2}.$$ □

注 2.5.2　(1) 初等概率论中所说的数学期望存在都是指 EX 为有限值, 不包括取 ∞ 或 $-\infty$ 的情形; 有些分布的数学期望不存在, 例如, 设随机变量 X 服从柯西分布, 即其概率密度函数为 $p(x)=\dfrac{1}{\pi(1+x^2)}$, X 的数学期望 EX 不存在, 因为对任意的 $M>0$,

$$\begin{aligned}\int|x|p(x)\mathrm{d}x&=\int|x|\cdot\frac{1}{\pi(1+x^2)}\mathrm{d}x\geqslant\frac{1}{\pi}\int_0^{\infty}\frac{x}{1+x^2}\mathrm{d}x\\&\geqslant\frac{1}{\pi}\int_0^{M}\frac{x}{1+x^2}\mathrm{d}x=\frac{1}{2\pi}\ln(1+M^2),\end{aligned}$$

所以令 $M\to\infty$, 我们得到 $\int|x|p(x)\mathrm{d}x=\infty$.

(2) 今后为了简便, 我们不再验证数学期望的存在性, 即总假定所考察的数学期望是存在的.

例 2.5.3　计算二项分布 $b(n,p)$ 的数学期望.

解　设随机变量 X 服从二项分布 $b(n,p)$, 则其分布列为

$$P(X=k)=\mathrm{C}_n^k p^k(1-p)^{n-k},\quad k=0,1,\cdots,n.$$

由数学期望的定义,

$$\begin{aligned}EX&=\sum_k kP(X=k)=\sum_{k=0}^{n}k\mathrm{C}_n^k p^k(1-p)^{n-k}\\&=\sum_{k=1}^{n}k\cdot\frac{n!}{k!(n-k)!}p^k(1-p)^{n-k}\\&=np\sum_{k=1}^{n}\frac{(n-1)!}{(k-1)!(n-1-(k-1))!}p^{k-1}(1-p)^{(n-1-(k-1))}\\&=np\sum_{j=0}^{n-1}\frac{(n-1)!}{j!(n-1-j)!}p^j(1-p)^{n-1-j}=np,\end{aligned}$$

其中最后一个等号是因为应用了二项分布 $b(n-1,p)$ 的分布列的正则性. □

例 2.5.4　计算指数分布 $\mathrm{Exp}(\lambda)$ 和标准正态分布 $N(0,1)$ 的数学期望.

解 设随机变量 X 服从指数分布 $\mathrm{Exp}(\lambda)$, 则其概率密度函数为

$$p(x)=\begin{cases}\lambda \mathrm{e}^{-\lambda x}, & x>0,\\ 0, & x\leqslant 0.\end{cases}$$

由数学期望的定义知

$$EX=\int xp(x)\mathrm{d}x=\int_0^{\infty}x\cdot\lambda\mathrm{e}^{-\lambda x}\mathrm{d}x=\frac{1}{\lambda}.$$

设 Y 服从标准正态分布 $N(0,1)$, 则 Y 的概率密度函数为 $\varphi(y)=\dfrac{1}{\sqrt{2\pi}}\mathrm{e}^{-\frac{y^2}{2}}$. 由于 $\varphi(y)$ 是偶函数, 故

$$EY=\int_{-\infty}^{\infty}y\varphi(y)\mathrm{d}y=0.$$

□

我们接下来考虑随机变量函数的数学期望. 下面这个定理说明, 已知随机变量 X 的分布, 要求随机变量 $Y=f(X)$ 的数学期望 (假定存在), 通常我们并不需要事先求出 Y 的分布. 这个定理的证明需要用到测度论的知识 (已经超出了本书的范围), 这里略去.

定理 2.5.1 *设 $Y=f(X)$ 为随机变量 X 的函数, 若数学期望 $E(f(X))$ 存在, 则*

$$EY=E(f(X))=\begin{cases}\displaystyle\sum_k f(x_k)p_k, & \text{离散情形},\\ \displaystyle\int_{-\infty}^{\infty}f(x)p(x)\mathrm{d}x, & \text{连续情形}.\end{cases}$$

例 2.5.5 已知 X 具有分布列 $P(X=0)=\dfrac{1}{2}$, $P(X=1)=P(X=2)=\dfrac{1}{4}$. 求数学期望 EX, EX^2 和 $E(X^2+2)$.

解 由定义 2.5.1 和定理 2.5.1,

$$EX=0\cdot\frac{1}{2}+1\cdot\frac{1}{4}+2\cdot\frac{1}{4}=\frac{3}{4},$$

$$EX^2=0^2\cdot\frac{1}{2}+1^2\cdot\frac{1}{4}+2^2\cdot\frac{1}{4}=\frac{5}{4},$$

$$\begin{aligned}E(X^2+2)&=(0^2+2)\cdot\frac{1}{2}+(1^2+2)\cdot\frac{1}{4}+(2^2+2)\cdot\frac{1}{4}\\&=\left(0^2\cdot\frac{1}{2}+1^2\cdot\frac{1}{4}+2^2\cdot\frac{1}{4}\right)+2\left(\frac{1}{2}+\frac{1}{4}+\frac{1}{4}\right)\\&=EX^2+2=\frac{5}{4}+2=\frac{13}{4}.\end{aligned}$$

□

注 2.5.3　由例 2.5.5 知, $EX^2 \neq (EX)^2$. 此外, 在计算数学期望 $E(X^2+2)$ 的过程中, 最终可以化为计算 EX^2 和 2 的和. 事实上, 我们有下面的定理 2.5.2.

由定理 2.5.1, 我们不难证明

定理 2.5.2　数学期望的性质

假定下面涉及的数学期望都存在, 则有

(1) $E(c) = c$;

(2) $E(aX) = aEX$;

(3) $E(f(X)+g(X)) = E(f(X)) + E(g(X))$.

例 2.5.6　设随机变量 X 的概率密度函数为

$$p(x) = \begin{cases} 2x, & 0 < x < 1, \\ 0, & \text{其他}, \end{cases}$$

求随机变量 $2X-1$ 和 $(X-2)^2$ 的数学期望.

解　由定理 2.5.2,

$$E(2X-1) = 2EX - 1 = 2\int xp(x)\mathrm{d}x - 1 = 2\int_0^1 x \cdot 2x\mathrm{d}x - 1 = \frac{1}{3},$$

$$\begin{aligned} E(X-2)^2 &= E(X^2 - 2(2X-1) + 2) = EX^2 - 2E(2X-1) + 2 \\ &= \int x^2 \cdot p(x)\mathrm{d}x - 2\cdot\frac{1}{3} + 2 = \int_0^1 x^2 \cdot 2x\mathrm{d}x - 2\cdot\frac{1}{3} + 2 = \frac{11}{6}. \end{aligned}$$ □

例 2.5.7　(1) 设随机变量 X 服从正态分布 $N(\mu, \sigma^2)$, 求数学期望 EX;

(2) 设随机变量 X 服从正态分布 $N(0, \sigma^2)$, 求数学期望 $E(|X|)$.

解　(1) 由定理 2.4.1 知, $\dfrac{X-\mu}{\sigma} \sim N(0,1)$. 注意到 $X = \sigma \cdot \dfrac{X-\mu}{\sigma} + \mu$, 由数学期望的性质和例 2.5.4 知, $EX = \mu$.

(2) 设随机变量 Y 服从标准正态分布 $N(0,1)$, 则 Y 的概率密度函数为 $\varphi(y) = \dfrac{1}{\sqrt{2\pi}}\mathrm{e}^{-y^2/2}$. 于是

$$\begin{aligned} E(|Y|) &= \int_{-\infty}^{\infty} |y|\varphi(y)\mathrm{d}y = \int_{-\infty}^{\infty} |y| \cdot \frac{1}{\sqrt{2\pi}}\exp\left(-\frac{y^2}{2}\right)\mathrm{d}y \\ &= \frac{2}{\sqrt{2\pi}}\int_0^{\infty}\exp\left(-\frac{y^2}{2}\right)\mathrm{d}\left(\frac{y^2}{2}\right) = \sqrt{\frac{2}{\pi}}. \end{aligned}$$

因为 X 服从正态分布 $N(0,\sigma^2)$, 由定理 2.4.1 知, $\dfrac{X}{\sigma}$ 服从标准正态分布 $N(0,1)$. 故

$$E(|X|) = E\left(\sigma \cdot \left|\frac{X}{\sigma}\right|\right) = \sigma\sqrt{\frac{2}{\pi}}.$$ □

本节最后来看一个数学期望应用方面的例子.

例 2.5.8 设某生产企业为减少因台风等恶劣天气而带来的损失, 年初时购买了一份保险, 约定首次台风时保险公司不需要赔付, 从第二次开始每次台风保险公司都要赔付该企业人民币 1 万元. 假定当年台风到来的次数服从参数为 1.5 的泊松分布, 求保险公司在这一年内为该企业所支付的平均赔付总额.

解 设 N 表示台风到来的次数, 则 N 服从泊松分布 $P(1.5)$, 分布列为

$$P(N=n)=\frac{1.5^n}{n!}\mathrm{e}^{-1.5},\qquad n=0,1,\cdots.$$

设 X 表示保险公司该年支付的赔付额, 由题意知

$$X=\begin{cases}0, & N=0,\\ N-1, & N=1,2,\cdots,\end{cases}$$

所求平均赔付总额即求 X 的数学期望, 由定理 2.5.1,

$$\begin{aligned}EX=&0\cdot P(N=0)+\sum_{n=1}^{\infty}(n-1)P(N=n)\\=&\sum_{n=1}^{\infty}nP(N=n)-\sum_{n=1}^{\infty}P(N=n)\\=&\sum_{n=0}^{\infty}nP(N=n)-(1-P(N=0))\\=&EN-1+P(N=0)=1.5-1+\mathrm{e}^{-1.5}\approx 0.7231,\end{aligned}$$

这里我们使用了泊松分布 $P(\lambda)$ 的数学期望为 λ 的结论 (留给读者证明). □

2.5.2 方差

设甲、乙两人射击一发子弹命中的环数分别用 X 与 Y 来表示, 其分布列分别为

X	8	9	10
P	0.1	0.8	0.1

Y	8	9	10
P	0.15	0.7	0.15

我们容易计算得 $EX=EY=9$, 即从平均命中的环数的角度来说, 甲、乙二人的技术大致相当. 但是, 从分布中可以看到, 甲的技术要比乙稳定, 换言之, 乙的波动性比甲大. 概率论中, 刻画随机变量波动性的量即为方差.

定义 2.5.3 若数学期望 $E(X-EX)^2$ 存在, 则称其为随机变量 X 的**方差**, 记为 $\mathrm{Var}X$. 称 $\sigma_X=\sigma(X)=\sqrt{\mathrm{Var}X}$ 为 X 的**标准差**.

注 2.5.4　数学期望反映了 X 取值的中心. 方差衡量了 X 取值的离散 (偏离) 程度, 方差越大, 偏离数学期望的程度越大.

例 2.5.9　设随机变量 X 服从三角形分布, 其概率密度函数为

$$p(x)=\begin{cases}x, & 0\leqslant x<1,\\ 2-x, & 1\leqslant x<2,\\ 0, & \text{其他},\end{cases}$$

求数学期望 EX 和方差 $\mathrm{Var}X$.

解　由定义 2.5.2,

$$EX=\int xp(x)\mathrm{d}x=\int_0^1 x\cdot x\mathrm{d}x+\int_1^2 x\cdot(2-x)\mathrm{d}x=1.$$

于是

$$\begin{aligned}\mathrm{Var}X&=E(X-EX)^2=\int(x-1)^2p(x)\mathrm{d}x\\&=\int_0^1(x-1)^2\cdot x\mathrm{d}x+\int_1^2(x-1)^2\cdot(2-x)\mathrm{d}x=\frac{1}{6}.\end{aligned}$$ □

由定理 2.5.1 和定理 2.5.2, 我们不难证明

定理 2.5.3　**方差的性质**

假定下面涉及的方差都存在, 则有

(1) $\mathrm{Var}(c)=0$, 这里 c 是常数;

(2) $\mathrm{Var}(aX+b)=a^2\mathrm{Var}(X)$;

(3) $\mathrm{Var}X=EX^2-(EX)^2$;

(4) $\mathrm{Var}X\geqslant 0$.

例 2.5.10　(1) 设随机变量 X 服从正态分布 $N(0,1)$, 求方差 $\mathrm{Var}X$;

(2) 设随机变量 X 服从正态分布 $N(0,\sigma^2)$, 求方差 $\mathrm{Var}(|X|)$.

解　(1) 由例 2.5.4 知, $EX=0$. 故

$$\begin{aligned}\mathrm{Var}X&=EX^2=\int_{-\infty}^{\infty}x^2\varphi(x)\mathrm{d}x\\&=\int_{-\infty}^{\infty}x^2\cdot\frac{1}{\sqrt{2\pi}}\exp\left(-\frac{x^2}{2}\right)\mathrm{d}x=\frac{2}{\sqrt{2\pi}}\int_0^{\infty}x^2\cdot\exp\left(-\frac{x^2}{2}\right)\mathrm{d}x\\&=\frac{2}{\sqrt{2\pi}}\int_0^{\infty}2t\cdot\mathrm{e}^{-t}\cdot\frac{\sqrt{2}}{2}t^{-\frac{1}{2}}\mathrm{d}t=\frac{2}{\sqrt{\pi}}\int_0^{\infty}t^{\frac{3}{2}-1}\mathrm{e}^{-t}\mathrm{d}t\\&=\frac{2}{\sqrt{\pi}}\Gamma\left(\frac{3}{2}\right)=\frac{2}{\sqrt{\pi}}\cdot\frac{1}{2}\cdot\Gamma\left(\frac{1}{2}\right)=1,\end{aligned}$$

其中最后三个等号是依据命题 2.4.1 而得.

(2) 设随机变量 Y 服从标准正态分布 $N(0,1)$, 由例 2.5.7 知, $E(|Y|)=\sqrt{\dfrac{2}{\pi}}$. 又 $E(|Y|^2)=EY^2=\mathrm{Var}Y=1$, 故 $\mathrm{Var}(|Y|)=E(|Y|^2)-(E|Y|)^2=1-\dfrac{2}{\pi}$, 进而

$$\mathrm{Var}(|X|)=\mathrm{Var}\left(\sigma\cdot\left|\frac{X}{\sigma}\right|\right)=\sigma^2\left(1-\frac{2}{\pi}\right).$$ □

接下来, 我们介绍两个重要的概率不等式.

定理 2.5.4 马尔可夫(Markov)不等式

设随机变量 $X\geqslant 0$ 且数学期望 EX 存在, 则对任意的 $\varepsilon>0$,

$$P(X\geqslant\varepsilon)\leqslant\frac{EX}{\varepsilon}.$$

证明 仅对连续情形证明. 设 X 具有概率密度函数 $p(x)$. 因为 $X\geqslant 0$, 故当 $x\leqslant 0$ 时, $p(x)=0$. 于是, 对任意的 $\varepsilon>0$, 有

$$\begin{aligned}EX&=\int xp(x)\mathrm{d}x=\int_0^{\infty}xp(x)\mathrm{d}x\\&\geqslant\int_{\varepsilon}^{\infty}xp(x)\mathrm{d}x\geqslant\varepsilon\int_{\varepsilon}^{\infty}p(x)\mathrm{d}x=\varepsilon P(X\geqslant\varepsilon),\end{aligned}$$

移项即得证. □

推论 2.5.1 切比雪夫(Chebyshev)不等式

设随机变量 X 的方差存在, 则对任意的 $\varepsilon>0$, 有

$$P\{|X-EX|\geqslant\varepsilon\}\leqslant\frac{\mathrm{Var}X}{\varepsilon^2}.$$

等价地, 有

$$P\{|X-EX|<\varepsilon\}\geqslant 1-\frac{\mathrm{Var}X}{\varepsilon^2}.$$

证明 对随机变量 $Y=|X-EX|^2$ 应用马尔可夫不等式, 并注意到 $\mathrm{Var}X=EY$ 即可. □

注 2.5.5 切比雪夫不等式从数量的角度进一步表明: 随机变量的方差越小, 其取值与其数学期望的偏差超过给定界限的概率就越小.

推论 2.5.2 *设随机变量 X 的方差存在, 则 $\mathrm{Var}X=0$ 当且仅当存在常数 a, 使得 $P(X=a)=1$.*

证明 只需证明必要性. 设 $\mathrm{Var}X=0$, 由切比雪夫不等式, 对任意的 $\varepsilon>0$, $P\{|X-EX|\geqslant\varepsilon\}=0$. 于是, 由概率的次可列可加性,

$$\begin{aligned}P(|X-EX|>0)&=P\left(\bigcup_{n=1}^{\infty}\left\{|X-EX|\geqslant\frac{1}{n}\right\}\right)\\&\leqslant\sum_{n=1}^{\infty}P\left\{|X-EX|\geqslant\frac{1}{n}\right\}=0,\end{aligned}$$

故 $P(|X-EX|=0)=1$, 即存在常数 $a=EX$, 使得 $P(X=a)=1$. □

例 2.5.11　设随机变量 X 的概率密度函数为

$$p(x)=\begin{cases}\dfrac{x^n}{n!}\mathrm{e}^{-x}, & x>0,\\ 0, & x\leqslant 0,\end{cases}$$

证明

$$P(0<X<2(n+1))\geqslant \frac{n}{n+1}.$$

证明　由 Γ-函数的性质, 容易求得 X 的数学期望和方差为 $EX=\mathrm{Var}X=n+1$(事实上, 注意到 $X\sim \mathrm{Ga}(n+1,1)$, 由表 2.1 可得). 故由切比雪夫不等式 (推论 2.5.1),

$$P(0<X<2(n+1))=P(|X-EX|<n+1)\geqslant 1-\frac{\mathrm{Var}X}{(n+1)^2}=\frac{n}{n+1}.$$ □

表 2.1　常用分布的数学期望和方差

分布	分布列或概率密度函数	数学期望	方差
二项分布 $b(n,p)$	$p_k=\mathrm{C}_n^k p^k(1-p)^{n-k}, k=0,1,\cdots,n$	np	$np(1-p)$
泊松分布 $P(\lambda)$	$p_k=\dfrac{\lambda^k}{k!}\mathrm{e}^{-\lambda}, k=0,1,\cdots$	λ	λ
几何分布 $\mathrm{Ge}(p)$	$p_k=(1-p)^{k-1}p, k=1,2,\cdots$	$\dfrac{1}{p}$	$\dfrac{1-p}{p^2}$
负二项分布 $\mathrm{Nb}(r,p)$	$p_k=\mathrm{C}_{k-1}^{r-1}(1-p)^{k-r}p^r, k=r,r+1,\cdots$	$\dfrac{r}{p}$	$\dfrac{r(1-p)}{p^2}$
均匀分布 $U(a,b)$	$p(x)=\begin{cases}\dfrac{1}{b-a}, & a<x<b,\\ 0, & \text{其他}\end{cases}$	$\dfrac{a+b}{2}$	$\dfrac{(b-a)^2}{12}$
正态分布 $N(\mu,\sigma^2)$	$p(x)=\dfrac{1}{\sqrt{2\pi}\sigma}\exp\left(-\dfrac{(x-\mu)^2}{2\sigma^2}\right)$	μ	σ^2
Gamma 分布 $\mathrm{Ga}(\alpha,\lambda)$	$p(x)=\begin{cases}\dfrac{\lambda^\alpha}{\Gamma(\alpha)}x^{\alpha-1}\mathrm{e}^{-\lambda x}, & x>0,\\ 0, & x\leqslant 0\end{cases}$	$\dfrac{\alpha}{\lambda}$	$\dfrac{\alpha}{\lambda^2}$

例 2.5.12　利用切比雪夫不等式 (推论 2.5.1) 求解下列问题:

重复掷一枚有偏的硬币, 设在每次试验中出现正面的概率 p 未知. 试问要掷多少次才能使得正面出现的频率与 p 相差不超过 $\dfrac{1}{100}$ 的概率达到 95% 以上?

解　记 X 表示掷 n 次时出现的正面次数, 则 $X\sim b(n,p)$, $EX=np$, $\mathrm{Var}X=np(1-p)$. 由题意知, n 需满足

$$P\left(\left|\frac{X}{n}-p\right|\leqslant\frac{1}{100}\right)\geqslant 95\%,$$

即

$$P\left(|X-EX|\geqslant\frac{n}{100}\right)\leqslant 5\%.$$

由切比雪夫不等式 (推论 2.5.1), 有

$$P\left(|X-EX|\geqslant\frac{n}{100}\right)\leqslant\frac{\text{Var}X}{(n/100)^2}=\frac{10^4p(1-p)}{n}.$$

于是, 由 $\frac{10^4p(1-p)}{n}\leqslant 5\%$, 解得 $n\geqslant 2p(1-p)\times 10^5$.

又因为 $p(1-p)\leqslant\frac{1}{4}$, 故 $n\geqslant 5\times 10^4$. 即至少需要掷 5×10^4 次才能使得正面出现的频率与 p 相差不超过 $\frac{1}{100}$ 的概率达到 95% 以上. □

为便于读者使用, 我们将常用分布的数学期望和方差归纳整理如表 2.1 所示.

2.6 矩与其他数字特征

除了数学期望、方差之外, 本节将介绍随机变量的其他几种常用的数字特征: 矩、分位数、中位数、偏度系数、峰度系数、变异系数和相对熵. 读者应着重掌握矩和分位数的概念.

2.6.1 矩

定义 2.6.1 矩

*设 k 为正整数, 若 X^k 的数学期望存在, 则称 $E(X-EX)^k$ 为 X 的 k 阶***中心矩***, 记为 ν_k. 特别地, 称 EX^k 为 X 的 k 阶***原点矩***, 简称为 k 阶矩, 记为 μ_k.*

注 2.6.1 若 $k+1$ 阶矩存在, k 阶矩必存在. 这是因为对任意的 $x\in\mathbb{R}$, 不等式 $|x|^k\leqslant|x|^{k+1}+1$ 成立.

注 2.6.2 显然, $\mu_1=EX$, $\nu_1=0$, $\nu_2=\text{Var}X$. 此外, 由二项展开式,

$$\nu_k=\sum_{i=0}^{k}\mathrm{C}_k^i\mu_i(-1)^{k-i}\mu_1^{k-i}.$$

例 2.6.1 设 X 服从标准正态分布 $N(0,1)$, 求 μ_k,ν_k, $k\geqslant 1$.

解 因为 $X\sim N(0,1)$, 概率密度函数为 $\varphi(x)=\frac{1}{\sqrt{2\pi}}\mathrm{e}^{-\frac{x^2}{2}}$, 是偶函数, 故当 $k=2m-1$ 时, 这里 m 是正整数, $\mu_{2m-1}=0$. 当 $k=2m$ 时,

$$\begin{aligned}\mu_{2m} &= \int x^{2m}\varphi(x)\mathrm{d}x = \int_{-\infty}^{\infty} x^{2m} \cdot \frac{1}{\sqrt{2\pi}}\mathrm{e}^{-\frac{x^2}{2}}\mathrm{d}x \\ &= \frac{2}{\sqrt{2\pi}}\int_0^{\infty} x^{2m}\cdot \mathrm{e}^{-\frac{x^2}{2}}\mathrm{d}x = \frac{2}{\sqrt{2\pi}}\int_0^{\infty}(2t)^m \mathrm{e}^{-t}\cdot\frac{\sqrt{2}}{2}t^{-\frac{1}{2}}\mathrm{d}t \\ &= \frac{2^m}{\sqrt{\pi}}\int_0^{\infty} t^{m+\frac{1}{2}-1}\mathrm{e}^{-t}\mathrm{d}t = \frac{2^m}{\sqrt{\pi}}\cdot\Gamma\left(m+\frac{1}{2}\right) \\ &= \frac{2^m}{\sqrt{\pi}}\cdot\left(m-\frac{1}{2}\right)\left(m-\frac{3}{2}\right)\cdots\frac{1}{2}\cdot\Gamma\left(\frac{1}{2}\right) \\ &= (2m-1)!! = (k-1)!!.\end{aligned}$$

上述计算过程中第四个等号作了积分变量替换 $x = \sqrt{2t}$.

由于 $\mu_1 = EX = 0$, 故对任意的 $k \geqslant 1$,

$$\mu_k = \nu_k = \begin{cases}(k-1)!!, & k = 2m, \\ 0, & k = 2m-1,\end{cases} \quad \text{其中}m\text{为正整数}.$$

特别地, $EX = EX^3 = 0$, $EX^2 = 1, EX^4 = 3$. □

例 2.6.2　设 X 服从 Gamma 分布 $\mathrm{Ga}(\alpha, \lambda)$, 求 μ_k, $k \geqslant 1$.

解　$X \sim \mathrm{Ga}(\alpha, \lambda)$, 其概率密度函数为

$$p(x) = \begin{cases}\dfrac{\lambda^\alpha}{\Gamma(\alpha)}x^{\alpha-1}\mathrm{e}^{-\lambda x}, & x > 0, \\ 0, & x \leqslant 0.\end{cases}$$

于是, 由定义,

$$\begin{aligned}\mu_k &= \int x^k\cdot p(x)\mathrm{d}x = \int_0^{\infty} x^k\cdot\frac{\lambda^\alpha}{\Gamma(\alpha)}x^{\alpha-1}\mathrm{e}^{-\lambda x}\mathrm{d}x \\ &= \frac{1}{\lambda^k\Gamma(\alpha)}\int_0^{\infty}(\lambda x)^{k+\alpha-1}\mathrm{e}^{-\lambda x}\mathrm{d}(\lambda x) \\ &= \frac{\Gamma(k+\alpha)}{\lambda^k\Gamma(\alpha)} = \frac{\alpha(\alpha+1)\cdots(\alpha+k-1)}{\lambda^k}.\end{aligned}$$

□

2.6.2　分位数

在第 2 章中, 我们知道对于正态分布, 利用标准正态分布函数表, 不仅已知 x 时可以求出其分布函数 $F(x)$ 的值, 而且在已知分布函数 $F(x)$ 的值时也可以求出 x. 已知分布函数的值, 对应的自变量 x 称为分位数. 一般地,

定义 2.6.2　分位数

设 F 是随机变量 X 的分布函数, $0 < \alpha < 1$, 称 $x_\alpha = \inf\{x : F(x) \geqslant \alpha\}$ 为 X 或分布 F 的 α-**分位数**(quantile).

例 2.6.3 设 $X \sim b\left(1, \dfrac{1}{2}\right)$, 分别求出当 $\alpha = \dfrac{1}{3}, \dfrac{1}{2}$ 时的分位数.

解 由 X 的分布函数立知, $x_{\frac{1}{3}} = x_{\frac{1}{2}} = 0$. □

注 2.6.3 当分布函数 F 严格单调时, α-分位数 x_α 是方程 $F(x) = \alpha$ 的解.

例 2.6.4 设 $X \sim N(0,1)$, 分别求出当 $\alpha = 0.5, 0.90, 0.95, 0.975$ 时的分位数.

解 标准正态分布的分布函数 $\varPhi(x)$ 严格单调, 故反查标准正态分布函数表, 即可得到当 $\alpha = 0.5, 0.90, 0.95, 0.975$ 时的分位数依次为

$$x_{0.5} = 0, \quad x_{0.90} = 1.285, \quad x_{0.95} = 1.645, \quad x_{0.975} = 1.96.$$ □

注 2.6.4 标准正态分布的 α-分位数通常用 u_α 来表示.

特别地, 当 $\alpha = \dfrac{1}{2}$ 时,

定义 2.6.3 中位数

*设 F 是随机变量 X 的分布函数, 称 $x_{\frac{1}{2}}$ 为 X 或分布 F 的***中位数***(median).*

注 2.6.5 设 $x_{\frac{1}{2}}$ 为 X 的中位数, 则 $P(X \geqslant x_{\frac{1}{2}}) = P(X \leqslant x_{\frac{1}{2}})$.

例 2.6.5 设 $X \sim N(\mu, \sigma^2)$, 求 X 的中位数.

解 记 X 的分布函数为 $F(x)$. 由例 2.6.4 知 $N(0,1)$ 的中位数为 0. 故由正态分布函数与标准正态分布函数之间的关系 $\varPhi\left(\dfrac{x-\mu}{\sigma}\right) = F(x)$ 知, X 的中位数 $x_{\frac{1}{2}} = \mu$. □

注 2.6.6 正态分布 $N(\mu, \sigma^2)$ 的中位数与数学期望相同, 都是参数 μ. 中位数与数学期望都是随机变量的数字特征, 它们的含义不同. 例如, 某市市民年收入的中位数是 30 万, 则表明该市年收入超过 30 万和低于 30 万的人数各占一半. 但是我们不能得到市民的年收入均值为 30 万.

例 2.6.6 设 X 的概率密度函数为

$$p(x) = \begin{cases} 4x^3, & 0 < x < 1, \\ 0, & x \leqslant 0 \text{或} x \geqslant 1, \end{cases}$$

求 X 的数学期望和中位数.

解 由定义, 易求 X 的数学期望

$$EX = \int xp(x)\mathrm{d}x = \int_0^1 x \cdot 4x^3 \mathrm{d}x = \frac{4}{5} = 0.8.$$

分布函数为

$$F(x) = \int_{-\infty}^{x} p(t)\mathrm{d}t = \begin{cases} 0, & x \leqslant 0, \\ \displaystyle\int_0^x 4t^3 \mathrm{d}t, & 0 < x < 1, \\ 1, & x \geqslant 1 \end{cases} = \begin{cases} 0, & x \leqslant 0, \\ x^4, & 0 < x < 1, \\ 1, & x \geqslant 1. \end{cases}$$

于是, 由 $F(x)=\frac{1}{2}$ 解得, X 的中位数为

$$x_{\frac{1}{2}}=2^{-\frac{1}{4}}\approx 0.8409.$$

显然, 这里数学期望和中位数不相等. □

2.6.3 偏度系数

由数学期望的定义和性质知, 若随机变量的分布是对称的 (对连续情形来说, 即概率密度函数为偶函数), $\nu_3=\mu_3=EX^3=0$. 通常, 用 ν_3 来度量随机变量的对称性的程度.

定义 2.6.4　偏度系数

若随机变量 X 的三阶矩即 μ_3 存在, 称 $\beta_s=\frac{\nu_3}{\sigma^3}$ 为 X 的**偏度**(skewness)**系数**, 这里 $\sigma=\sqrt{\nu_2}$ 为 X 的标准差.

注 2.6.7　设 $X^*=\frac{X-EX}{\sqrt{\mathrm{Var}X}}$, 则 $\beta_s=E(X^*)^3$.

注 2.6.8　偏度系数是衡量随机变量分布对称性的一个数字特征. 若 $\beta_s\neq 0$, 则称该分布为偏态分布. 若 $\beta_s>0$, 称为右偏; 若 $\beta_s<0$, 称为左偏.

例 2.6.7　计算正态分布 $N(\mu,\sigma^2)$ 的偏度系数.

解　设 $X\sim N(\mu,\sigma^2)$, 由定义 2.5.2,

$$\begin{aligned}\nu_3=E(X-\mu)^3&=\int_{-\infty}^{\infty}(x-\mu)^3\frac{1}{\sqrt{2\pi}\sigma}\exp\left(-\frac{(x-\mu)^2}{2\sigma^2}\right)\mathrm{d}x\\&=\frac{1}{\sqrt{2\pi}}\int_{-\infty}^{\infty}t^3\exp\left(-\frac{t^2}{2\sigma^2}\right)\mathrm{d}t=0,\end{aligned}$$

故正态分布的偏度系数 $\beta_s=\frac{\nu_3}{\sigma^3}=0$. □

注 2.6.9　卡方分布是偏态分布; 正态分布是非偏态分布. 事实上, 任何关于数学期望对称 (对连续情形即概率密度函数满足 $p(\mu_1-x)=p(\mu_1+x)$) 的分布的偏度系数都为 0.

2.6.4 峰度系数

描述分布形状的特征数除了偏度系数外, 还有峰度系数.

定义 2.6.5　峰度系数

若随机变量 X 的四阶矩即 μ_4 存在, 称 $\beta_k=\frac{\nu_4}{\nu_2^2}-3$ 为 X 的**峰度** (kurtosis) **系数**.

注 2.6.10　设 $X^*=\frac{X-EX}{\sqrt{\mathrm{Var}X}}$, 则 $\beta_k=E(X^*)^4-3$.

注 2.6.11　峰度系数是刻画分布陡峭程度的一个数字特征. 注意到, 对标准正态分布, $\mu_4 = 3$, 因而正态分布的峰度系数为 0. 于是峰度系数是相对于正态分布而言的超出量.

例 2.6.8　计算 Gamma 分布 $\mathrm{Ga}(\alpha, \lambda)$ 的偏度系数和峰度系数.

解　由例 2.6.2 和注 2.6.2 知, 若 $X \sim \mathrm{Ga}(\alpha, \lambda)$, 则

$$\nu_2 = \frac{\alpha}{\lambda^2}, \quad \nu_3 = \frac{2\alpha}{\lambda^3}, \quad \nu_4 = \frac{3\alpha(\alpha+2)}{\lambda^4}.$$

因而其偏度系数和峰度系数分别为

$$\beta_s = \frac{\nu_3}{\nu_2^{3/2}} = \frac{2}{\sqrt{\alpha}}, \quad \beta_k = \frac{\nu_4}{\nu_2^2} - 3 = \frac{6}{\alpha}.$$ □

2.6.5 变异系数

我们知道, 方差是刻画随机变量波动性大小的一个数字特征. 但是, 不同量纲的随机变量以方差来比较波动性是不合理的. 为消除量纲的影响, 我们有

定义 2.6.6　变异系数

*设随机变量 X 的二阶矩即 μ_2 存在且数学期望 $\mu_1 = EX \neq 0$, 称 $C_v = \frac{\sqrt{\nu_2}}{\mu_1}$ 为 X 的***变异系数**.

例 2.6.9　计算 Gamma 分布 $\mathrm{Ga}(\alpha, \lambda)$ 的变异系数.

解　由例 2.6.2 知, $\mu_1 = EX = \frac{\alpha}{\lambda}$, $\nu_2 = \mathrm{Var}X = \frac{\alpha}{\lambda^2}$. 故 Gamma 分布 $\mathrm{Ga}(\alpha, \lambda)$ 的变异系数为 $C_v = \frac{\sqrt{\nu_2}}{\mu_1} = \frac{1}{\sqrt{\alpha}}$. □

*2.7 补　充

本节中我们补充几个概率不等式以及数学期望的一般定义.

2.7.1 常用的概率不等式

这里仅给出若干与随机变量的数字特征有关的重要的概率不等式. 概率不等式有很多, 有兴趣的读者可以参见文献匡继昌 (2004) 以及文献 Lin 和 Bai (2011).

1. Hölder 不等式

设 $p > 1$, $\frac{1}{p} + \frac{1}{q} = 1$, 随机变量 X 与 Y 满足 $E|X|^p < \infty$, $E|Y|^q < \infty$, 则

$$E|XY| \leqslant (E|X|^p)^{\frac{1}{p}} (E|Y|^q)^{\frac{1}{q}},$$

等号成立当且仅当存在不全为零的常数 a 和 b 使得 $P(a|X|^p + b|Y|^q = 0) = 1$.

注 2.7.1　$p = 2$ 时的 Hölder 不等式即为 **Cauchy-Schwarz 不等式**(见注 3.5.6).

2. Minkowski 不等式

设 $p>0$, $q=\max(p,1)$, 随机变量 X 与 Y 满足 $E|X|^p<\infty$, $E|Y|^p<\infty$, 则

$$(E|X+Y|^p)^{\frac{1}{q}} \leqslant (E|X|^p)^{\frac{1}{q}} + (E|Y|^p)^{\frac{1}{q}}.$$

3. C_p 不等式

设 $p>0$, 随机变量 $X_1,\cdots,X_n$ 满足 $E|X_i|^p<\infty$, 记 $C_p=n^{\max(p-1,0)}$, 则

$$E|X_1+\cdots+X_n|^p \leqslant C_p(E|X_1|^p+\cdots+E|X_n|^p).$$

4. Jensen 不等式

设随机变量 X 的值域为 D, 函数 f 是定义在 D 上的连续凸函数, 若数学期望 EX 和 $Ef(X)$ 都存在, 则

$$f(EX) \leqslant Ef(X).$$

令 $f(x)=|x|^{\frac{q}{p}}$, 我们有

注 2.7.2　Lyapunov 不等式

设 $0<p\leqslant q$, 则

$$(E|X|^p)^{\frac{1}{p}} \leqslant (E|X|^q)^{\frac{1}{q}}.$$

5. 马尔可夫不等式的一般形式

设随机变量 X 的值域为 D, 函数 f 是定义在 D 上恒正的单调不降的函数, 若数学期望 $Ef(X)$ 存在, 则对任意的 x,

$$P(X\geqslant x) \leqslant \frac{Ef(X)}{f(x)}.$$

2.7.2　数学期望的一般定义

在 2.1 节中, 我们分别给出了离散型随机变量和连续型随机变量的数学期望的定义 (定义 2.5.1 和定义 2.5.2). 事实上, 这两个定义可以统一起来, 只不过需要引入 Riemann-Stieltjes 积分 (丁万鼎等, 1988).

定义 2.7.1　设 F 是某随机变量的分布函数, $g(x)$ 是 $(a,b]$ 上的连续函数, $a=x_0<x_1<\cdots<x_n=b$ 为区间 $(a,b]$ 的一个分割 T_n, $\xi_k\in(x_{k-1},x_k]$, 作和

$$S_n=\sum_{k=1}^{n} g(\xi_k)(F(x_k)-F(x_{k-1})).$$

记 $||T_n||=\max(x_k-x_{k-1}:1\leqslant k\leqslant n)$, 当分割无限加细时, 即当 $n\to\infty$, $||T_n||\to 0$ 时, S_n 的极限存在, 且与 x_k,ξ_k 的取法无关, 则称 $\lim\limits_{n\to\infty} S_n$ 为 $g(x)$在 $(a,b]$ 上关于

$F(x)$ 的 **Riemann-Stieltjes 积分**, 简称为 **R-S 积分**, 记为

$$\int_a^b g(x)\mathrm{d}F(x) \quad 或 \int_{(a,b]} g(x)\mathrm{d}F(x),$$

即

$$\int_a^b g(x)\mathrm{d}F(x) = \lim_{||T_n||\to 0}\sum_{k=1}^{n} g(\xi_k)(F(x_k) - F(x_{k-1})).$$

注 2.7.3 由定义,

(1) 设 $a \in \mathbb{R}^1$,

$$\lim_{\varepsilon\to 0+}\int_{a-\varepsilon}^{a} g(x)\mathrm{d}F(x) = g(a)(F(a) - F(a-0)) \triangleq \int_{\{a\}} g(x)\mathrm{d}F(x).$$

即单点集上的 R-S 积分可能不为 0. 因而, 我们将

$$\int_{(a,b)} g(x)\mathrm{d}F(x) \quad 和 \quad \int_{[a,b]} g(x)\mathrm{d}F(x)$$

分别写为

$$\int_a^{b-0} g(x)\mathrm{d}F(x) \quad 和 \quad \int_{a-0}^{b} g(x)\mathrm{d}F(x).$$

(2) 当 $g(x) = 1$ 时,

$$\int_a^b \mathrm{d}F(x) = F(b) - F(a).$$

(3) 若极限

$$\lim_{\substack{a\to-\infty\\ b\to\infty}}\int_a^b g(x)\mathrm{d}F(x)$$

存在, 则称其极限为 $g(x)$ 在 $\mathbb{R}^1$ 上**关于** $F(x)$ **的 Riemann-Stieltjes 积分**(简称为 R-S 积分), 记为 $\int_{-\infty}^{\infty} g(x)\mathrm{d}F(x)$.

(4) 若 $F(x)$ 为某离散型随机变量的分布函数, 该随机变量的取值点为 $x_1, x_2, \cdots$, 则

$$\int_{-\infty}^{\infty} g(x)\mathrm{d}F(x) = \sum_k g(x_k)(F(x_k) - F(x_k - 0)).$$

(5) 若 $F(x)$ 为某连续型随机变量的分布函数, 对应的概率密度函数为 $p(x)$, 则

$$\int_{-\infty}^{\infty} g(x)\mathrm{d}F(x) = \int_{-\infty}^{\infty} g(x)p(x)\mathrm{d}x.$$

即此时的 R-S 积分可化为 Riemann 积分.

由定义, 我们可以证明

定理 2.7.1 R-S 积分的性质

在以下 R-S 积分存在的前提下, 有

(1) $\int_a^b (\alpha g(x)+\beta h(x))\mathrm{d}F(x)=\alpha\int_a^b g(x)\mathrm{d}F(x)+\beta\int_a^b h(x)\mathrm{d}F(x)$;

(2) $\int_a^b g(x)\mathrm{d}(\alpha F_1(x)+\beta F_2(x))=\alpha\int_a^b g(x)\mathrm{d}F_1(x)+\beta\int_a^b g(x)\mathrm{d}F_2(x)$;

(3) 若 $a\leqslant c\leqslant b$, 则 $\int_a^b g(x)\mathrm{d}F(x)=\int_a^c g(x)\mathrm{d}F(x)+\int_c^b g(x)\mathrm{d}F(x)$;

(4) 若 $g(x)\geqslant 0$, 则 $\int_a^b g(x)\mathrm{d}F(x)\geqslant 0$.

有了 Riemann-Stieltjes 积分的定义后, 我们就可以给出随机变量的数学期望的一般定义了.

定义 2.7.2 设随机变量 X 的分布函数为 $F(x)$, 若积分 $\int |x|\mathrm{d}F(x)<\infty$, 称

$$\int x\mathrm{d}F(x)$$

为 X 的**数学期望**, 记为 EX. 若积分 $\int |x|\mathrm{d}F(x)=\infty$, 称 X 的数学期望不存在.

注 2.7.4 由注 2.7.3 知, 定义 2.7.2 与定义 2.5.1 和定义 2.5.2 是相容的. 即定义 2.5.1 和定义 2.5.2 是定义 2.7.2 的特殊形式.

例 2.7.1 设随机变量 X 的分布函数为

$$F(x)=\begin{cases}0, & x<0,\\ \dfrac{1+2x}{5}, & 0\leqslant x<1,\\ 1, & x\geqslant 1,\end{cases}$$

求数学期望 EX.

解 易知 X 有混合型分布, 即 $F(x)=\frac{3}{5}F_1(x)+\frac{2}{5}F_2(x)$, 其中 $F_1(x)$ 为两点分布 $b\left(1,\frac{2}{3}\right)$ 的分布函数, $F_2(x)$ 为均匀分布 $U(0,1)$ 的分布函数. 于是, 由数学期望的定义和性质知

$$
\begin{aligned}
EX=&\int_{-\infty}^{\infty}x\mathrm{d}F(x)=\frac{3}{5}\int_{-\infty}^{\infty}x\mathrm{d}F_1(x)+\frac{2}{5}\int_{-\infty}^{\infty}x\mathrm{d}F_2(x)\\
=&\frac{3}{5}\left(0\cdot\frac{1}{3}+1\cdot\frac{2}{3}\right)+\frac{2}{5}\int_0^1 x\mathrm{d}x\\
=&\frac{3}{5}\cdot\frac{2}{3}+\frac{2}{5}\cdot\frac{1}{2}=\frac{3}{5}.
\end{aligned}
$$

□

习 题 2

1. 设 X 是随机变量, 证明 $|X|$ 也是随机变量. 举例说明反之未必.

2. 设随机变量 X 的分布函数为 $F(x)$, 用 $F(x)$ 表示下列事件发生的概率:

$$\{X<1\},\quad \{|X-1|\leqslant 2\},\quad \{X^2>3\},\quad \{\sqrt{1+X}\geqslant 2\}.$$

3. 设随机变量 X 的分布函数为

$$F(x)=\begin{cases}0, & x<0,\\ \dfrac{x}{2}, & 0\leqslant x<1,\\ \dfrac{2}{3}, & 1\leqslant x<2,\\ \dfrac{11}{12}, & 2\leqslant x<3,\\ 1, & x\geqslant 3.\end{cases}$$

求概率: (1)$P(X<3)$; (2)$P(1\leqslant X<3)$; (3)$P\left(X>\dfrac{1}{2}\right)$; (4)$P(X=3)$.

4. 设随机变量 X 的分布函数为 $F_X(x)$, 分别求随机变量

$$X^+=\max(X,0),\qquad X^-=-\min(X,0),\qquad |X|,\qquad aX+b(a,b\text{为常数})$$

的分布函数.

5. 设随机变量 X 等可能地取值 0 和 1, 求 X 的分布函数.

6. 判断函数 $F(x)=1-\mathrm{e}^{-\mathrm{e}^x}$ 是否为分布函数.

7. 设 X 是概率空间 $(\Omega,\mathcal{F},P)$ 中的随机变量, 定义 $G(x)=P(X<x)$, 证明函数 $G(x)$ 满足

(1) **单调性** 若 $x<y$, 则 $G(x)\leqslant G(y)$.

(2) **有界性** 对任意的实数 x, $0\leqslant G(x)\leqslant 1$, $G(+\infty)\triangleq\lim\limits_{x\to+\infty}G(x)=1$, $G(-\infty)\triangleq\lim\limits_{x\to-\infty}G(x)=0$.

(3) **左连续性** 对任意的实数 x, $G(x-0)\triangleq\lim\limits_{y\to x-}G(y)=G(x)$.

8. 设 $F(x)$ 和 $G(x)$ 都是分布函数, 证明对任意的实数 $a: 0 \leqslant a \leqslant 1$, $aF(x)+(1-a)G(x)$ 也是分布函数.

9. 设 $F(x)$ 是分布函数, k 是正整数, 证明函数 $(F(x))^k$, $1-(1-F(x))^k$, $\mathrm{e}(F(x)-1)+\mathrm{e}^{1-F(x)}$(这里 e 是自然常数, 下同) 都是分布函数.

10. 袋子中装有编号分别为 1, 2, 3, 4, 5 的 5 个球, 从该袋子中任取 3 个, 用 X 表示取出的 3 个球中的最大号码, 写出 X 的分布列.

11. 设离散型随机变量 X 的分布列为

$$P(X=k)=\frac{c}{2^k}, \qquad k=0,1,2,\cdots.$$

求常数 c 的值.

12. 设 a 和 b 为整数, 随机变量 X 具有分布列

$$P(X=k)=\frac{1}{b-a+1}, \qquad k=a,\cdots,b.$$

求 X 的分布函数.

13. 设随机变量 X 的分布列为

$$P(X=k)=c\cdot 2^{-k}, \qquad k=1,2,\cdots.$$

求常数 c 的值.

14. 在上一题中求 X 取值为偶数的概率.

15. 已知随机变量 X 的分布列为 $P(X=i)=\dfrac{5-i}{10}, i=1,2,3,4$. 求 X 的分布函数 $F(x)$.

16. 已知随机变量 X 的分布函数为

$$F(x)=\begin{cases}0, & x<-1,\\ 0.2, & -1\leqslant x<0,\\ 0.6, & 0\leqslant x<1,\\ 0.9, & 1\leqslant x<3,\\ 1, & x\geqslant 3.\end{cases}$$

求 X 的分布列.

17. 离散型随机变量的分布函数一定是不连续的, 对不对?

18. 求常数 c 的值, 使得下列函数为概率密度函数:

(1) $p(x)=c\cdot \mathrm{e}^{-|x|}$;

(2) $p(x)=c\exp(-x-\mathrm{e}^{-x})$;

(3) $p(x)=\begin{cases}\dfrac{c}{\sqrt{x(1-x)}}, & 0<x<1,\\ 0, & \text{其他}.\end{cases}$

19. 设随机变量 X 的概率密度函数为

$$p(x)=\begin{cases}c\mathrm{e}^{-\sqrt{x}}, & x>0,\\ 0, & x\leqslant 0.\end{cases}$$

求常数 c 和概率 $P(X>2)$.

20. 已知随机变量 X 的概率密度函数为 $p(x)=\dfrac{1}{2}\cdot \mathrm{e}^{-|x|}$, 求 X 的分布函数.

21. 设随机变量 X 服从三角形分布, 其概率密度函数为

$$p(x)=\begin{cases} x, & 0<x\leqslant 1, \\ 2-x, & 1<x<2, \\ 0, & \text{其他}. \end{cases}$$

求 X 的分布函数和概率 $P\left(\dfrac{1}{2}<X<\dfrac{3}{2}\right)$.

22. 已知随机变量 X 的概率密度函数为

$$p(x)=\begin{cases} 3\mathrm{e}^{-3x}, & x>0, \\ 0, & x\leqslant 0. \end{cases}$$

求概率 $P(X\leqslant 3)$ 和 $P(X>1)$.

23. 设随机变量 X 服从二项分布 $b(15,0.5)$, 求概率 $P(X<6)$.

24. 设 $X\sim b(2,p)$, $Y\sim b(3,p)$, 已知 $P(X>0)=\dfrac{15}{16}$, 求概率 $P(Y>0)$.

25. 抛掷一枚均匀的硬币 5 次, 求正面出现偶数次的概率.

26. 证明几何分布具有无记忆性: 设 $X\sim \mathrm{Ge}(p)$, 则对任意的正整数 m,n,

$$P(X>m+n|X>m)=P(X>n).$$

27. 设随机变量 X 服从泊松分布 $P(\lambda)$, 求概率 $P\left(X<\dfrac{2020}{2021}\right)$.

28. 设随机变量 X 的概率密度函数为

$$p(x)=\frac{1}{\sqrt{\pi}}\exp\{-x^2+2x-1\}.$$

求概率 $P(0\leqslant X\leqslant 2)$.

29. 设 $X\sim N(10,4)$, 求概率 $P(6<X\leqslant 9)$ 和 $P(7\leqslant X<12)$ 并求常数 c 使得

$$P(X>c)=P(X\leqslant c).$$

30. 设 $X\sim N(1,2)$, 求 x 使得 $P(X\leqslant x)=0.1$.

31. 设 $X\sim N(1,\sigma^2)$, 求 σ 使得 $P(-1<X<3)=0.5$.

32. 设 $X\sim \mathrm{Exp}(\lambda)$, 求 λ 使得 $P(X>1)=2P(X>2)$.

33. 验证 $F(x)=\begin{cases} 0, & x<0, \\ \dfrac{1+2x}{3}, & 0\leqslant x\leqslant 1, \\ 1, & x>1 \end{cases}$ 是分布函数, 且是一个离散型分布和一个连续型分布的线性组合.

34. 设随机变量 X 只取非负整数值, 数学期望 EX 存在, 证明

$$EX=\sum_{k=1}^{\infty}P(X\geqslant k).$$

35. 设随机变量 $X \geqslant 0$, 其概率密度函数为 $p(x)$, 若数学期望 EX^r 存在, $r>0$, 证明

$$EX^r = \int_0^\infty rx^{r-1}P(X>x)\mathrm{d}x.$$

36. 设随机变量 X 的分布函数为 $F(x)$, 数学期望 EX^r 存在, $r>0$, 证明

$$EX^r = \int_{-\infty}^\infty rx^{r-1}(1_{(0,\infty)}(x)-F(x))\mathrm{d}x.$$

37. 设随机变量 X 服从标准正态分布 $N(0,1)$, 求随机变量 $X^+ = \max(X,0)$ 的数学期望.

38. 设随机变量 X 服从正态分布 $N(\mu,\sigma^2)$, 分别求出随机变量 $X^+=\max(X,0)$, $X^-=-\min(X,0)$ 和 $|X|$ 的数学期望.

39. 设随机变量 X 服从泊松分布 $P(\lambda)$, 证明 $EX^{k+1}=\lambda E(X+1)^k$. 利用此结论求 EX^3.

40. 已知随机变量 X 服从几何分布 $\mathrm{Ge}(p)$, 求数学期望 EX.

41. 设随机变量 X 服从均匀分布 $U(0,1)$, 计算下列随机变量的数学期望:

$$X^3,\quad \mathrm{e}^X,\quad \left(X-\frac{1}{2}\right)^2.$$

42. 设随机变量 X 服从 Gamma 分布 $\mathrm{Ga}(\alpha,\lambda)$, 求数学期望 EX^n.

43. 设随机变量 X 服从指数分布 $\mathrm{Exp}(\lambda)$, 求 $Y=[X]$ 的数学期望 EY($[x]$ 表示不超过 x 的最大整数).

44. 已知随机变量 X 服从几何分布 $\mathrm{Ge}(p)$, 求方差 $\mathrm{Var}X$.

45. 设随机变量 X 服从 Gamma 分布 $\mathrm{Ga}(\alpha,\lambda)$, 求方差 $\mathrm{Var}X$.

46. 设随机变量 X 服从均匀分布 $U(0,1)$, 计算随机变量 X^3 的方差.

47. 设随机变量 X 服从标准正态分布 $N(0,1)$, 求随机变量 e^X 的数学期望和方差.

48. 证明:

(1) 设随机变量 $X\geqslant 0$, 数学期望存在, 则 $EX\geqslant 0$;

(2) 设随机变量 X 的方差存在, 则对任意的常数 c, 有 $E(X-c)^2\geqslant \mathrm{Var}X$ 成立;

(3) 设随机变量 X 仅取值于 $[a,b]$, 则 $\mathrm{Var}X \leqslant \left(\dfrac{b-a}{2}\right)^2$.

49. 已知 X 的概率密度函数为 $p(x)=\dfrac{1}{2}\mathrm{e}^{-|x|}$, 求 X 的数学期望和方差.

50. 求均匀分布 $U(0,1)$ 的各阶原点矩 μ_k 和中心矩 ν_k.

51. 求均匀分布 $U(0,1)$ 的偏度系数、峰度系数和变异系数.

52. 设 $0<\alpha<1$, 求均匀分布 $U(0,1)$ 的 α 分位数.

53. 设 $X\sim N(10,4)$, 求 X 的分位数 $x_{0.975}$.

54. 设 $\varphi(x)$ 是标准正态分布的概率密度函数, u_α 是 α-分位数, 证明

$$\int_\alpha^1 u_p\mathrm{d}p = \varphi(u_\alpha).$$

55. 查表求卡方分布分位数:

$$\chi^2_{0.05}(8),\quad \chi^2_{0.95}(10),\quad \chi^2_{0.975}(12).$$

第3章 随机向量

从第 2 章中我们知道, 在同一概率空间可以定义多个不同的随机变量, 可以逐一研究它们的概率性质, 但是有时候需要研究它们的联合性质. 例如, 遗传学家很关心儿子的身高 X 和父亲的身高 Y 之间的关系, 于是需要考虑 (X,Y) 的联合性质; 经济学家非常关心每个家庭的支出在衣食住行上的花费 (分别记为 X,Y,Z,W) 占总收入的比例, 则考虑一个四维随机变量 (X,Y,Z,W) 是必要的. 本章我们来学习随机向量的定义及其分布.

3.1 随机向量及其分布

3.1.1 随机向量及其联合分布

定义 3.1.1 设 X,Y 是定义在概率空间 $(\Omega,\mathcal{F},P)$ 上的随机变量, 则称 (X,Y) 为**二维随机变量**; 类似地, 若 $X_1,X_2,\cdots,X_d$ 是 d 个定义在概率空间 $(\Omega,\mathcal{F},P)$ 上的随机变量, 则称 $(X_1,X_2,\cdots,X_d)$ 为 d **维随机变量**, 或 d **维随机向量**.

例 3.1.1 幼儿在生长发育过程中, 体重和身高是最被关注的两个重要指标. 若用 X 和 Y 分别表示幼儿的体重和身高, 则 (X,Y) 是一个二维随机变量.

注 3.1.1 随机向量的等价定义

(1) 称 $(X_1,X_2,\cdots,X_d)$ 为定义在概率空间 $(\Omega,\mathcal{F},P)$ 上的 d **维随机变量或随机向量**, 如果对任意 $(x_1,x_2,\cdots,x_d)\in\mathbb{R}^d$,

$$\{\omega\in\Omega: X_1\leqslant x_1, X_2\leqslant x_2,\cdots,X_d\leqslant x_d\}\in\mathcal{F}.$$

(2) 若 $\boldsymbol{X}$ 是由可测空间 $(\Omega,\mathcal{F})$ 到 $(\mathbb{R}^d,\mathcal{B}(\mathbb{R}^d))$ 上的可测映射 (参见定义 1.6.6), 则称 $\boldsymbol{X}$ 是一个 d **维随机变量或随机向量**, 记为 $\boldsymbol{X}\in\mathcal{F}$. 习惯上, 常将 $\boldsymbol{X}$ 写为 $(X_1,X_2,\cdots,X_d)$.

因为可测函数的复合仍然是可测函数 (参见定理 1.6.6), 于是我们有

推论 3.1.1 设 $\boldsymbol{X}$ 是可测空间 $(\Omega,\mathcal{F})$ 到 $(\mathbb{R}^d,\mathcal{B}(\mathbb{R}^d))$ 上的 d 维随机向量, f 是 $(\mathbb{R}^d,\mathcal{B}(\mathbb{R}^d))$ 到 $(\mathbb{R}^s,\mathcal{B}(\mathbb{R}^s))$ 上的可测映射, 则 $f(\boldsymbol{X})$ 是一个 s 维随机向量.

例 3.1.2 由推论 3.1.1 知,

(1) 设 X 与 Y 都是可测空间 $(\Omega,\mathcal{F})$ 上的随机变量, 则 $aX+b$, $X+Y$, XY 和 X^2+Y 等都是随机变量; (X,Y) 是二维随机向量.

(2) 若 $(X_1, X_2, \cdots, X_d)$ 为 d 维随机向量, 则对任意的正整数 $k: 1 \leqslant k \leqslant d$ 和任意的 $1 \leqslant j_1 < j_2 < \cdots < j_k \leqslant d$, $(X_{j_1}, X_{j_2}, \cdots, X_{j_k})$ 为 k 维随机向量.

注 3.1.2　这里, 我们需要说明两点:

(1) 今后, 我们着重考虑二维情形; 三维及三维以上情形类似.

(2) 二维随机向量是 Ω 到 $\mathbb{R}^2$ 的映射, 即 $(X, Y): \Omega \to \mathbb{R}^2$.

同一维随机变量一样, 我们需要通过研究分布函数来研究随机向量的概率性质.

定义 3.1.2　设 (X, Y) 是定义在概率空间 $(\Omega, \mathcal{F}, P)$ 上的二维随机向量, 称

$$F(x, y) = P(X \leqslant x, Y \leqslant y)$$

是随机变量 (X, Y) 的**联合分布函数**, 简称为分布函数.

注 3.1.3　显然,

(1) 联合分布函数 F 是 $\mathbb{R}^2$ 到 $[0, 1]$ 上的映射.

(2) 对任意的 $(x, y) \in \mathbb{R}^2$, 则 $F(x, y)$ 为 (X, Y) 落在点 (x, y) 左下方区域的概率, 即 $F(x, y) = P((X, Y) \in D_{xy})$, 其中 $D_{xy} = \{(u, v) : u \leqslant x, v \leqslant y\} = (-\infty, x] \times (-\infty, y]$. 如图 3.1 所示.

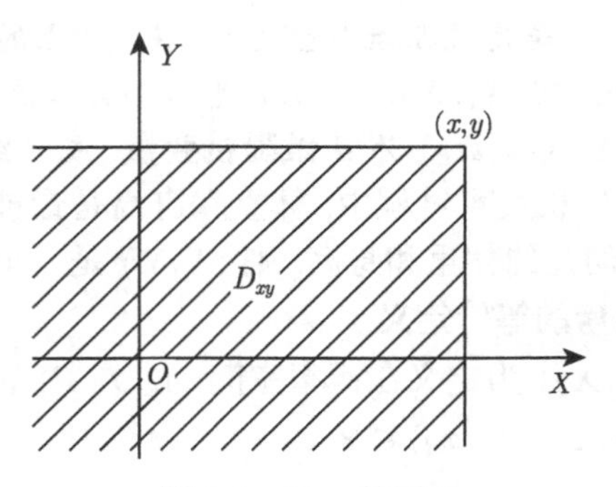

图 3.1　D_{xy} 的图示

注 3.1.4　类似地, 我们可以定义 d 维随机向量 $(X_1, X_2, \cdots, X_d)$ 的联合分布函数:

$$F(x_1, x_2, \cdots, x_d) = P(X_1 \leqslant x_1, X_2 \leqslant x_2, \cdots, X_d \leqslant x_d).$$

命题 3.1.1　**联合分布函数的性质**

设 $F(x, y)$ 为随机向量 (X, Y) 的联合分布函数, 则其满足

(1) **单调性**　$F(x, y)$ 关于每个分量单调不降;

(2) **有界性**　$0 \leqslant F(x, y) \leqslant 1$, $F(\infty, \infty) = 1$,

$$F(-\infty, y) = F(x, -\infty) = 0, \quad F(-\infty, -\infty) = 0;$$

(3) **右连续性**　$F(x, y)$ 分别关于 x 和 y 右连续;

(4) **非负性** 当 $a_1 < b_1$, $a_2 < b_2$ 时, 必有

$$F(b_1,b_2) - F(b_1,a_2) - F(a_1,b_2) + F(a_1,a_2) \geqslant 0.$$

证明 (1), (2), (3) 的证明可仿一维随机变量的分布函数的性质证明, 这里仅证明 (4).

事实上, 由 F 的定义和概率的非负性可知

$$F(b_1,b_2) - F(b_1,a_2) - F(a_1,b_2) + F(a_1,a_2) = P(a_1 < X \leqslant b_1, a_2 < Y \leqslant b_2) \geqslant 0. \quad \square$$

注 3.1.5 我们知道一维情形时, 如果一个函数满足性质 (1)—(3), 则其一定是某随机变量的分布函数; 但是对于二维情形, 如果一个二元函数仅有性质 (1)—(3), 不能足以说明其是联合分布函数, 即性质 (4) 可能不满足. 例如

$$F(x,y) = \begin{cases} 0, & x+y<0, \\ 1, & x+y \geqslant 0. \end{cases}$$

容易验证其满足性质 (1)—(3), 但不满足性质 (4), 只需取 $a_1 = a_2 = -1, b_1 = b_2 = 1$,

$$F(1,1) - F(1,-1) - F(-1,1) + F(-1,-1) = 1 - 1 - 1 + 0 = -1 < 0.$$

注 3.1.6 性质 (4) 的不等号左边, 刻画了随机变量 (X,Y) 落在矩形区域 $(a_1,b_1] \times (a_2,b_2]$ 的概率; 对于高维 ($d \geqslant 2$) 情形, 性质 (4) 可述为: $A = (a_1,b_1] \times \cdots \times (a_d,b_d]$ 为 d 维矩体, $V = \{a_1,b_1\} \times \cdots \times \{a_d,b_d\}$ 为 A 的所有顶点组成的集合. $v \in V$, 记 $\mathrm{sgn}(v) = (-1)^{\{v\text{中}a_i\text{的个数}\}}$, 则

$$P((X_1,\cdots,X_d) \in A) = \sum_{v \in V} \mathrm{sgn}(v) F(v) \geqslant 0.$$

参见文献 Durrett (2013).

例 3.1.3 已知随机变量 (X,Y) 的分布函数为

$$F(x,y) = A\left(\arctan x + B\right)\left(\arctan y + C\right),$$

求常数 A,B,C 的值.

解 由 $F(\infty,\infty) = 1$ 和 $F(-\infty,y) = F(x,-\infty) = 0$ 得

$$\begin{cases} A\left(\dfrac{\pi}{2}+B\right)\left(\dfrac{\pi}{2}+C\right) = 1, \\ A\left(\arctan x + B\right)\left(-\dfrac{\pi}{2}+C\right) = 0, & x \in \mathbb{R}, \\ A\left(-\dfrac{\pi}{2}+B\right)\left(\arctan y + C\right) = 0, & y \in \mathbb{R}. \end{cases}$$

由此解得

$$A = \frac{1}{\pi^2}, \quad B = C = \frac{\pi}{2}. \qquad \square$$

类似于一维情形, 接下来我们分别考虑离散情形和连续情形的二维分布.

3.1.2　二维离散型分布

定义 3.1.3　若随机变量 (X,Y) 的取值的个数为有限对或可列对, 则称 (X,Y) 为二维离散型随机变量.

例 3.1.4　同时掷一枚骰子和一枚硬币, X 表示"掷得的骰子的点数"; 如果硬币正面朝上令 $Y=1$, 否则 $Y=0$. 显然, (X,Y) 是一个二维离散型随机变量.

注 3.1.7　(X,Y) 为二维离散型随机变量当且仅当 X 和 Y 都是一维离散型随机变量.

定义 3.1.4　设二维离散型随机变量 (X,Y) 取值于 $\{(x_i,y_j):i,j=1,2,\cdots\}$, 称

$$p_{ij}=P(X=x_i,Y=y_j),\quad i,j=1,2,\cdots$$

为 (X,Y) 的联合分布列.

注 3.1.8　联合分布列也可以用表格形式表示.

Y \ X	y_1	y_2	$\cdots$	y_j	$\cdots$
x_1	p_{11}	p_{12}	$\cdots$	p_{1j}	$\cdots$
x_2	p_{21}	p_{22}	$\cdots$	p_{2j}	$\cdots$
$\vdots$	$\vdots$	$\vdots$		$\vdots$	
x_i	p_{i1}	p_{i2}	$\cdots$	p_{ij}	$\cdots$
$\vdots$	$\vdots$	$\vdots$		$\vdots$	

命题 3.1.2　**联合分布列的性质**

(1) **非负性**　$p_{ij}\geqslant 0$;

(2) **正则性**　$\sum\limits_{i,j}p_{ij}=1$.

证明　非负性由概率的非负性立得; 正则性由 $\Omega=\sum\limits_{i,j}\{X=x_i,Y=y_j\}$ 和概率的可列可加性立得. □

例 3.1.5　将一枚均匀的硬币抛掷 4 次, X 表示"正面朝上的次数", Y 表示"反面朝上的次数". 求 (X,Y) 的联合分布列.

解　显然, $X\sim b\left(4,\dfrac{1}{2}\right)$. 易知 (X,Y) 取值于 $\{(i,j):i,j=0,1,2,3,4\}$, 注意到正面朝上的次数和反面朝上的次数之和应为所掷次数, 故

$$P(X=i,Y=j)=\begin{cases}P(X=i), & i+j=4,\\ 0, & i+j\neq 4\end{cases}=\begin{cases}\mathrm{C}_4^i\left(\dfrac{1}{2}\right)^4, & i+j=4,\\ 0, & i+j\neq 4,\end{cases}$$

即为所求的联合分布列. □

例 3.1.6 已知二维随机变量 (X,Y) 的联合分布列如下:

$X \backslash Y$	0	1	2
-1	0.05	0.1	0.1
0	0.1	0.2	0.1
1	a	0.2	0.05

求: (1) 常数 a; (2) 概率 $P(X \geqslant 0, Y \leqslant 1)$ 和 $P(X \leqslant 1, Y \leqslant 1)$.

解 (1) 由分布列的正则性,

$$1 = \sum_{i,j}^{\infty} p_{ij} = 0.05 + 0.1 + 0.1 + 0.1 + 0.2 + 0.1 + a + 0.2 + 0.05,$$

解得 $a = 0.1$.

(2) 所求概率

$$\begin{aligned}
&P(X \geqslant 0, Y \leqslant 1) = \sum_{(i,j):x_i \geqslant 0, y_j \leqslant 1} p_{ij} \\
&= P(X=0,Y=0) + P(X=0,Y=1) + P(X=1,Y=0) + P(X=1,Y=1) \\
&= 0.1 + 0.2 + 0.1 + 0.2 = 0.6,
\end{aligned}$$

$$\begin{aligned}
&P(X \leqslant 1, Y \leqslant 1) \\
&= P(Y \leqslant 1) = 1 - P(Y=2) \\
&= 1 - [P(X=-1,Y=2) + P(X=0,Y=2) + P(X=1,Y=2)] \\
&= 1 - (0.1 + 0.1 + 0.05) = 0.75.
\end{aligned}$$

□

一般地,

定理 3.1.1 若 (X,Y) 具有分布列 $\{p_{ij}, i,j \geqslant 1\}$, D 是 $\mathbb{R}^2$ 上的博雷尔可测集, 即 $D \in \mathcal{B}(\mathbb{R}^2)$, 则

$$P((X,Y) \in D) = \sum_{(i,j):(x_i,y_j) \in D} p_{ij},$$

这里 (x_i, y_j) 为 (X,Y) 的可能取值.

3.1.3　二维连续型分布

定义 3.1.5　设二维随机变量 (X,Y) 的联合分布函数为 $F(x,y)$, 若存在非负函数 $p(x,y)$ 使得

$$F(x,y)=\iint_{D_{xy}} p(u,v)\mathrm{d}u\mathrm{d}v,$$

其中 $D_{xy}=(-\infty,x]\times(-\infty,y]$, 则称 (X,Y) 为**二维连续型随机变量**; 称 $p(x,y)$ 为 (X,Y) 的**联合概率密度函数**.

同一维情形一样, 联合概率密度函数也具有非负性和正则性, 即

命题 3.1.3　**联合概率密度函数的性质**

(1) **非负性**　$p(x,y)\geqslant 0$;

(2) **正则性**　$\displaystyle\iint_{\mathbb{R}^2} p(x,y)\mathrm{d}x\mathrm{d}y=1.$

证明　非负性由定义立得; 正则性由 $F(\infty,\infty)=1$ 和 F 的连续性立得. □

例 3.1.7　设随机变量 (X,Y) 具有概率密度函数

$$p(x,y)=\begin{cases} A\mathrm{e}^{-(2x+3y)}, & x\geqslant 0,\ y\geqslant 0,\\ 0, & \text{其他}, \end{cases}$$

求常数 A 的值.

解　记 $D^*=\{(x,y):x\geqslant 0,y\geqslant 0\}$, 由概率密度函数的正则性,

$$1=\iint p(x,y)\mathrm{d}x\mathrm{d}y=\iint_{D^*} A\mathrm{e}^{-(2x+3y)}\mathrm{d}x\mathrm{d}y=\int_0^{\infty}\mathrm{d}x\int_0^{\infty} A\mathrm{e}^{-(2x+3y)}\mathrm{d}y=\frac{A}{6},$$

解得 $A=6$. □

注 3.1.9　例 3.1.7 的求解过程中第二个等号, 涉及多元函数的积分理论: $p(x,y)$ 在 D^* 和 $\mathbb{R}^2\setminus D^*$ 上的解析式不同, 所以需要分别积分然后求和. 这里在 $\mathbb{R}^2\setminus D^*$ 上, $p(x,y)=0$, 因而在 $\mathbb{R}^2\setminus D^*$ 上的积分值为 0.

同一维情形一样, 已知随机变量的概率密度函数, 我们可以很方便地求出相关随机事件发生的概率.

定理 3.1.2　设随机变量 (X,Y) 具有概率密度函数 $p(x,y)$, $D\in\mathcal{B}(\mathbb{R}^2)$, 则

$$P((X,Y)\in D)=\iint_D p(x,y)\mathrm{d}x\mathrm{d}y.$$

这个定理的证明已经超出了本书的范围, 因而证明略去.

例 3.1.8　设随机变量 (X,Y) 具有概率密度函数

$$p(x,y)=\begin{cases} 6\mathrm{e}^{-(2x+3y)}, & x\geqslant 0,\ y\geqslant 0,\\ 0, & \text{其他}, \end{cases}$$

求概率 $P(X\leqslant 2,Y\leqslant 1)$.

解　记 $D^* = \{(x,y): x \geqslant 0, y \geqslant 0\}$, $D = \{(x,y): x \leqslant 2, y \leqslant 1\}$, 则

$$D \cap D^* = \{(x,y): 0 \leqslant x \leqslant 2, 0 \leqslant y \leqslant 1\},$$

如图 3.2 所示.

于是, 所求概率为

$$\begin{aligned} P(X \leqslant 2, Y \leqslant 1) = P((X,Y) \in D) &= \iint_D p(x,y)\mathrm{d}x\mathrm{d}y \\ &= \iint_{D\cap D^*} 6\mathrm{e}^{-(2x+3y)}\mathrm{d}x\mathrm{d}y = \int_0^2 \mathrm{d}x \int_0^1 6\mathrm{e}^{-(2x+3y)}\mathrm{d}y \\ &= (1-\mathrm{e}^{-4})(1-\mathrm{e}^{-3}). \end{aligned}$$ □

注 3.1.10　类似于例 3.1.7, 在例 3.1.8 中, $p(x,y)$ 在 D 上的积分被分成两个积分的和, 一个是在 $D \cap D^*$ 上的积分, 另一个是在 $D \setminus D^*$ 上的积分. 因为在 $D \setminus D^*$ 上, $p(x,y) = 0$, 因而积分值为 0. 事先写出 $D \cap D^*$, 是为了将在 $D \cap D^*$ 上的重积分化为累次积分计算最后结果.

例 3.1.9　设随机变量 (X,Y) 具有概率密度函数

$$p(x,y) = \begin{cases} 6\mathrm{e}^{-(2x+3y)}, & x \geqslant 0,\ y \geqslant 0, \\ 0, & \text{其他}, \end{cases}$$

设 $D = \{(x,y): 2x+3y \leqslant 6\}$, 求概率 $P((X,Y) \in D)$.

解　记 $D^* = \{(x,y): x \geqslant 0, y \geqslant 0\}$, 则

$$D \cap D^* = \left\{(x,y): 0 \leqslant x \leqslant 3, 0 \leqslant y \leqslant \frac{6-2x}{3}\right\},$$

如图 3.3 所示.

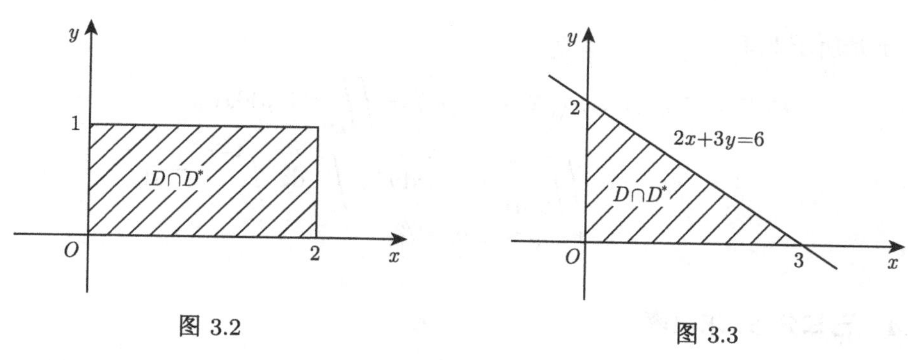

图 3.2　　图 3.3

所求概率为

$$P((X,Y) \in D) = \iint_D p(x,y)\mathrm{d}x\mathrm{d}y = \iint_{D\cap D^*} 6\mathrm{e}^{-(2x+3y)}\mathrm{d}x\mathrm{d}y$$

$$= \int_0^3 \mathrm{d}x \int_0^{\frac{6-2x}{3}} 6\mathrm{e}^{-(2x+3y)}\mathrm{d}y = 1 - 7\mathrm{e}^{-6}.$$ □

例 3.1.10 设随机变量 (X, Y) 具有概率密度函数

$$p(x,y) = \begin{cases} \mathrm{e}^{-y}, & 0 < x < y, \\ 0, & \text{其他}, \end{cases}$$

求概率 $P(X+Y \leqslant 1)$.

解 记 $D^* = \{(x,y) : 0 < x < y\}$, $D = \{(x,y) : x + y \leqslant 1\}$, 则

$$D \cap D^* = \left\{(x,y) : 0 < x \leqslant \frac{1}{2}, x < y \leqslant 1 - x\right\},$$

如图 3.4 所示.

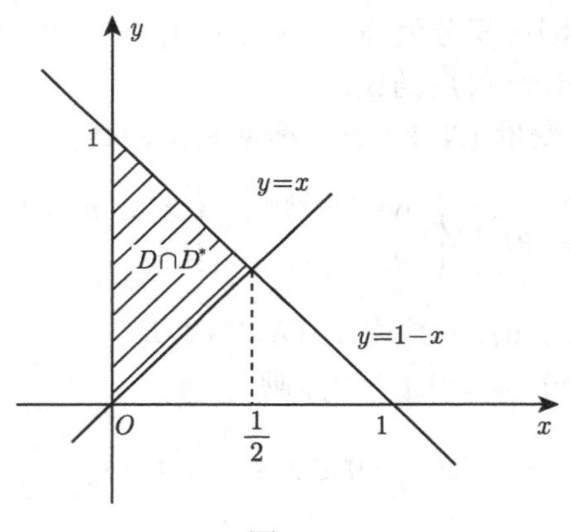

图 3.4

于是所求概率为

$$\begin{aligned} P(X+Y \leqslant 1) &= P((X,Y) \in D) = \iint_D p(x,y)\mathrm{d}x\mathrm{d}y \\ &= \iint_{D \cap D^*} \mathrm{e}^{-y}\mathrm{d}x\mathrm{d}y = \int_0^{\frac{1}{2}} \mathrm{d}x \int_x^{1-x} \mathrm{e}^{-y}\mathrm{d}y \\ &= 1 + \mathrm{e}^{-1} - 2\mathrm{e}^{-1/2}. \end{aligned}$$ □

3.1.4 已知分布, 求概率

将定理 3.1.1 和定理 3.1.2 写在一起, 即

定理 3.1.3 设随机变量 (X, Y) 具有分布列 $\{p_{ij}, i, j = 1, 2, \cdots\}$ 或概率密度函数 $p(x, y)$, $D \in \mathcal{B}(\mathbb{R}^2)$, 则

$$P((X,Y)\in D)=\begin{cases}\displaystyle\sum_{(i,j):(x_i,y_j)\in D} p_{ij}, & \text{离散情形},\\ \displaystyle\iint_D p(x,y)\mathrm{d}x\mathrm{d}y, & \text{连续情形}.\end{cases}$$

特别地, (X,Y) 的联合分布函数为

$$F(x,y)=P((X,Y)\in D_{xy})=\begin{cases}\displaystyle\sum_{(i,j):(x_i,y_j)\in D_{xy}} p_{ij}, & \text{离散情形},\\ \displaystyle\iint_{D_{xy}} p(u,v)\mathrm{d}u\mathrm{d}v, & \text{连续情形},\end{cases}$$

其中 $D_{xy}=\{(u,v):u\leqslant x,v\leqslant y\}=(-\infty,x]\times(-\infty,y]$.

例 3.1.11 设随机变量 (X,Y) 具有概率密度函数

$$p(x,y)=\begin{cases}cx^2y, & x^2\leqslant y\leqslant 1,\\ 0, & \text{其他}.\end{cases}$$

(1) 求常数 c;

(2) 求概率 $P(X\leqslant Y)$.

解 (1) 记 $D^*=\{(x,y):x^2\leqslant y\leqslant 1\}$, 由概率密度函数的正则性,

$$1=\iint p(x,y)\mathrm{d}x\mathrm{d}y=\iint_{D^*} cx^2y\mathrm{d}x\mathrm{d}y=\int_{-1}^{1}\mathrm{d}x\int_{x^2}^{1} cx^2y\mathrm{d}y=\frac{4}{21}c,$$

解得 $c=\dfrac{21}{4}$.

(2) 记 $D=\{(x,y):x>y\}$, D^* 同 (1), 则 $D\cap D^*=\{(x,y):0<x\leqslant 1,x^2\leqslant y<x\}$, 如图 3.5 所示.

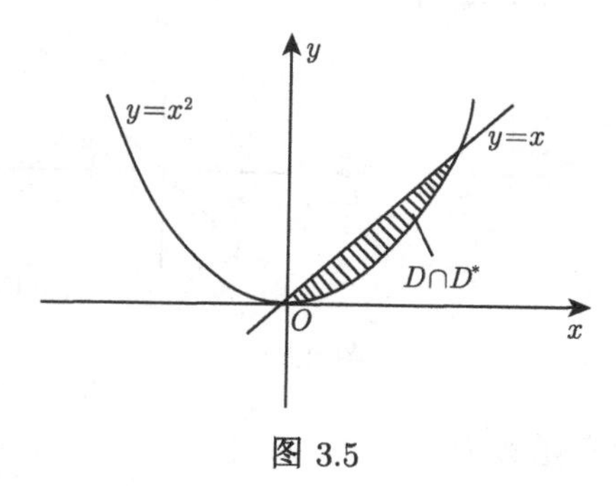

图 3.5

于是,

$$P((X,Y)\in D)=\iint_D p(x,y)\mathrm{d}x\mathrm{d}y=\iint_{D\cap D^*}\frac{21}{4}x^2y\mathrm{d}x\mathrm{d}y$$

$$= \int_0^1 \mathrm{d}x \int_{x^2}^{x} \frac{21}{4} x^2 y \mathrm{d}y = \frac{3}{20},$$

故所求概率 $P(X \leqslant Y) = 1 - P(X > Y) = 1 - P((X,Y) \in D) = 1 - \dfrac{3}{20} = \dfrac{17}{20}$. □

例 3.1.12 设二维随机变量 (X,Y) 的联合概率密度函数为

$$p(x,y) = \begin{cases} 3x, & 0 < y < x < 1, \\ 0, & \text{其他}, \end{cases}$$

求 (X,Y) 的联合分布函数 $F(x,y)$.

解 对任意的实数 x, y, 记 $D_{xy} = \{(u,v) : u \leqslant x, v \leqslant y\}$. 令 $D^* = \{(u,v) : 0 < v < u < 1\}$, 于是

$$D^* \cap D_{xy} = \begin{cases} \{(u,v) : v < u \leqslant x \wedge 1, 0 < v \leqslant y\}, & 0 < y < 1, x > y, \\ \{(u,v) : v < u \leqslant x, 0 < v \leqslant x\}, & 0 < x < 1, y \geqslant x, \\ \varnothing, & x \leqslant 0 \text{ 或} y \leqslant 0, \\ D^*, & x \geqslant 1 \text{ 且} y \geqslant 1. \end{cases}$$

如图 3.6 所示 (图中仅给出了 $0 < y < 1 < x$ 和 $0 < x < y < 1$ 这两种情形).

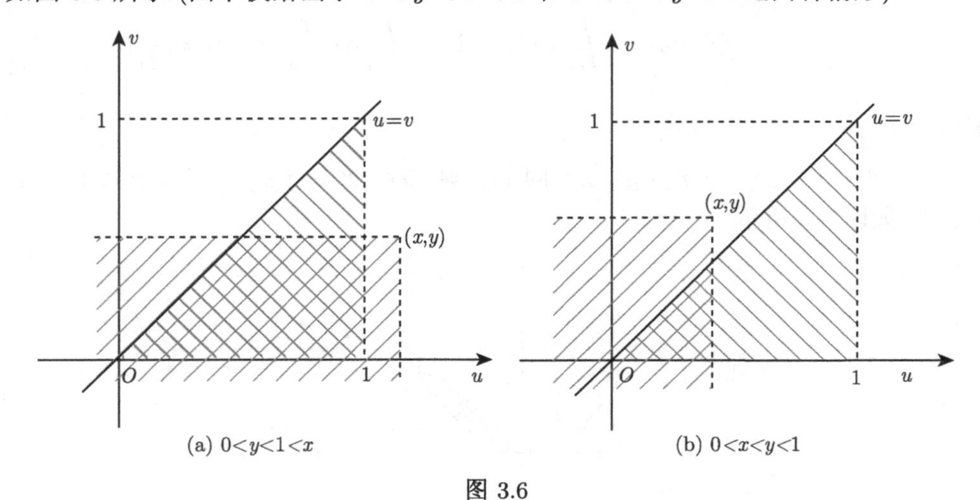

(a) $0<y<1<x$ (b) $0<x<y<1$

图 3.6

故 (X,Y) 的联合分布函数为

$$\begin{aligned} F(x,y) &= P(X \leqslant x, Y \leqslant y) = P((X,Y) \in D_{xy}) \\ &= \iint_{D_{xy}} p(u,v) \mathrm{d}u\mathrm{d}v = \iint_{D^* \cap D_{xy}} 3u \mathrm{d}u\mathrm{d}v \end{aligned}$$

$$
= \begin{cases} \int_0^y \mathrm{d}v \int_v^{x\wedge 1} 3u\mathrm{d}u, & 0<y<1, x>y, \\ \int_0^x \mathrm{d}v \int_v^x 3u\mathrm{d}u, & 0<x<1, y\geqslant x, \\ 0, & x\leqslant 0 \text{ 或 } y\leqslant 0, \\ 1, & x\geqslant 1 \text{ 且 } y\geqslant 1 \end{cases}
$$

$$
= \begin{cases} \dfrac{y}{2}(3(x\wedge 1)^2 - y^2), & 0<y<1, x>y, \\ x^3, & 0<x<1, y\geqslant x, \\ 0, & x\leqslant 0 \text{ 或 } y\leqslant 0, \\ 1, & x\geqslant 1 \text{ 且 } y\geqslant 1. \end{cases}
$$

□

注 3.1.11 在例 3.1.12 中, 求分布函数实质是对不同的 (x,y), 求事件 $\{X\leqslant x, Y\leqslant y\}$ 的概率. 由于

$$
p(x,y) = \begin{cases} f(x,y), & (x,y)\in D^*, \\ 0, & (x,y)\notin D^* \end{cases}
$$

最终转化为计算重积分

$$
\iint_{D_{xy}\cap D^*} f(u,v)\mathrm{d}u\mathrm{d}v,
$$

因此, 我们事先需要对 x,y 的范围进行分类讨论, 写出 $D_{xy}\cap D^*$ 的所有情形. 这个工作一般来说是烦琐的.

3.1.5 常用多维分布

本节将要介绍几种常用的多维分布: 多项分布、多维超几何分布、二维均匀分布和二维正态分布.

1. *多项分布*

多项分布是二项分布在多维情形的推广.

设重复做同一随机试验, 若每次试验有 r 种结果: $A_1,\cdots,A_r$. 记 $P(A_i)=p_i$, $i=1,\cdots,r$. 记 X_i 为 n 次独立重复试验中 A_i 出现的次数, 则 $(X_1,\cdots,X_r)$ 的联合分布列为

$$
P(X_1=n_1,\cdots,X_r=n_r) = \begin{cases} \dfrac{n!p_1^{n_1}\cdots p_r^{n_r}}{n_1!\cdots n_r!}, & \sum\limits_{i=1}^r n_i = n, \\ 0, & \text{其他}. \end{cases}
$$

称该分布为多项分布.

2. 多维超几何分布

多维超几何分布是超几何分布在多维情形的推广.

设口袋中有 N 个球, 分成 r 类, 第 i 种有 N_i 个, $N_1+\cdots+N_r=N$. 从中任取 n 个, 记 X_i 为这 n 个中第 i 种球的个数, 则 $(X_1,\cdots,X_r)$ 的联合分布列为

$$P(X_1=n_1,\cdots,X_r=n_r)=\begin{cases}\dfrac{\mathrm{C}_{N_1}^{n_1}\cdots\mathrm{C}_{N_r}^{n_r}}{\mathrm{C}_N^n}, & \displaystyle\sum_{i=1}^r n_i=n,\\ 0, & \text{其他}.\end{cases}$$

称该分布为多维超几何分布.

3. 二维均匀分布

设 $D\subset\mathbb{R}^2$ 满足 $0<\displaystyle\iint_D \mathrm{d}x\mathrm{d}y<\infty$, 称 (X,Y) 服从区域 D 上的均匀分布, 若其联合概率密度函数为

$$p(x,y)=\begin{cases}\dfrac{1}{S_D}, & (x,y)\in D,\\ 0, & \text{其他}.\end{cases}$$

记为 $(X,Y)\sim U(D)$. 这里 $S_D=\displaystyle\iint_D \mathrm{d}x\mathrm{d}y$ 表示平面区域 D 的面积.

4. 二维正态分布

称 (X,Y) 服从二维正态分布, 若其联合概率密度函数为

$$p(x,y)=\frac{1}{2\pi\sigma_1\sigma_2 c}\exp\left\{-\frac{1}{2c^2}(a^2+b^2-2\rho ab)\right\},\quad -\infty<x,y<\infty,$$

其中 $a=\dfrac{x-\mu_1}{\sigma_1}, b=\dfrac{y-\mu_2}{\sigma_2}, c=\sqrt{1-\rho^2}$. 记为 $(X,Y)\sim N(\mu_1,\sigma_1^2;\mu_2,\sigma_2^2;\rho)$. 如图 3.7 所示.

注 3.1.12　设随机变量 (X,Y) 服从二维正态分布 $N(\mu_1,\sigma_1^2;\mu_2,\sigma_2^2;\rho)$, 参数 μ_1,μ_2 分别表示 X 与 Y 的数学期望, σ_1^2,σ_2^2 分别表示 X 与 Y 的方差, 参数 ρ 表示 X 与 Y 的相关系数, 我们将在 3.5 节来具体介绍.

如果记 $\boldsymbol{x}=(x_1,x_2)^{\mathrm{T}}$, $\boldsymbol{\mu}=(\mu_1,\mu_2)^{\mathrm{T}}$, $\boldsymbol{\Sigma}=\begin{pmatrix}\sigma_1^2 & \rho\sigma_1\sigma_2\\ \rho\sigma_1\sigma_2 & \sigma_2^2\end{pmatrix}$, 则二维正态分布可表示为 $N(\boldsymbol{\mu},\boldsymbol{\Sigma})$, 其联合概率密度函数表示为

$$p(\boldsymbol{x})=\frac{1}{2\pi|\boldsymbol{\Sigma}|^{\frac{1}{2}}}\exp\left(-\frac{1}{2}(\boldsymbol{x}-\boldsymbol{\mu})^{\mathrm{T}}\boldsymbol{\Sigma}^{-1}(\boldsymbol{x}-\boldsymbol{\mu})\right),$$

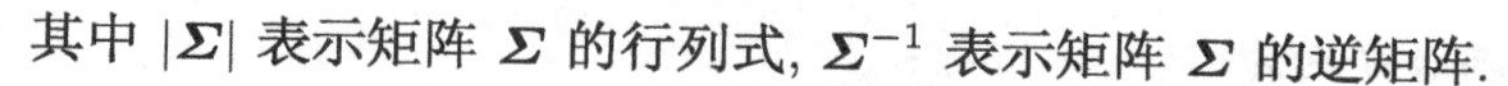
其中 $|\boldsymbol{\Sigma}|$ 表示矩阵 $\boldsymbol{\Sigma}$ 的行列式, $\boldsymbol{\Sigma}^{-1}$ 表示矩阵 $\boldsymbol{\Sigma}$ 的逆矩阵.

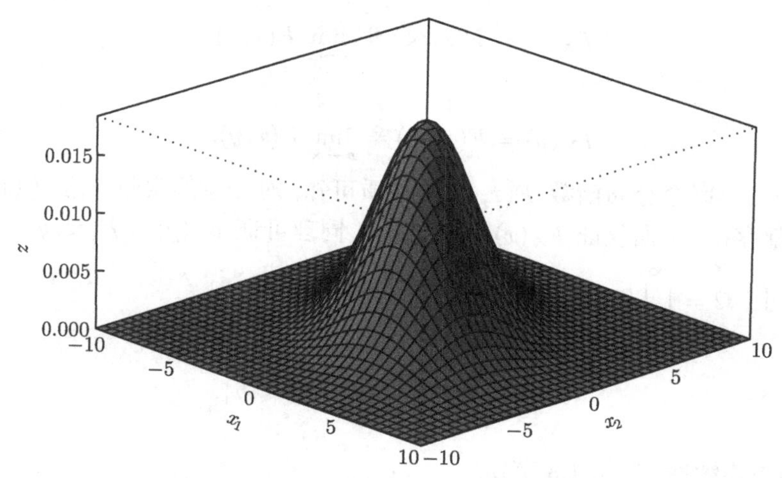

图 3.7 二维正态分布概率密度函数图像

一般地, 我们可以定义高维正态分布. 设 $\boldsymbol{X}=(X_1,\cdots,X_d)^{\mathrm{T}}$ 是 d 维随机变量, 记 $\boldsymbol{x}=(x_1,\cdots,x_d)^{\mathrm{T}}$, 若其联合概率密度函数表示为

$$p(\boldsymbol{x})=\frac{1}{(2\pi)^{\frac{d}{2}}|\boldsymbol{\Sigma}|^{\frac{1}{2}}}\exp\left(-\frac{1}{2}(\boldsymbol{x}-\boldsymbol{\mu})^{\mathrm{T}}\boldsymbol{\Sigma}^{-1}(\boldsymbol{x}-\boldsymbol{\mu})\right),$$

则称 $\boldsymbol{X}=(X_1,\cdots,X_d)^{\mathrm{T}}$ 服从 d 维正态分布 $N(\boldsymbol{\mu},\boldsymbol{\Sigma})$, 其中 $\boldsymbol{\mu}=(\mu_1,\cdots,\mu_d)^{\mathrm{T}}$ 为 $\boldsymbol{X}$ 的数学期望向量, $\boldsymbol{\Sigma}=(\mathrm{Cov}(X_i,X_j))_{d\times d}$ 为 $\boldsymbol{X}$ 的协方差矩阵 (协方差的定义见 3.5 节).

多维正态分布是一类比较重要的多维分布, 在概率论特别是数理统计和随机过程相关领域中有着重要的地位. 我们同样可以考察类似二维正态分布的一些重要性质, 这里不再一一叙述, 有需要的读者可以参见文献苏淳 (2010).

3.2 边际分布

本节将考虑如何从随机变量 (X,Y) 的联合分布得到随机变量 X 和 Y 的分布 (为与联合分布相区别, 又称为边际分布).

3.2.1 边际分布函数

先由联合分布函数来求边际分布函数.

定理 3.2.1 设随机变量 (X,Y) 具有联合分布函数 $F(x,y)$, 则随机变量 X

和 Y 的 (边际) 分布函数分别为

$$F_X(x)=F(x,\infty)\triangleq\lim_{y\to\infty}F(x,y)$$

和

$$F_Y(y)=F(\infty,y)\triangleq\lim_{x\to\infty}F(x,y).$$

证明　由联合分布函数 $F(x,y)$ 的性质可知, 对任意的实数 x,y, $F(x,\infty)$ 和 $F(\infty,y)$ 都存在. 下面仅证 $F_X(x)=F(x,\infty)$, 同理可证 $F_Y(y)=F(\infty,y)$.

事实上, $\Omega=\bigcup_{n=1}^{\infty}\{Y\leqslant n\}$, 于是

$$\{X\leqslant x\}=\bigcup_{n=1}^{\infty}\{X\leqslant x,Y\leqslant n\}.$$

由概率的下连续性 (参见 1.3 节),

$$\begin{aligned}F_X(x)&=P(X\leqslant x)=P\left(\bigcup_{n=1}^{\infty}\{X\leqslant x,Y\leqslant n\}\right)\\&=\lim_{n\to\infty}P(X\leqslant x,Y\leqslant n)=\lim_{n\to\infty}F(x,n)=F(x,\infty).\end{aligned}$$

□

例 3.2.1　已知随机变量 (X,Y) 的联合分布函数为

$$F(x,y)=\begin{cases}1-\mathrm{e}^{-x}-\mathrm{e}^{-y}+\mathrm{e}^{-x-y-\lambda xy}, & x>0,y>0,\\ 0, & \text{其他},\end{cases}$$

其中参数 $\lambda\geqslant 0$, 求随机变量 X 的分布函数.

解　由定理 3.2.1 知, X 的分布函数为

$$F_X(x)=F(x,\infty)=\lim_{y\to\infty}F(x,y)=\begin{cases}1-\mathrm{e}^{-x}, & x>0,\\ 0, & x\leqslant 0.\end{cases}$$

□

3.2.2　边际分布列

接下来看如何求离散型随机变量的边际分布列.

定理 3.2.2　已知二维随机变量 (X,Y) 具有分布列

$$p_{ij}=P(X=x_i,Y=y_j),\quad i,j=1,2,\cdots,$$

则随机变量 X 的分布列为

$$p_i=P(X=x_i)=\sum_{j=1}^{\infty}p_{ij}\triangleq p_{i\cdot},\quad i=1,2,\cdots,$$

Y 的分布列为

$$p_j = P(Y = y_j) = \sum_{i=1}^{\infty} p_{ij} \triangleq p_{\cdot j}, \quad j = 1, 2, \cdots.$$

证明留作练习.

注 3.2.1 我们也可以直接由表格形式的联合分布列求边际分布列.

$X \backslash Y$	y_1	y_2	$\cdots$	y_j	$\cdots$	p_i
x_1	p_{11}	p_{12}	$\cdots$	p_{1j}	$\cdots$	$p_{1\cdot}$
x_2	p_{21}	p_{22}	$\cdots$	p_{2j}	$\cdots$	$p_{2\cdot}$
$\vdots$	$\vdots$	$\vdots$		$\vdots$		$\vdots$
x_i	p_{i1}	p_{i2}	$\cdots$	p_{ij}	$\cdots$	$p_{i\cdot}$
$\vdots$	$\vdots$	$\vdots$		$\vdots$		$\vdots$
p_j	$p_{\cdot 1}$	$p_{\cdot 2}$	$\cdots$	$p_{\cdot j}$	$\cdots$	1

例 3.2.2 已知 (X, Y) 有联合分布列如下:

$X \backslash Y$	0	1	2
0	$\frac{1}{2}$	$\frac{1}{8}$	$\frac{1}{4}$
1	$\frac{1}{16}$	$\frac{1}{16}$	0

求概率 $P\left(X > \frac{1}{2}\right)$ 和 $P\left(Y \leqslant \frac{3}{2}\right)$.

解 由定理 3.2.2, 容易求得 X 和 Y 的边际分布列分别为

X	0	1
P	$\frac{7}{8}$	$\frac{1}{8}$

Y	0	1	2
P	$\frac{9}{16}$	$\frac{3}{16}$	$\frac{1}{4}$

于是, 所求概率为

$$P\left(X > \frac{1}{2}\right) = P(X = 1) = \frac{1}{8},$$

$$P\left(Y \leqslant \frac{3}{2}\right) = 1 - P(Y = 2) = 1 - \frac{1}{4} = \frac{3}{4}.$$

□

注 3.2.2　例 3.2.2 也可直接应用定理 3.1.1 计算, 譬如

$$
\begin{aligned}
P\left(X>\frac{1}{2}\right) &= \sum_{(i,j):x_i>\frac{1}{2}} p_{ij} \\
&= P(X=1,Y=0)+P(X=1,Y=1)+P(X=1,Y=2) \\
&= \frac{1}{16}+\frac{1}{16}+0=\frac{1}{8}.
\end{aligned}
$$

通常, 对只取几个点对的二维随机变量来说, 要求出关于某一维随机变量的随机事件的概率, 更习惯于先求出该一维随机变量的边际分布.

3.2.3　边际概率密度函数

下面我们转而考虑连续型随机变量的边际概率密度函数.

定理 3.2.3　*已知 (X,Y) 的联合概率密度函数为 $p(x,y)$, 则随机变量 X 的概率密度函数为*

$$
p_X(x)=\int_{-\infty}^{\infty} p(x,y)\mathrm{d}y;
$$

Y 的概率密度函数为

$$
p_Y(y)=\int_{-\infty}^{\infty} p(x,y)\mathrm{d}x.
$$

证明　由定义, 随机变量 X 的分布函数为

$$
\begin{aligned}
F_X(x)=F(x,\infty)=\lim_{y\to\infty}F(x,y) &= \int_{-\infty}^{x}\int_{-\infty}^{\infty}p(u,v)\mathrm{d}u\mathrm{d}v \\
&= \int_{-\infty}^{x}\left(\int_{-\infty}^{\infty}p(u,v)\mathrm{d}v\right)\mathrm{d}u.
\end{aligned}
$$

于是 X 的概率密度函数为

$$
p_X(x)=\frac{\mathrm{d}F_X(x)}{\mathrm{d}x}=\frac{\mathrm{d}}{\mathrm{d}x}\left[\int_{-\infty}^{x}\left(\int_{-\infty}^{\infty}p(u,v)\mathrm{d}v\right)\mathrm{d}u\right]=\int_{-\infty}^{\infty}p(x,v)\mathrm{d}v.
$$

类似地, 我们可以得到 Y 的概率密度函数为 $p_Y(y)=\int_{-\infty}^{\infty}p(x,y)\mathrm{d}x$. □

例 3.2.3　已知随机变量 (X,Y) 的联合概率密度函数为

$$
p(x,y)=\begin{cases}\mathrm{e}^{-y}, & 0<x<y,\\ 0, & \text{其他}.\end{cases}
$$

求 X 和 Y 的边际概率密度函数 $p_X(x)$ 和 $p_Y(y)$.

解 当 $x>0$ 时, 联合概率密度函数 $p(x,y)$ 作为 y 的函数,

$$p(x,y)=\begin{cases}e^{-y}, & y>x,\\ 0, & y\leqslant x.\end{cases}$$

当 $x\leqslant 0$ 时, $p(x,y)=0$ 对任意的 y 都成立.

于是, 由定理 3.2.3, X 的概率密度函数为

$$\begin{aligned}p_X(x)=\int_{-\infty}^{\infty}p(x,y)\mathrm{d}y&=\begin{cases}\displaystyle\int_{-\infty}^{x}0\mathrm{d}y+\int_{x}^{\infty}e^{-y}\mathrm{d}y, & x>0,\\ \displaystyle\int_{-\infty}^{\infty}0\mathrm{d}y, & x\leqslant 0\end{cases}\\ &=\begin{cases}e^{-x}, & x>0,\\ 0, & x\leqslant 0.\end{cases}\end{aligned}$$

故 X 服从指数分布 Exp(1). 下面求 Y 的概率密度函数.

当 $y>0$ 时, 联合概率密度函数 $p(x,y)$ 作为 x 的函数,

$$p(x,y)=\begin{cases}e^{-y}, & 0<x<y,\\ 0, & x\leqslant 0或x\geqslant y.\end{cases}$$

当 $y\leqslant 0$ 时, $p(x,y)=0$ 对任意的 x 都成立.

故由定理 3.2.3, Y 的概率密度函数为

$$\begin{aligned}p_Y(y)=\int_{-\infty}^{\infty}p(x,y)\mathrm{d}x&=\begin{cases}\displaystyle\int_{-\infty}^{0}0\mathrm{d}x+\int_{0}^{y}e^{-y}\mathrm{d}x+\int_{y}^{\infty}0\mathrm{d}x, & y>0,\\ \displaystyle\int_{-\infty}^{\infty}0\mathrm{d}x, & y\leqslant 0\end{cases}\\ &=\begin{cases}ye^{-y}, & y>0,\\ 0, & y\leqslant 0.\end{cases}\end{aligned}$$

故 Y 服从 Gamma 分布 Ga(2, 1).

注 3.2.3 在例 3.2.3 中, 由于概率密度函数 $p(x,y)$ 是分块函数, $p(x,y)$ 作为其中一个变量的一元函数来看时, 其解析式依赖于另一个变量的范围. 因此在求边际概率密度函数时需要对变量进行分情况讨论. 不过, 若读者对二元函数的单变量积分熟悉, 可以直接书写. 例如, 上例中, 将概率密度函数 $p(x,y)$ 的非零区域记为 $D=\{(x,y):0<x<y\}$. 在求 X 的边际概率密度函数时, 我们需要对变量 y 积分, 因此将 D 重写为

$$D=\{(x,y):x>0,x<y<\infty\},$$

于是 X 的概率密度函数为

$$p_X(x)=\int_{-\infty}^{\infty}p(x,y)\mathrm{d}y=\begin{cases}\displaystyle\int_x^{\infty}\mathrm{e}^{-y}\mathrm{d}y, & x>0,\\ 0, & x\leqslant 0\end{cases}=\begin{cases}\mathrm{e}^{-x}, & x>0,\\ 0, & x\leqslant 0.\end{cases}$$

在求 Y 的边际概率密度函数时, 我们需要对变量 x 积分, 因此将 D 重写为

$$D=\{(x,y):y>0,0<x<y\},$$

于是 Y 的概率密度函数为

$$p_Y(y)=\int_{-\infty}^{\infty}p(x,y)\mathrm{d}x=\begin{cases}\displaystyle\int_0^{y}\mathrm{e}^{-y}\mathrm{d}x, & y>0,\\ 0, & y\leqslant 0\end{cases}=\begin{cases}y\mathrm{e}^{-y}, & y>0,\\ 0, & y\leqslant 0.\end{cases}$$

接下来, 我们再看另一个例子, 读者注意将结果与上例进行比较.

例 3.2.4 已知随机变量 (X,Y) 的联合概率密度函数为

$$p(x,y)=\begin{cases}y\mathrm{e}^{-(x+y)}, & x>0,y>0,\\ 0, & \text{其他}.\end{cases}$$

分别求出随机变量 X 和 Y 的边际概率密度函数 $p_X(x)$ 和 $p_Y(y)$.

解 当 $x>0$ 时, 联合概率密度函数 $p(x,y)$ 作为 y 的函数,

$$p(x,y)=\begin{cases}y\mathrm{e}^{-(x+y)}, & y>0,\\ 0, & y\leqslant 0;\end{cases}$$

当 $x\leqslant 0$ 时, $p(x,y)=0$ 对任意的 y 都成立.

于是, X 的概率密度函数为

$$p_X(x)=\int_{-\infty}^{\infty}p(x,y)\mathrm{d}y=\begin{cases}\displaystyle\int_0^{\infty}y\mathrm{e}^{-(x+y)}\mathrm{d}y, & x>0,\\ 0, & x\leqslant 0\end{cases}=\begin{cases}\mathrm{e}^{-x}, & x>0,\\ 0, & x\leqslant 0.\end{cases}$$

故 X 服从指数分布 Exp(1). 下面求 Y 的概率密度函数.

当 $y>0$ 时, 联合概率密度函数 $p(x,y)$ 作为 x 的函数

$$p(x,y)=\begin{cases}y\mathrm{e}^{-(x+y)}, & x>0,\\ 0, & x\leqslant 0;\end{cases}$$

当 $y\leqslant 0$ 时, $p(x,y)=0$ 对任意的 x 都成立.

故 Y 的概率密度函数为

$$p_Y(y)=\int_{-\infty}^{\infty}p(x,y)\mathrm{d}x=\begin{cases}\int_0^{\infty}y\mathrm{e}^{-(x+y)}\mathrm{d}x, & y>0,\\ 0, & y\leqslant 0\end{cases}=\begin{cases}y\mathrm{e}^{-y}, & y>0,\\ 0, & y\leqslant 0.\end{cases}$$

故 Y 服从 Gamma 分布 $\mathrm{Ga}(2,1)$. □

注 3.2.4 例 3.2.3 和例 3.2.4 结果表明, **边际分布不能确定联合分布**: X 都服从指数分布 $\mathrm{Exp}(1)$, Y 都服从 Gamma 分布 $\mathrm{Ga}(2,1)$, 但是对应的联合分布却截然不同.

下面这个定理表明, 二维联合正态分布的边际分布是一维正态分布.

定理 3.2.4 设 (X,Y) 服从二维正态分布 $N(\mu_1,\sigma_1^2;\mu_2,\sigma_2^2;\rho)$, 则 X 服从正态分布 $N(\mu_1,\sigma_1^2)$, Y 服从正态分布 $N(\mu_2,\sigma_2^2)$.

证明 (X,Y) 的联合概率密度函数为

$$p(x,y)=\frac{1}{2\pi\sigma_1\sigma_2 c}\exp\left[-\frac{1}{2c^2}(a^2+b^2-2\rho ab)\right],$$

其中 $a=\dfrac{x-\mu_1}{\sigma_1},b=\dfrac{y-\mu_2}{\sigma_2},c=\sqrt{1-\rho^2}$.

于是, X 的概率密度函数为

$$\begin{aligned}p_X(x)&=\int_{-\infty}^{\infty}p(x,y)\mathrm{d}y=\int_{-\infty}^{\infty}\frac{1}{2\pi\sigma_1\sigma_2 c}\exp\left[-\frac{1}{2c^2}(a^2+b^2-2\rho ab)\right]\mathrm{d}y\\&=\frac{1}{\sqrt{2\pi}\sigma_1}\exp\left(-\frac{a^2}{2}\right)\int_{-\infty}^{\infty}\frac{1}{\sqrt{2\pi}c}\exp\left(-\frac{(b-\rho a)^2}{2c^2}\right)\mathrm{d}b\\&=\frac{1}{\sqrt{2\pi}\sigma_1}\exp\left(-\frac{(x-\mu_1)^2}{2\sigma_1^2}\right),\end{aligned}$$

其中, 第三个等号是因为作了积分变量替换 $b=\dfrac{y-\mu_2}{\sigma_2}$, 最后一个等号是因为被积函数可以视为正态分布 $N(\rho a,c^2)$ 的概率密度函数, 由正则性得积分值为 1.

故 X 服从正态分布 $N(\mu_1,\sigma_1^2)$, 同理可证 Y 服从正态分布 $N(\mu_2,\sigma_2^2)$. □

注 3.2.5 设 (X,Y) 服从二维正态分布 $N(\mu_1,\sigma_1^2;\mu_2,\sigma_2^2;\rho)$, 则其边际分布不依赖于参数 ρ. 因而, 若 $\rho_1\neq\rho_2$, 则 $N(\mu_1,\sigma_1^2;\mu_2,\sigma_2^2;\rho_1)$ 和 $N(\mu_1,\sigma_1^2;\mu_2,\sigma_2^2;\rho_2)$ 联合分布不同, 但是其对应的边际分布相同.

注 3.2.6 我们还可以证明多项分布的边际分布为二项分布; 多维超几何分布的边际分布为超几何分布. 但是二维均匀分布的边际分布不一定是均匀分布.

例 3.2.5 设随机变量 (X,Y) 服从均匀分布 $U(D)$, 其中 $D=\{(x,y):x^2+y^2\leqslant 1\}$, 求 X 的边际分布.

解　(X,Y) 的联合概率密度函数为 $p(x,y)=\begin{cases}\dfrac{1}{\pi}, & x^2+y^2\leqslant 1,\\ 0, & x^2+y^2>1.\end{cases}$

当 $|x|\leqslant 1$ 时, $p(x,y)$ 作为 y 的函数为 $p(x,y)=\begin{cases}\dfrac{1}{\pi}, & |y|\leqslant\sqrt{1-x^2},\\ 0, & |y|>\sqrt{1-x^2}.\end{cases}$

当 $|x|>1$ 时, $p(x,y)=0$.

于是 X 的边际概率密度函数为

$$p_X(x)=\int_{-\infty}^{\infty}p(x,y)\mathrm{d}y=\begin{cases}\displaystyle\int_{-\sqrt{1-x^2}}^{\sqrt{1-x^2}}\frac{1}{\pi}\mathrm{d}y, & |x|\leqslant 1,\\ 0, & |x|>1\end{cases}=\begin{cases}\dfrac{2\sqrt{1-x^2}}{\pi}, & |x|\leqslant 1,\\ 0, & |x|>1.\end{cases}$$

□

注 3.2.7　例 3.2.5 中随机变量 X 的分布, 称之为**半圆律 (semi-circle law) 分布**, 这个分布在随机矩阵理论中被用到. 例如, 高斯幺正系综 (Gaussian Unitary Ensemble, 简称 GUE) 的特征值的分布服从半圆律分布, 有兴趣的读者参见文献 Bollobás (2011).

尽管单位圆盘上的均匀分布的边际分布不再是一维均匀分布, 但矩形区域上的均匀分布的边际分布是一维均匀分布.

注 3.2.8　若 $D=(a_1,b_1)\times(a_2,b_2)$, (X,Y) 服从 $U(D)$, 则 X 服从 $U(a_1,b_1)$, Y 服从 $U(a_2,b_2)$. 即矩形区域上的均匀分布的边际分布仍是均匀分布. 证明留作习题.

下面的这个例子说明, 边际分布是一维正态分布的联合分布可以不是二维正态分布, 这进一步说明边际分布无法确定联合分布.

例 3.2.6　设随机变量 (X,Y) 具有概率密度函数

$$p(x,y)=\frac{1}{2\pi}(1+\sin x\sin y)\mathrm{e}^{-\frac{x^2+y^2}{2}},\quad -\infty<x,y<\infty,$$

求 X 的边际分布.

解　X 的边际概率密度函数为

$$\begin{aligned}p_X(x)&=\int_{-\infty}^{\infty}p(x,y)\mathrm{d}y=\int_{-\infty}^{\infty}\frac{1}{2\pi}(1+\sin x\sin y)\mathrm{e}^{-\frac{x^2+y^2}{2}}\mathrm{d}y\\&=\frac{1}{\sqrt{2\pi}}\mathrm{e}^{-\frac{x^2}{2}}\int_{-\infty}^{\infty}\frac{1}{\sqrt{2\pi}}\mathrm{e}^{-\frac{y^2}{2}}\mathrm{d}y+\frac{1}{2\pi}\sin x\mathrm{e}^{-\frac{x^2}{2}}\int_{-\infty}^{\infty}\sin y\mathrm{e}^{-\frac{y^2}{2}}\mathrm{d}y\\&=\frac{1}{\sqrt{2\pi}}\mathrm{e}^{-\frac{x^2}{2}},\end{aligned}$$

其中最后一个等号是因为: 由标准正态分布概率密度函数的正则性可得第一个积分等于 1, 第二个积分由于被积函数为奇函数, 故积分结果等于 0.

因此, X 服从标准正态分布 $N(0,1)$, 同理可求得 Y 也服从标准正态分布 $N(0,1)$.

□

3.3 随机变量的独立

3.2 节中我们已经知道, 联合分布可以确定边际分布, 然而边际分布不能确定联合分布. 不过在有些特定场合下边际分布可以确定联合分布, 例如当随机变量相互独立时. 本节就来研究随机变量的相互独立性问题.

3.3.1 两个随机变量的独立性

下面首先研究两个随机变量的独立性问题.

定义 3.3.1 若对任意的 $(x,y)\in\mathbb{R}^2$, 随机事件 $\{X\leqslant x\}$ 与 $\{Y\leqslant y\}$ 相互独立, 则称随机变量 X 和 Y **相互独立**.

由随机事件独立性和分布函数的定义, 我们立即有

注 3.3.1 随机变量 X 和 Y 相互独立当且仅当联合分布函数等于边际分布函数的乘积, 即对任意的 $(x,y)\in\mathbb{R}^2$, $F(x,y)=F_X(x)F_Y(y)$.

例 3.3.1 设随机变量 (X,Y) 的分布函数为

$$F(x,y)=\frac{1}{\pi^2}\left(\arctan x+\frac{\pi}{2}\right)\left(\arctan y+\frac{\pi}{2}\right).$$

易求 X 与 Y 的边际分布函数分别为

$$F_X(x)=\frac{1}{\pi}\left(\arctan x+\frac{\pi}{2}\right),\quad F_Y(y)=\frac{1}{\pi}\left(\arctan y+\frac{\pi}{2}\right).$$

由于对任意的 $(x,y)\in\mathbb{R}^2$, $F(x,y)=F_X(x)F_Y(y)$ 成立, 故 X 与 Y 相互独立.

实际判断独立性中, 下面的定理更常用:

定理 3.3.1 随机变量相互独立的等价描述:

(1) 若 (X,Y) 是离散型随机变量, X 和 Y 相互独立当且仅当联合分布列等于边际分布列的乘积, 即对任意的 (i,j), $p_{ij}=p_ip_j$.

(2) 若 (X,Y) 是连续型随机变量, X 和 Y 相互独立当且仅当联合概率密度函数等于边际概率密度函数的乘积, 即对任意的 $(x,y)\in\mathbb{R}^2$, $p(x,y)=p_X(x)p_Y(y)$.

例 3.3.2 设随机变量 (X,Y) 有联合分布列如下:

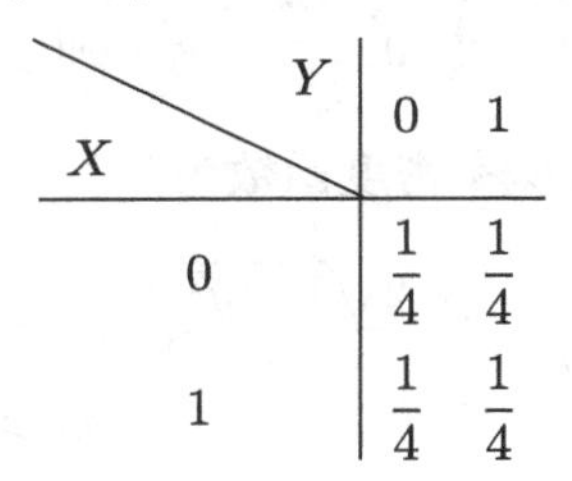

X \ Y	0	1
0	$\frac{1}{4}$	$\frac{1}{4}$
1	$\frac{1}{4}$	$\frac{1}{4}$

判断 X 与 Y 是否相互独立.

解　易知 $P(X=0)=P(Y=0)=\dfrac{1}{2}$, 故

$$P(X=0,Y=0)=\frac{1}{4}=P(X=0)\cdot P(Y=0).$$

因为 X 与 Y 分别只有两个可能的取值, 故由定理 1.4.1 知, X 与 Y 相互独立. □

例 3.3.3　已知随机变量 (X,Y) 的联合概率密度函数为

$$p(x,y)=\begin{cases}6\mathrm{e}^{-2x-3y}, & x>0,y>0,\\ 0, & \text{其他}.\end{cases}$$

判断 X 与 Y 是否独立.

解　易求 X 与 Y 的边际概率密度函数分别为

$$p_X(x)=\begin{cases}2\mathrm{e}^{-2x}, & x>0,\\ 0, & x\leqslant 0,\end{cases}\qquad p_Y(y)=\begin{cases}3\mathrm{e}^{-3y}, & y>0,\\ 0, & y\leqslant 0.\end{cases}$$

由于对任意的 $(x,y)\in\mathbb{R}^2$, $p(x,y)=p_X(x)p_Y(y)$ 成立, 故 X 与 Y 相互独立. □

注 3.3.2　判断独立性时, 我们需要对每个 $(x,y)\in\mathbb{R}^2$, 验证 $F(x,y)=F_X(x)F_Y(y)$ 或 $p(x,y)=p_X(x)p_Y(y)$ 成立, 亦或对每个 (i,j), 验证 $p_{ij}=p_ip_j$ 成立. 因此, 只要有一个点 (x_0,y_0) 或者 (i_0,j_0) 使得等式不成立, 即可断定 X 与 Y 相互不独立.

例 3.3.4　设随机变量(X,Y)服从均匀分布$U(D)$, 其中$D=\{(x,y):x^2+y^2\leqslant 1\}$, 判断 X 与 Y 是否独立.

解　(X,Y) 的联合概率密度函数为

$$p(x,y)=\frac{1}{\pi}\cdot 1_D(x,y)=\begin{cases}\dfrac{1}{\pi}, & x^2+y^2\leqslant 1,\\ 0, & x^2+y^2>1.\end{cases}$$

在例 3.2.5 中, 我们已经求出 X 的边际概率密度函数为

$$p_X(x)=\begin{cases}\dfrac{2\sqrt{1-x^2}}{\pi}, & |x|<1,\\ 0, & |x|\geqslant 1.\end{cases}$$

同理, 可以求出 Y 的边际概率密度函数为

$$p_Y(y)=\begin{cases}\dfrac{2\sqrt{1-y^2}}{\pi}, & |y|<1,\\ 0, & |y|\geqslant 1.\end{cases}$$

显然, $p(0,0)=\dfrac{1}{\pi}$, $p_X(0)=p_Y(0)=\dfrac{2}{\pi}$, 于是 $p(0,0)\neq p_X(0)\cdot p_Y(0)$, 故 X 与 Y 相互不独立. □

注 3.3.3 若 $D=(a_1,b_1)\times(a_2,b_2)$, (X,Y) 服从 $U(D)$, 由注 3.2.8 知, X 服从 $U(a_1,b_1)$, Y 服从 $U(a_2,b_2)$, 因而 X 与 Y 相互独立.

注 3.3.4 一般地, 若 (X,Y) 的联合概率密度函数为

$$p(x,y)=\begin{cases} f(x,y), & (x,y)\in D,\\ 0, & (x,y)\notin D.\end{cases}$$

当 D 不是矩形区域时, 即使函数 $f(x,y)$ 可以分离变量 (即能够写成 x 的函数与 y 的函数的乘积), X 与 Y 也相互不独立.

定理 3.3.2 设随机变量 (X,Y) 服从二维正态分布 $N(\mu_1,\sigma_1^2;\mu_2,\sigma_2^2;\rho)$, 则 X 与 Y 相互独立当且仅当 $\rho=0$.

证明 二维正态分布 $N(\mu_1,\sigma_1^2;\mu_2,\sigma_2^2;\rho)$ 的联合概率密度函数为

$$p(x,y)=\frac{1}{2\pi\sigma_1\sigma_2 c}\exp\left[-\frac{1}{2c^2}(a^2+b^2-2\rho ab)\right],$$

其中 $a=\dfrac{x-\mu_1}{\sigma_1}, b=\dfrac{y-\mu_2}{\sigma_2}, c=\sqrt{1-\rho^2}$.

由定理 3.2.4 知, X 与 Y 的概率密度函数分别为

$$p_X(x)=\frac{1}{\sqrt{2\pi}\sigma_1}\exp\left(-\frac{(x-\mu_1)^2}{2\sigma_1^2}\right),\quad p_Y(y)=\frac{1}{\sqrt{2\pi}\sigma_2}\exp\left(-\frac{(y-\mu_2)^2}{2\sigma_2^2}\right).$$

($\Rightarrow$) 若 X 与 Y 相互独立, 则对任意的 (x,y), 必有 $p(x,y)=p_X(x)\cdot p_Y(y)$, 从而有 $p(\mu_1,\mu_2)=p_X(\mu_1)p_Y(\mu_2)$, 即

$$\frac{1}{2\pi\sigma_1\sigma_2 c}=\frac{1}{\sqrt{2\pi}\sigma_1}\cdot\frac{1}{\sqrt{2\pi}\sigma_2},$$

解得 $c=1$, 从而 $\rho=0$.

($\Leftarrow$) 若 $\rho=0$, 则对任意的 $(x,y)\in\mathbb{R}^2$,

$$\begin{aligned} p(x,y)&=\frac{1}{2\pi\sigma_1\sigma_2}\exp\left[-\frac{1}{2}(a^2+b^2)\right]\\ &=\frac{1}{\sqrt{2\pi}\sigma_1}\exp\left(-\frac{(x-\mu_1)^2}{2\sigma_1^2}\right)\cdot\frac{1}{\sqrt{2\pi}\sigma_2}\exp\left(-\frac{(y-\mu_2)^2}{2\sigma_2^2}\right)\\ &=p_X(x)\cdot p_Y(y).\end{aligned}$$

故 X 与 Y 相互独立. □

3.3.2　随机变量独立性的一般定义

设 $d \geqslant 2$, 对于多个随机变量 $X_1, X_2, \cdots, X_d$ 的独立性, 自然地, 我们有定义

定义 3.3.2　设 $d \geqslant 2$, $X_1, X_2, \cdots, X_d$ 都是概率空间 $(\Omega, \mathcal{F}, P)$ 中的随机变量, 称 $X_1, X_2, \cdots, X_d$ **相互独立**, 如果对任意的 $x_1, x_2, \cdots, x_d \in \mathbb{R}$, 随机事件 $X_1^{-1}((-\infty, x_1]), X_2^{-1}((-\infty, x_1]), \cdots, X_d^{-1}((-\infty, x_d])$ 相互独立.

由随机事件独立性的定义和分布函数的定义, 我们有

定理 3.3.3　d 个随机变量 $X_1, X_2, \cdots, X_d$ 相互独立当且仅当联合分布函数等于边际分布函数的乘积, 即

$$F(x_1, x_2, \cdots, x_d) = F_1(x_1)F_1(x_2)\cdots F_d(x_d), \quad (x_1, x_2, \cdots, x_d) \in \mathbb{R}^d,$$

其中 $F_i(x)$ 是随机变量 X_i 的分布函数, $i = 1, 2, \cdots, d$.

由定义 1.6.7, 对于概率空间 $(\Omega, \mathcal{F}, P)$ 中的随机变量 X, $\sigma(X) = \{X^{-1}(B) : B \in \mathcal{B}(\mathbb{R})\}$ 为 $\mathcal{F}$ 的子 σ-事件域.

注意到 $\mathcal{B}(\mathbb{R}) = \sigma(\mathcal{C})$, 这里 $\mathcal{C} = \{(-\infty, x] : x \in \mathbb{R}\}$. 设 X 是随机变量, 则

$$\sigma(X) = X^{-1}(\mathcal{B}(\mathbb{R})) = X^{-1}(\sigma(\mathcal{C})) = \sigma(X^{-1}(\mathcal{C})).$$

由定理 1.4.3, 定义 1.4.4 和定义 3.3.2 立得

定理 3.3.4　设 $d \geqslant 2$, 随机变量 $X_1, X_2, \cdots, X_d$ 相互独立当且仅当事件域 $\sigma(X_1), \sigma(X_2), \cdots, \sigma(X_d)$ 相互独立.

注意到对任意的随机事件 $A \in \mathcal{F}$, $\sigma(1_A) = \{\Omega, \varnothing, A, \overline{A}\}$, 由随机事件独立性的性质, 我们有

注 3.3.5　随机事件 $A_1, A_2, \cdots, A_n$ 相互独立当且仅当随机变量 $1_{A_1}, 1_{A_2}, \cdots, 1_{A_n}$ 相互独立.

更一般地, 对于随机变量族, 我们有如下的定义.

定义 3.3.3　设 $\{X_t, t \in T\}$ 是概率空间 $(\Omega, \mathcal{F}, P)$ 中的随机变量族, 若事件域 $\sigma(X_t), t \in T$ 是相互独立的, 则称 $\{X_t, t \in T\}$ 是**相互独立的随机变量族**.

3.3.3　随机变量函数的独立性

有时候我们需要考虑随机变量函数的独立性问题, 定理 3.3.5 给出了解答, 其证明需要用到测度论的知识, 这里略去.

定理 3.3.5　设 X 和 Y 是定义在概率空间 $(\Omega, \mathcal{F}, P)$ 上的随机变量, f 和 g 都是 $(\mathbb{R}, \mathcal{B}(\mathbb{R}))$ 上的可测函数. 若 X 与 Y 相互独立, 则 $f(X)$ 与 $g(Y)$ 相互独立.

由定理 3.3.5, 我们不难得出: 若 X 与 Y 相互独立, 则 X^2 与 $2Y+3$, $-X$ 与 $|Y|$ 等都相互独立. 另外, 定理 3.3.5 还可以推广到高维情形, 例如, 若随机变量

$X_1, X_2, \cdots, X_{10}$ 相互独立, 则 (X_1, X_{10}) 与 $(X_2, X_3, \cdots, X_9)$ 相互独立, $X_1+X_3+X_5$ 与 $X_2 \cdot X_4$ 相互独立等.

例 3.3.5 设 (X,Y) 具有概率密度函数

$$p(x,y)=\begin{cases}\dfrac{1+xy}{4}, & |x|<1,|y|<1,\\ 0, & \text{其他}.\end{cases}$$

求 X 与 Y 的边际分布, 并判断 X^2 与 Y^2 的独立性.

证明 易求 X 的边际概率密度函数为

$$p_X(x)=\int p(x,y)\mathrm{d}y=\begin{cases}\displaystyle\int_{-1}^{1}\frac{1+xy}{4}\mathrm{d}y, & |x|\leqslant 1,\\ 0, & |x|>1\end{cases}=\begin{cases}\dfrac{1}{2}, & |x|\leqslant 1,\\ 0, & |x|>1.\end{cases}$$

同理, Y 的边际概率密度函数为

$$p_Y(y)=\begin{cases}\dfrac{1}{2}, & |y|\leqslant 1,\\ 0, & |y|>1.\end{cases}$$

即 X 与 Y 都服从均匀分布 $U[-1,1]$, 显然 X 与 Y 不独立.

为考察 X^2 和 Y^2 的独立性, 下求 X^2 和 Y^2 的联合分布.

令 $U=X^2$, $V=Y^2$, 记

$$D_{uv}=\{(x,y): x^2\leqslant u, y^2\leqslant v\}.$$

于是

$$D_{uv}\cap[-1,1]^2=\begin{cases}[-\sqrt{u\wedge 1},\sqrt{u\wedge 1}]\times[-\sqrt{v\wedge 1},\sqrt{v\wedge 1}], & u\geqslant 0, v\geqslant 0,\\ \varnothing, & u<0\text{或}v<0.\end{cases}$$

于是, (U,V) 的分布函数为

$$\begin{aligned}F^*(u,v)&=P(U\leqslant u, V\leqslant v)=P((X,Y)\in D_{uv})\\&=\iint_{D_{uv}}p(x,y)\mathrm{d}x\mathrm{d}y=\iint_{D_{uv}\cap[-1,1]^2}\frac{1+xy}{4}\mathrm{d}x\mathrm{d}y\\&=\begin{cases}\displaystyle\int_{-\sqrt{u\wedge 1}}^{\sqrt{u\wedge 1}}\mathrm{d}x\int_{-\sqrt{v\wedge 1}}^{\sqrt{v\wedge 1}}\frac{1+xy}{4}\mathrm{d}y, & u\geqslant 0, v\geqslant 0,\\ 0, & u<0\text{或}v<0\end{cases}\\&=\begin{cases}\sqrt{u\wedge 1}\cdot\sqrt{v\wedge 1}, & u\geqslant 0, v\geqslant 0,\\ 0, & u<0\text{或}v<0.\end{cases}\end{aligned}$$

注意到 (U,V) 的分布函数 $F^*(u,v)$ 可分离变量, 从而随机变量 $U=X^2$ 和 $V=Y^2$ 相互独立. □

注 3.3.6 例 3.3.5 表明,

(1) 尽管 X^2 与 Y^2 相互独立, 但是 X 与 Y 可能不独立.

(2) 在判断 X^2 与 Y^2 的独立性之前, 我们需要求出 (X^2, Y^2) 的联合分布, 这里所用的方法是直接求分布函数, 这种求随机变量函数分布的方法将在 3.4 节专门讲解.

3.4 随机向量函数的分布

在一些实际问题中, 有时候需要研究随机变量的函数的分布. 例如, 假设某一做随机运动的物体的速度是随机变量 X, 其动能为 $Y = \frac{1}{2}mX^2$, 如何通过 X 的分布确定出 Y 的分布呢?

这一节我们主要考虑三类问题: 已知随机变量 X 的分布, 求随机变量 $Y = f(X)$ 的分布; 已知随机向量 (X, Y) 的分布, 求 $Z = g(X, Y)$ 的分布; 已知随机向量 $\boldsymbol{X} = (X_1, X_2, \cdots, X_n)$ 的分布, $Y_i = h_i(\boldsymbol{X})$, $i = 1, 2, \cdots, m$, 求 $\boldsymbol{Y} = (Y_1, Y_2, \cdots, Y_m)$ 的分布. 为了使得随机向量的函数仍为随机向量, 这里 (包括下文) 我们总是假定 $f(x)$ 是定义在 $\mathbb{R}$ 上的可测函数; $g(x, y)$ 是定义在 $\mathbb{R}^2$ 到 $\mathbb{R}^1$ 上的可测函数, 诸 h_i 是定义在 $\mathbb{R}^n$ 到 $\mathbb{R}$ 上的可测函数.

3.4.1 单个随机变量函数的分布

这一小节中, 我们研究的问题是, 已知随机变量 X 的分布函数 $F_X(x)$、分布列 $\{p_k, k \geqslant 1\}$ 或概率密度函数 $p_X(x)$, 设 $f(x)$ 是定义在 $\mathbb{R}$ 上的博雷尔可测函数, 要求随机变量 $Y = f(X)$ 的分布函数、分布列或概率密度函数.

事实上, 注意到对任意的 $y \in \mathbb{R}$,

$$\{Y \leqslant y\} = \{f(X) \leqslant y\} = \{X \in D_y\},$$

其中 $D_y = \{x : f(x) \leqslant y\}$.

特别地, 当 f 为单调函数时, 可以直接求出 Y 的分布函数. 例如, 假设 f 严格单调增, 则 $D_y = \{x : f(x) \leqslant y\} = \{x : x \leqslant f^{-1}(y)\}$, 于是 Y 的分布函数为

$$F_Y(y) = P(Y \leqslant y) = P(X \in D_y) = P(X \leqslant f^{-1}(y)) = F_X(f^{-1}(y)).$$

假设已知 X 的分布列或概率密度函数, 由定理 2.2.2、定理 2.2.4 和分布函数的定义, 我们易得

定理 3.4.1 已知随机变量 X 具有分布列 $\{p_k, k=1,2,\cdots\}$(离散情形) 或概率密度函数 $p_X(x)$(连续情形), 则 $Y=f(X)$ 的分布函数为

$$F_Y(y)=\begin{cases}\displaystyle\sum_{x_k\in D_y} p_k, & \text{离散情形},\\ \displaystyle\int_{D_y} p_X(x)\mathrm{d}x, & \text{连续情形}.\end{cases}$$

知道了 $Y=f(X)$ 的分布函数, 如果其是离散型, 可以进一步求出其分布列, 如果其是连续型, 可以求出其概率密度函数. 接下来看几个求随机变量函数的分布的例子.

例 3.4.1 设随机变量 X 具有概率密度函数 $p_X(x)=\begin{cases}2x, & 0<x<1,\\ 0, & \text{其他}.\end{cases}$ 求随机变量 $Y=3X^2+5$ 的分布函数.

解 对任意的 $y\in\mathbb{R}$, 记 $D_y=\{x\in\mathbb{R}: 3x^2+5\leqslant y\}$, 则

$$D_y\cap(0,1)=\begin{cases}\varnothing, & y<5,\\ \left(0,\sqrt{\dfrac{y-5}{3}}\right], & 5\leqslant y<8,\\ (0,1), & y\geqslant 8.\end{cases}$$

由定理 3.4.1, $Y=3X^2+5$ 的分布函数为

$$\begin{aligned}F_Y(y)&=P(Y\leqslant y)=P(3X^2+5\leqslant y)=P(X\in D_y)\\ &=\int_{D_y}p_X(x)\mathrm{d}x=\int_{D_y\cap(0,1)}2x\mathrm{d}x\\ &=\begin{cases}0, & y<5,\\ \displaystyle\int_0^{\sqrt{\frac{y-5}{3}}}2x\mathrm{d}x, & 5\leqslant y<8,\\ 1, & y\geqslant 8\end{cases}=\begin{cases}0, & y<5,\\ \dfrac{y-5}{3}, & 5\leqslant y<8,\\ 1, & y\geqslant 8.\end{cases}\end{aligned}$$

故 Y 服从均匀分布 $U(5,8)$. □

例 3.4.2 设随机变量 X 服从标准正态分布 $N(0,1)$, 求随机变量 $Y=X^2$ 的分布.

解 设 $Y=X^2$ 的分布函数为 $F_Y(y)$, 则

$$\begin{aligned}F_Y(y)&=P(Y\leqslant y)=P(X^2\leqslant y)=\begin{cases}P(|X|\leqslant\sqrt{y}), & y\geqslant 0,\\ 0, & y<0\end{cases}\\ &=\begin{cases}\Phi(\sqrt{y})-\Phi(-\sqrt{y}), & y\geqslant 0,\\ 0, & y<0\end{cases}=\begin{cases}2\Phi(\sqrt{y})-1, & y\geqslant 0,\\ 0, & y<0,\end{cases}\end{aligned}$$

其中 Φ 是标准正态分布的分布函数.

进一步地, 我们可以求出 Y 的概率密度函数

$$p_Y(y)=\frac{\mathrm{d}F_Y(y)}{\mathrm{d}y}=\begin{cases}\dfrac{\mathrm{d}}{\mathrm{d}y}\left(2\Phi(\sqrt{y})-1\right), & y>0,\\ 0, & y\leqslant 0\end{cases}$$

$$=\begin{cases}\dfrac{\varphi(\sqrt{y})}{\sqrt{y}}, & y>0,\\ 0, & y\leqslant 0\end{cases}=\begin{cases}\dfrac{\left(\dfrac{1}{2}\right)^{\frac{1}{2}}}{\Gamma\left(\dfrac{1}{2}\right)}y^{\frac{1}{2}-1}\mathrm{e}^{-\frac{y}{2}}, & y>0,\\ 0, & y\leqslant 0,\end{cases}$$

其中 $\varphi(t)=\dfrac{1}{\sqrt{2\pi}}\mathrm{e}^{-\frac{t^2}{2}}$ 是标准正态分布的概率密度函数.

对照 Gamma 分布的概率密度函数的形式知, Y 服从 Gamma 分布 $\mathrm{Ga}\left(\dfrac{1}{2},\dfrac{1}{2}\right)$, 即自由度为 1 的卡方分布 $\chi^2(1)$. □

定理 3.4.2 设随机变量 X 的分布函数 $F(x)$ 是严格单调增的连续函数, 则随机变量 $F(X)$ 服从均匀分布 $U(0,1)$.

证明 设 $Y=F(X)$ 的分布函数为 $F_Y(y)$, 则

$$F_Y(y)=P(Y\leqslant y)=P(F(X)\leqslant y)=\begin{cases}0, & y<0,\\ P(X\leqslant F^{-1}(y)), & 0\leqslant y<1,\\ 1, & y\geqslant 1\end{cases}$$

$$=\begin{cases}0, & y<0,\\ F(F^{-1}(y)), & 0\leqslant y<1,\\ 1, & y\geqslant 1\end{cases}=\begin{cases}0, & y<0,\\ y, & 0\leqslant y<1,\\ 1, & y\geqslant 1.\end{cases}$$

此为均匀分布 $U(0,1)$ 的分布函数, 即 Y 服从均匀分布 $U(0,1)$. □

注 3.4.1 定理 3.4.2 表明任何一个连续型随机变量可以通过分布函数与均匀分布建立联系, 这在随机模拟中大有用处. 例如, 欲利用计算机产生一批数据来模拟成人的身高, 设成人身高服从已知分布 $F(x)$, 由此定理我们可以先产生均匀分布的随机数 $y_1,y_2,\cdots,y_n$, 通过解方程 $F(x_i)=y_i$ 即可得到服从已知分布 $F(x)$ 的随机数 $x_1,x_2,\cdots,x_n$, 而均匀分布的随机数在几乎所有的统计软件中都能产生.

当随机变量 X 是离散型, 且分布列已知时, 我们知道 $Y=f(X)$ 也是离散型的, 这时候求出 Y 的分布列并不困难. 例如, 设 X 的分布列为

X	x_1	x_2	$\cdots$	x_n	$\cdots$
P	p_1	p_2	$\cdots$	p_n	$\cdots$

则 $Y=f(X)$ 的分布列为

$f(X)$	$f(x_1)$	$f(x_2)$	$\cdots$	$f(x_n)$	$\cdots$
P	p_1	p_2	$\cdots$	p_n	$\cdots$

不过, 这里可能某些 $f(x_i)$ 的取值相同, 这时候需要将相同项进行合并.

例 3.4.3 设 X 的分布列为

X	-1	0	1	2
P	$\frac{1}{4}$	$\frac{1}{4}$	$\frac{1}{4}$	$\frac{1}{4}$

求 $Y=\|X\|$ 的分布列.

解 显然 Y 的可能取值为 $0,1,2$, 且其分布列为

$$P(Y=0)=P(X=0)=\frac{1}{4},$$

$$P(Y=1)=P(|X|=1)=P(X=-1)+P(X=1)=\frac{1}{4}+\frac{1}{4}=\frac{1}{2},$$

$$P(Y=2)=P(X=2)=\frac{1}{4}.$$

列表如下

Y	0	1	2
P	$\frac{1}{4}$	$\frac{1}{2}$	$\frac{1}{4}$

□

当随机变量 X 是连续型, 且概率密度函数已知时, 如果 $Y=f(X)$ 也是连续型随机变量, 有些特殊场合可以直接求出 $Y=f(X)$ 的概率密度函数.

定理 3.4.3 设随机变量 X 的概率密度函数为 $p_X(x)$, $y=f(x)$ 是严格单调函数, 且其反函数 $x=h(y)$ 有连续的导函数, 则随机变量 $Y=f(X)$ 的概率密度函数为

$$p_Y(y)=\begin{cases} p_X(h(y))|h'(y)|, & y\in E, \\ 0, & \text{其他}, \end{cases}$$

其中 E 是 f 的值域.

证明 由定理 3.4.1 立得, 只需注意到当 $Y=f(X)$, 且 f 严格单调时, $D_y=\{x:f(x)\leqslant y\}=\{x:x\leqslant h(y)\}$ 或 $D_y=\{x:f(x)\leqslant y\}=\{x:x\geqslant h(y)\}$. □

例 3.4.4 设 X 服从柯西分布, 即其概率密度函数为 $p_X(x)=\dfrac{1}{\pi(1+x^2)}$, 求 $Y=\mathrm{e}^X$ 的分布.

解　显然函数 $y=\mathrm{e}^x$ 的值域为 $(0,\infty)$, 由定理 3.4.3 知, $Y=\mathrm{e}^X$ 的概率密度函数为

$$p_Y(y)=\begin{cases} p_X(\ln y)\left|\dfrac{1}{y}\right|, & y>0, \\ 0, & \text{其他} \end{cases}=\begin{cases} \dfrac{1}{\pi y(1+(\ln y)^2)}, & y>0, \\ 0, & \text{其他}. \end{cases}$$ □

定理 3.4.4　正态分布的线性不变性

设随机变量 X 服从正态分布 $N(\mu,\sigma^2)$, 则当 $a\neq 0$ 时, 随机变量 $Y=aX+b$ 服从正态分布 $N(a\mu+b,a^2\sigma^2)$.

证明　由定理 3.4.3 立得. □

特别地, 令 $a=\dfrac{1}{\sigma}, b=-\dfrac{\mu}{\sigma}$, 我们有

推论 3.4.1　若 $X\sim N(\mu,\sigma^2)$, 则 $\dfrac{X-\mu}{\sigma}\sim N(0,1)$.

同样, 由定理 3.4.3 立得

定理 3.4.5　设随机变量 X 服从 Gamma 分布 $\mathrm{Ga}(\alpha,\lambda)$, $c>0$, 则随机变量 cX 服从 Gamma 分布 $\mathrm{Ga}\left(\alpha,\dfrac{\lambda}{c}\right)$.

推论 3.4.2　设随机变量 X 服从正态分布 $N(0,\sigma^2)$, 则 X^2 服从 Gamma 分布 $\mathrm{Ga}\left(\dfrac{1}{2},\dfrac{1}{2\sigma^2}\right)$.

证明　由推论 3.4.1 知, $\dfrac{X}{\sigma}\sim N(0,1)$. 由例 3.4.2 知, $\dfrac{X^2}{\sigma^2}\sim\chi^2(1)$, 亦即

$$\frac{X^2}{\sigma^2}\sim\mathrm{Ga}\left(\frac{1}{2},\frac{1}{2}\right).$$

于是, 由定理 3.4.5 知

$$X^2=\sigma^2\cdot\frac{X^2}{\sigma^2}\sim\mathrm{Ga}\left(\frac{1}{2},\frac{1}{2\sigma^2}\right).$$ □

3.4.2　多个随机变量函数的分布

这一小节我们着重考虑二维情形. 设已知 (X,Y) 的联合分布, $g(x,y)$ 是定义在 $\mathbb{R}^2$ 到 $\mathbb{R}^1$ 上的博雷尔可测函数, 我们的目的是求随机变量 $Z=g(X,Y)$ 的分布.

定理 3.4.6　设随机变量 (X,Y) 具有分布列 $\{p_{ij},i,j=1,2,\cdots\}$(离散情形) 或概率密度函数 $p(x,y)$(连续情形), 则随机变量 $Z=g(X,Y)$ 的分布函数为

$$F_Z(z)=P((X,Y)\in D_z)=\begin{cases} \displaystyle\sum_{(i,j):(x_i,y_j)\in D_z} p_{ij}, & \text{离散情形}, \\ \displaystyle\iint_{D_z} p(x,y)\mathrm{d}x\mathrm{d}y, & \text{连续情形}, \end{cases}$$

其中 $D_z = \{(x,y) : g(x,y) \leqslant z\}$.

证明 注意到对任意的 $z \in \mathbb{R}$,

$$\{Z \leqslant z\} = \{g(X,Y) \leqslant z\} = \{(X,Y) \in D_z\}.$$

于是由分布函数的定义和定理 3.1.3, 定理得证. □

注 3.4.2 显然, 当 $g(x,y) = x$ 时, 我们即可得到随机变量 X 的边际分布函数. 即已知联合分布求边际分布可以视为求随机向量函数的分布.

例 3.4.5 设随机变量 (X,Y) 的联合分布列为

X \ Y	0	1
0	$\frac{1}{10}$	$\frac{1}{5}$
1	$\frac{3}{10}$	$\frac{2}{5}$

求随机变量 X 的分布函数 $F_X(x)$.

解 由定理 3.4.6, X 的分布函数为

$$\begin{aligned}
F_X(x) &= P(X \leqslant x) = P((X,Y) \in (-\infty, x] \times \mathbb{R}) \\
&= \sum_{(i,j):(x_i,y_j)\in(-\infty,x]\times\mathbb{R}} p_{ij} = \begin{cases} 0, & x < 0, \\ \dfrac{1}{10} + \dfrac{1}{5}, & 0 \leqslant x < 1, \\ \dfrac{1}{10} + \dfrac{1}{5} + \dfrac{3}{10} + \dfrac{2}{5}, & x \geqslant 1 \end{cases} \\
&= \begin{cases} 0, & x < 0, \\ \dfrac{3}{10}, & 0 \leqslant x < 1, \\ 1, & x \geqslant 1. \end{cases}
\end{aligned}$$

□

若 (X,Y) 是二维离散型随机变量, 则随机变量 $Z = g(X,Y)$ 是一维离散型随机变量, 进而可以用分布列直接刻画其分布. 首先列出 $Z = g(X,Y)$ 所有可能的取值 $\{z_k, k = 1, 2, \cdots\}$, 接着求出每个概率 $P(Z = z_k)$ 即可. 由定理 3.4.6 立得

推论 3.4.3 若二维离散型随机变量 (X,Y) 具有分布列 $\{p_{ij}, i,j = 1,2,\cdots\}$, 随机变量 $Z = g(X,Y)$ 所有可能的取值为 $\{z_k, k = 1,2,\cdots\}$, 则 Z 的分布列为

$$P(Z = z_k) = \sum_{(i,j):g(x_i,y_j)=z_k} p_{ij}.$$

例 3.4.6　若二维离散型随机变量 (X,Y) 有联合分布列如下:

$X \backslash Y$	0	1	2
0	$\frac{1}{2}$	$\frac{1}{8}$	$\frac{1}{4}$
1	$\frac{1}{16}$	$\frac{1}{16}$	0

求随机变量 $Z=2X-Y$ 的分布列.

解　首先易知 Z 可能取值于 $\{-2,-1,0,1,2\}$. 由推论 3.4.3 知

$$P(Z=-2)=P(X=0,Y=2)=\frac{1}{4},\quad P(Z=-1)=P(X=0,Y=1)=\frac{1}{8},$$

$$P(Z=1)=P(X=1,Y=1)=\frac{1}{16},\quad P(Z=2)=P(X=1,Y=0)=\frac{1}{16},$$

进而由正则性

$$P(Z=0)=1-\frac{1}{4}-\frac{1}{8}-\frac{1}{16}-\frac{1}{16}=\frac{1}{2}.$$

列表如下:

Z	-2	-1	0	1	2
P	$\frac{1}{4}$	$\frac{1}{8}$	$\frac{1}{2}$	$\frac{1}{16}$	$\frac{1}{16}$

□

例 3.4.7　设随机变量 X 与 Y 相互独立, 且 X,Y 分别等可能地取值 0 和 1. 求随机变量 $Z=\max(X,Y)$ 的分布列.

解　由题意知, X 与 Y 独立同分布, 且 $P(X=0)=P(X=1)=\frac{1}{2}$. Z 的可能取值有 0 和 1, 且

$$\begin{aligned}P(Z=0)&=P(\max(X,Y)=0)=P(X=0,Y=0)\\&=P(X=0)\cdot P(Y=0)=\frac{1}{2}\cdot\frac{1}{2}=\frac{1}{4},\\P(Z=1)&=1-P(Z=0)=1-\frac{1}{4}=\frac{3}{4}.\end{aligned}$$

故 Z 的分布列为

Z	0	1
P	$\frac{1}{4}$	$\frac{3}{4}$

□

定理 3.4.7 离散情形的卷积公式

设随机变量 (X,Y) 的联合分布列为

$$p_{ij}=P(X=x_i,Y=y_j),\quad i,j=1,2,\cdots,$$

则随机变量 $Z=X+Y$ 的分布列为

$$P(Z=z_k)=\sum_i P(X=x_i,Y=z_k-x_i)=\sum_j P(X=z_k-y_j,Y=y_j),$$

其中 $\{z_k,k=1,2,\cdots\}$ 是 Z 的可能取值集合.

特别地, 若 X 与 Y 相互独立, 则随机变量 $Z=X+Y$ 的分布列为

$$P(Z=z_k)=\sum_i P(X=x_i)P(Y=z_k-x_i)=\sum_j P(X=z_k-y_j)P(Y=y_j).$$

证明 按照 X 的取值, 将样本空间 Ω 写为 $\Omega=\sum_i\{X=x_i\}$, 故由

$$\{Z=z_k\}=\sum_i\{Z=z_k,X=x_i\}=\sum_i\{X=x_i,Y=z_k-x_i\}$$

和概率的可列可加性即得

$$P(Z=z_k)=\sum_i P(X=x_i,Y=z_k-x_i),$$

剩下的同理可得. □

定义 3.4.1 若某类概率分布的独立随机变量和的分布仍是此类分布, 则称此类分布具有**可加性**.

定理 3.4.8 二项分布的可加性

若随机变量 X 服从二项分布 $b(n,p)$, 随机变量 Y 服从二项分布 $b(m,p)$, 且相互独立, 则随机变量 $Z=X+Y$ 服从二项分布 $b(n+m,p)$.

证明 首先易知随机变量 $Z=X+Y$ 的可能取值有 $0,1,\cdots,n+m$. 由卷积公式 (定理 3.4.7),

$$\begin{aligned}P(Z=k)&=\sum_i P(X=i)P(Y=k-i)\\&=\sum_i \mathrm{C}_n^i p^i(1-p)^{n-i}\mathrm{C}_m^{k-i}p^{k-i}(1-p)^{m-(k-i)}\\&=p^k(1-p)^{n+m-k}\sum_i \mathrm{C}_n^i\mathrm{C}_m^{k-i}\\&=\mathrm{C}_{n+m}^k p^k(1-p)^{n+m-k},\quad k=0,1,\cdots,n+m,\end{aligned}$$

其中最后一个等号应用了组合数性质, 也可利用超几何分布的正则性. □

注 3.4.3　二项分布可以视为多个相互独立的两点分布的和.

定理 3.4.9　**泊松分布的可加性**

若随机变量 X 服从泊松分布 $P(\lambda_1)$, 随机变量 Y 服从泊松分布 $P(\lambda_2)$, 且相互独立, 则随机变量 $Z=X+Y$ 服从泊松分布 $P(\lambda_1+\lambda_2)$.

证明　首先易知随机变量 $Z=X+Y$ 的可能取值有 $0,1,\cdots$. 由卷积公式,

$$\begin{aligned}P(Z=k)&=\sum_i P(X=i)P(Y=k-i)=\sum_{i=0}^{k}\frac{\lambda_1^i}{i!}\mathrm{e}^{-\lambda_1}\frac{\lambda_2^{k-i}}{(k-i)!}\mathrm{e}^{-\lambda_2}\\&=\frac{(\lambda_1+\lambda_2)^k}{k!}\mathrm{e}^{-(\lambda_1+\lambda_2)}\sum_{i=0}^{k}\mathrm{C}_k^i\left(\frac{\lambda_1}{\lambda_1+\lambda_2}\right)^i\left(1-\frac{\lambda_1}{\lambda_1+\lambda_2}\right)^{k-i}\\&=\frac{(\lambda_1+\lambda_2)^k}{k!}\mathrm{e}^{-(\lambda_1+\lambda_2)},\qquad k=0,1,\cdots,\end{aligned}$$

其中最后一个等号利用了二项分布 $b\left(k,\dfrac{\lambda_1}{\lambda_1+\lambda_2}\right)$ 的正则性. □

为考虑连续情形的卷积公式, 我们先来看 X 与 Y 的线性函数的分布.

定理 3.4.10　设随机变量 (X,Y) 的联合概率密度函数为 $p(x,y)$, 则对任意的 $t\in\mathbb{R}$, 随机变量 $Z=tX+Y$ 的概率密度函数为

$$p_Z(z)=\int_{-\infty}^{\infty}p(x,z-tx)\mathrm{d}x.$$

证明　设随机变量 $Z=tX+Y$ 的分布函数为 $F_Z(z)$, 令

$$D_z=\{(x,y):tx+y\leqslant z\}=\{(x,y):-\infty<x<\infty,-\infty<y\leqslant z-tx\}.$$

于是

$$\begin{aligned}F_Z(z)&=P(Z\leqslant z)=P(tX+Y\leqslant z)=P((X,Y)\in D_z)=\iint_{D_z}p(x,y)\mathrm{d}x\mathrm{d}y\\&=\int_{-\infty}^{\infty}\mathrm{d}x\int_{-\infty}^{z-tx}p(x,y)\mathrm{d}y=\int_{-\infty}^{\infty}\mathrm{d}x\int_{-\infty}^{z}p(x,u-tx)\mathrm{d}u\\&=\int_{-\infty}^{z}\left(\int_{-\infty}^{\infty}p(x,u-tx)\mathrm{d}x\right)\mathrm{d}u,\end{aligned}$$

其中倒数第二个等号是因为作了积分变量替换 $u=y+tx$, 最后一个等号是因为交换了累次积分次序.

于是 $Z=tX+Y$ 的概率密度函数为

$$p_Z(z)=\frac{\mathrm{d}F_Z(z)}{\mathrm{d}z}=\frac{\mathrm{d}}{\mathrm{d}z}\left[\int_{-\infty}^{z}\left(\int_{-\infty}^{\infty}p(x,u-tx)\mathrm{d}x\right)\mathrm{d}u\right]$$

$$= \int_{-\infty}^{\infty} p(x, z - tx)\mathrm{d}x.$$

□

类似地, 我们有

定理 3.4.11 设随机变量 (X, Y) 的联合概率密度函数为 $p(x, y)$, 则对任意的 $t \in \mathbb{R}$, 随机变量 $Z = X + tY$ 的概率密度函数为

$$p_Z(z) = \int_{-\infty}^{\infty} p(z - ty, y)\mathrm{d}y.$$

当 $t = 1$ 时, 综合定理 3.4.10 和定理 3.4.11, 有

推论 3.4.4 $X + Y$ **的联合概率密度函数**

设随机变量 (X, Y) 的联合概率密度函数为 $p(x, y)$, 则随机变量 $Z = X + Y$ 的概率密度函数为

$$p_Z(z) = \int_{-\infty}^{\infty} p(x, z - x)\mathrm{d}x = \int_{-\infty}^{\infty} p(z - y, y)\mathrm{d}y.$$

推论 3.4.5 $X - Y$ **的联合概率密度函数**

设随机变量 (X, Y) 的联合概率密度函数为 $p(x, y)$, 则随机变量 $Z = X - Y$ 的概率密度函数为

$$p_Z(z) = \int_{-\infty}^{\infty} p(x, x - z)\mathrm{d}x = \int_{-\infty}^{\infty} p(z + y, y)\mathrm{d}y.$$

证明 在定理 3.4.11 中, 令 $t = -1$ 即得第二个等号成立. 第一个等号可仿照定理 3.4.10 推得, 也可由

$$P(X \leqslant x, -Y \leqslant y) = P(X \leqslant x) - P(X \leqslant x, Y < -y)$$

知 $(X, -Y)$ 的概率密度函数为 $p(x, -y)$, 于是由 $X - Y = X + (-Y)$ 和推论 3.4.4 即得第一个等号成立.

□

例 3.4.8 设二维随机变量 (X, Y) 的联合概率密度函数为

$$p(x, y) = \begin{cases} 2, & 0 < x < y < 1, \\ 0, & \text{其他}. \end{cases}$$

求随机变量 $Z = X + Y$ 的概率密度函数 $p_Z(z)$.

解 由推论 3.4.4 知, $Z = X + Y$ 的概率密度函数为 $p_Z(z) = \int_{-\infty}^{\infty} p(x, z - x)\mathrm{d}x$. 此积分中被积函数 $p(x, z - x)$ 的非零区域为

$$D = \{(x, z) : 0 < x < z - x < 1\}$$

$$= \left\{(x,z): 0 < z \leqslant 1, 0 < x < \frac{z}{2}\right\} + \left\{(x,z): 1 < z < 2, z-1 < x < \frac{z}{2}\right\}$$
$$= \left\{(x,z): 0 < z < 2, \max(z-1,0) < x < \frac{z}{2}\right\},$$

如图 3.8 所示.

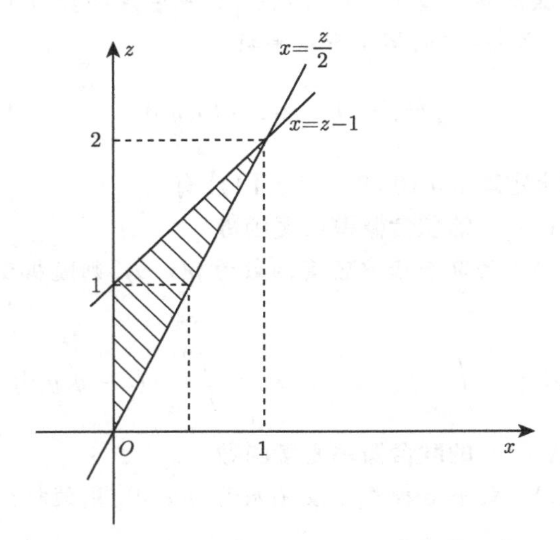

图 3.8　被积函数 $p(x, z-x)$ 的非零区域

于是, $Z = X + Y$ 的概率密度函数为

$$p_Z(z) = \int_{-\infty}^{\infty} p(x, z-x)\mathrm{d}x = \begin{cases} \displaystyle\int_{\max(z-1,0)}^{\frac{z}{2}} 2\mathrm{d}x, & 0 < z < 2, \\ 0, & z \leqslant 0 \text{或} z \geqslant 2 \end{cases}$$
$$= \begin{cases} z - 2\max(z-1,0), & 0 < z < 2, \\ 0, & z \leqslant 0 \text{或} z \geqslant 2 \end{cases} = \begin{cases} z, & 0 < z \leqslant 1, \\ 2-z, & 1 < z < 2, \\ 0, & z \leqslant 0 \text{或} z \geqslant 2, \end{cases}$$

即随机变量 $Z = X + Y$ 服从三角形分布.　□

注 3.4.4　读者还可以验证, 若 (X, Y) 服从均匀分布 $U(D)$, 其中 $D = (0,1)^2$, 则 $X + Y$ 的分布也是三角形分布.

作为推论 3.4.4 的特例, 我们有

推论 3.4.6　连续情形的卷积公式

设随机变量 X 与 Y 相互独立, 其概率密度函数分别为 $p_X(x)$ 和 $p_Y(y)$, 则随机变量 $Z = X + Y$ 的概率密度函数为

$$p_Z(z) = \int_{-\infty}^{\infty} p_X(x) p_Y(z-x)\mathrm{d}x = \int_{-\infty}^{\infty} p_X(z-y) p_Y(y)\mathrm{d}y.$$

由推论 3.4.6 可以证明,

定理 3.4.12 Gamma 分布的可加性

若随机变量 X 服从 Gamma 分布 $\mathrm{Ga}(\alpha_1,\lambda)$, Y 服从 Gamma 分布 $\mathrm{Ga}(\alpha_2,\lambda)$, 且相互独立, 则随机变量 $Z=X+Y$ 服从 Gamma 分布 $\mathrm{Ga}(\alpha_1+\alpha_2,\lambda)$.

证明见 3.8 节.

注意到卡方分布和 Gamma 分布之间的关系, 我们有

注 3.4.5 若随机变量 X 服从卡方分布 $\chi^2(n)$, Y 服从卡方分布 $\chi^2(m)$, 且相互独立, 则随机变量 $Z=X+Y$ 服从卡方分布 $\chi^2(n+m)$.

注 3.4.6 **指数分布不具有可加性**. 随机变量 X 服从指数分布 $\mathrm{Exp}(\lambda_1)$, Y 服从指数分布 $\mathrm{Exp}(\lambda_2)$, 且相互独立, 则随机变量 $Z=X+Y$ 不服从指数分布 (证明留作练习).

例 3.4.9 设 X 与 Y 相互独立, 且都服从标准正态分布 $N(0,1)$, 求 $Z=X+Y$ 的分布.

解 已知 X 与 Y 的概率密度函数分别为

$$p_X(x)=\frac{1}{\sqrt{2\pi}}\mathrm{e}^{-\frac{x^2}{2}},\quad p_Y(y)=\frac{1}{\sqrt{2\pi}}\mathrm{e}^{-\frac{y^2}{2}}.$$

由卷积公式, $Z=X+Y$ 的概率密度函数为

$$\begin{aligned}p_Z(z)&=\int_{-\infty}^{\infty}p_X(x)p_Y(z-x)\mathrm{d}x=\int_{-\infty}^{\infty}\frac{1}{\sqrt{2\pi}}\mathrm{e}^{-\frac{x^2}{2}}\frac{1}{\sqrt{2\pi}}\mathrm{e}^{-\frac{(z-x)^2}{2}}\mathrm{d}x\\&=\frac{1}{\sqrt{2\pi}\sqrt{2}}\exp\left(-\frac{z^2}{4}\right)\int_{-\infty}^{\infty}\frac{1}{\sqrt{2\pi}\frac{1}{\sqrt{2}}}\exp\left[-\frac{\left(x-\frac{z}{2}\right)^2}{2\cdot\frac{1}{2}}\right]\mathrm{d}x\\&=\frac{1}{\sqrt{2\pi}\sqrt{2}}\exp\left(-\frac{z^2}{2\cdot 2}\right),\end{aligned}$$

这里最后一个等号应用了正态分布 $N\left(\frac{z}{2},\frac{1}{2}\right)$ 的概率密度函数的正则性.

故 $Z=X+Y$ 服从正态分布 $N(0,2)$. □

一般地, 我们有

定理 3.4.13 设随机变量 (X,Y) 服从二维正态分布 $N(\mu_1,\sigma_1^2;\mu_2,\sigma_2^2;\rho)$, 则随机变量 $Z=X+Y$ 服从正态分布 $N(\mu_1+\mu_2,\sigma_1^2+\sigma_2^2+2\rho\sigma_1\sigma_2)$.

证明见 3.8 节.

推论 3.4.7 正态分布的可加性

设 X 服从正态分布 $N(\mu_1,\sigma_1^2)$, Y 服从正态分布 $N(\mu_2,\sigma_2^2)$, 且相互独立, 则 $X\pm Y$ 服从正态分布 $N(\mu_1\pm\mu_2,\sigma_1^2+\sigma_2^2)$.

证明　由定理 3.3.2 知, 随机变量 (X, Y) 服从二维正态分布 $N(\mu_1, \sigma_1^2; \mu_2, \sigma_2^2; 0)$. 由定理 3.4.13 知, $X+Y$ 服从正态分布 $N(\mu_1+\mu_2, \sigma_1^2+\sigma_2^2)$.

由正态分布的线性不变性知, $-Y$ 服从正态分布 $N(-\mu_2, \sigma_2^2)$, 故 $X-Y = X + (-Y)$ 服从正态分布 $N(\mu_1-\mu_2, \sigma_1^2+\sigma_2^2)$. □

由正态分布的线性不变性和可加性, 我们可以得到

推论 3.4.8　任意 n 个相互独立的正态随机变量的线性组合仍是正态随机变量. 即若 X_i 服从正态分布 $N(\mu_i, \sigma_i^2)$, $i = 1, 2, \cdots, n$, 且相互独立, a_i 是任意常数, $i = 1, 2, \cdots, n$, 则随机变量

$$a_1X_1 + \cdots + a_nX_n$$

服从正态分布

$$N(a_1\mu_1 + \cdots + a_n\mu_n, a_1^2\sigma_1^2 + \cdots + a_n^2\sigma_n^2).$$

接下来, 我们考虑随机向量最大值和最小值函数的分布.

定理 3.4.14　设随机变量 $X_1, X_2, \cdots, X_n$ 相互独立, 分布函数分别为 $F_i(x)$, $i = 1, 2, \cdots, n$. 记

$$Y = \max(X_1, X_2, \cdots, X_n), \qquad Z = \min(X_1, X_2, \cdots, X_n),$$

则 Y 和 Z 的分布函数分别为

$$F_Y(y) = \prod_{i=1}^n F_i(y), \qquad F_Z(z) = 1 - \prod_{i=1}^n (1 - F_i(z)).$$

证明　由分布函数的定义和独立性, Y 的分布函数为

$$\begin{aligned} F_Y(y) = P(Y \leqslant y) &= P(\max(X_1, X_2, \cdots, X_n) \leqslant y) \\ &= P(X_1 \leqslant y, X_2 \leqslant y, \cdots, X_n \leqslant y) \\ &= P(X_1 \leqslant y)P(X_2 \leqslant y) \cdots P(X_n \leqslant y) = \prod_{i=1}^n F_i(y), \end{aligned}$$

同样, Z 的分布函数为

$$\begin{aligned} F_Z(z) &= P(Z \leqslant z) = 1 - P(Z > z) = 1 - P(\min(X_1, X_2, \cdots, X_n) > z) \\ &= 1 - P(X_1 > z, X_2 > z, \cdots, X_n > z) = 1 - \prod_{i=1}^n P(X_i > z) \\ &= 1 - \prod_{i=1}^n (1 - P(X_i \leqslant z)) = 1 - \prod_{i=1}^n (1 - F_i(z)). \end{aligned}$$ □

特别地,

推论 3.4.9 设随机变量 $X_1, X_2, \cdots, X_n$ 相互独立且同分布 (简记为 i.i.d.), 共同的分布函数为 $F_X(x)$. 记

$$Y = \max(X_1, X_2, \cdots, X_n), \qquad Z = \min(X_1, X_2, \cdots, X_n),$$

则 Y 和 Z 的分布函数分别为

$$F_Y(y) = [F_X(y)]^n, \qquad F_Z(z) = 1 - [1 - F_X(z)]^n.$$

进一步地, 若 $X_1, X_2, \cdots, X_n$ 是连续型随机变量, 具有概率密度函数 $p_X(x)$, 则 Y 和 Z 的概率密度函数分别为

$$p_Y(y) = n\,[F_X(y)]^{n-1}\, p_X(y), \qquad p_Z(z) = n\,[1 - F_X(z)]^{n-1}\, p_X(z).$$

例 3.4.10 在区间 $(0,1)$ 上随机地取 n 个点, X 和 Y 分别表示最右端和最左端两个点的坐标, 求 X 与 Y 的概率密度函数.

解 设 n 个点的坐标分别为 $X_1, X_2, \cdots, X_n$, 则由已知, $X_1, X_2, \cdots, X_n$ 独立同分布, 共同分布为均匀分布 $U(0,1)$, $X = \max(X_1, X_2, \cdots, X_n)$, $Y = \min(X_1, X_2, \cdots, X_n)$.

已知均匀分布 $U(0,1)$ 的概率密度函数和分布函数分别为

$$p(t) = \begin{cases} 1, & 0 < t < 1, \\ 0, & \text{其他}, \end{cases} \qquad F(t) = \begin{cases} 0, & t < 0, \\ t, & 0 \leqslant t < 1, \\ 1, & t \geqslant 1. \end{cases}$$

故由推论 3.4.9 知, X 与 Y 的概率密度函数分别为

$$p_X(x) = n(F(x))^{n-1}p(x) = \begin{cases} nx^{n-1}, & 0 < x < 1, \\ 0, & \text{其他} \end{cases}$$

和

$$p_Y(y) = n(1 - F(y))^{n-1}p(y) = \begin{cases} n(1-y)^{n-1}, & 0 < y < 1, \\ 0, & \text{其他}. \end{cases}$$

□

注 3.4.7 前文中我们介绍的随机向量, 通常其分量全为离散型的或全为连续型的分布, 但实际中我们可能需要考虑混合型的随机向量的分布及其函数的分布.

例 3.4.11 设某地区某种品牌的家用汽车年销量 X 服从正态分布 $N(\mu, \sigma^2)$, 当地经销商需要视前一年度的销量来决定来年是否投放广告. 设 $X > \mu$ 表示不需要投放广告, 记为 $Y = 0$; $X \leqslant \mu$ 表示需要投放广告, 记为 $Y = 1$. 试给出 (X, Y) 的联合分布以及 $T = X + Y$ 的分布.

解　由题设, $X \sim N(\mu,\sigma^2)$, $Y = 1_{\{X \leqslant \mu\}}$. 对任意的 $(x,y) \in \mathbb{R}^2$, 注意到

$$\{X \leqslant x, Y \leqslant y\} = \begin{cases} \varnothing, & y<0, \\ \{X \leqslant x, Y=0\}, & 0 \leqslant y < 1, \\ \{X \leqslant x\}, & y \geqslant 1 \end{cases} = \begin{cases} \varnothing, & y<0, \\ \{X \leqslant x, X > \mu\}, & 0 \leqslant y < 1, \\ \{X \leqslant x\}, & y \geqslant 1 \end{cases}$$

$$= \begin{cases} \varnothing, & y<0\text{或}0 \leqslant y < 1\text{且}x \leqslant \mu, \\ \{\mu < X \leqslant x\}, & 0 \leqslant y < 1, x > \mu, \\ \{X \leqslant x\}, & y \geqslant 1. \end{cases}$$

于是, (X,Y) 的联合分布函数为

$$F(x,y) = P(X \leqslant x, Y \leqslant y) = \begin{cases} 0, & y<0\text{或}0 \leqslant y < 1\text{且}x \leqslant \mu, \\ F_X(x) - F_X(\mu), & 0 \leqslant y < 1, x > \mu, \\ F_X(x), & y \geqslant 1, \end{cases}$$

其中 $F_X(x)$ 为正态分布 $N(\mu,\sigma^2)$ 的分布函数.

类似地, 对任意的 $t \in \mathbb{R}$,

$$\begin{aligned} \{T \leqslant t\} &= \{X+Y \leqslant t\} = \{X+Y \leqslant t, Y=0\} + \{X+Y \leqslant t, Y=1\} \\ &= \{X \leqslant t, X > \mu\} + \{X+1 \leqslant t, X \leqslant \mu\} \\ &= \begin{cases} \{X \leqslant t\} & t \geqslant \mu+1, \\ \{\mu < X \leqslant t\} + \{X \leqslant t-1\}, & \mu < t < \mu+1, \\ \{X \leqslant t-1\}, & t \leqslant \mu. \end{cases} \end{aligned}$$

故 $T = X+Y$ 的分布函数为

$$F_T(t) = P(T \leqslant t) = \begin{cases} F_X(t) & t \geqslant \mu+1, \\ F_X(t) - F_X(\mu) + F_X(t-1), & \mu < t < \mu+1, \\ F_X(t-1), & t \leqslant \mu. \end{cases}$$

□

3.4.3　随机向量变换的分布

这一小节我们仅考虑连续型随机向量的变换的分布. 已知随机向量 $\boldsymbol{X} = (X_1, X_2, \cdots, X_n)$ 的概率密度函数 $p(x_1, x_2, \cdots, x_n)$, $Y_i = h_i(\boldsymbol{X})$, $i = 1, 2, \cdots, m$, 我们要求 $\boldsymbol{Y} = (Y_1, Y_2, \cdots, Y_m)$ 的分布, 这里诸 h_i 是定义在 $\mathbb{R}^n$ 到 $\mathbb{R}$ 上的可测函数.

同一维情形 (定理 3.4.1) 类似, 求 $\boldsymbol{Y}$ 的分布函数归结为计算多重积分, 即 $\boldsymbol{Y}$ 的分布函数为

$$G(y_1, y_2, \cdots, y_m) = \int \cdots \int_D p(x_1, x_2, \cdots, x_n) \mathrm{d}x_1 \mathrm{d}x_2 \cdots \mathrm{d}x_n,$$

其中 $D=\{(x_1,x_2,\cdots,x_n):h_i(x_1,x_2,\cdots,x_n)\leqslant y_i,i=1,2,\cdots,m\}$. 例 3.3.5 中计算 (X^2,Y^2) 的联合分布使用的正是这种方法.

一般来说, 当 n 或 m 大于 1 时, 上述直接求 $\boldsymbol{Y}$ 的分布函数方法是比较烦琐的. 不过, 当 $\boldsymbol{X}=(X_1,X_2,\cdots,X_n)$ 和 $\boldsymbol{Y}=(Y_1,Y_2,\cdots,Y_m)$ 有一一对应的变换关系时 (此时必有 $n=m$), 可以直接求出 $\boldsymbol{Y}$ 的概率密度函数.

定理 3.4.15 设随机向量 $\boldsymbol{X}=(X_1,X_2,\cdots,X_n)$ 有概率密度函数 $p(x_1,x_2,\cdots,x_n)$, $y_i=h_i(x_1,x_2,\cdots,x_n)$, $i=1,\cdots,n$ 是 $\mathbb{R}^n$ 到 $\mathbb{R}$ 上的可测函数. 若对每个 $i=1,2,\cdots,n$, $y_i=h_i(x_1,x_2,\cdots,x_n)$ 的逆变换 $x_i=k_i(y_1,y_2,\cdots,y_n)$ 存在且连续, 并有连续的偏导数, 则随机向量 $\boldsymbol{Y}=(Y_1,Y_2,\cdots,Y_m)$ 是连续型随机向量, 其概率密度函数为

$$
\begin{aligned}
&p^*(y_1,y_2,\cdots,y_n)\\
&=\begin{cases}p(k_1(y_1,y_2,\cdots,y_n),\cdots,k_n(y_1,y_2,\cdots,y_n))|J|, & (y_1,y_2,\cdots,y_n)\in E,\\ 0, & \text{其他情形},\end{cases}
\end{aligned}
$$

这里 E 是 $(h_1(x_1,x_2,\cdots,x_n),\cdots,h_n(x_1,x_2,\cdots,x_n))$ 的值域, J 为坐标变换的雅可比行列式, 即

$$
J=\frac{\partial(x_1,x_2,\cdots,x_n)}{\partial(y_1,y_2,\cdots,y_n)}=\begin{vmatrix}\dfrac{\partial x_1}{\partial y_1} & \dfrac{\partial x_2}{\partial y_2} & \cdots & \dfrac{\partial x_1}{\partial y_n}\\ \vdots & \vdots & & \vdots\\ \dfrac{\partial x_n}{\partial y_1} & \dfrac{\partial x_n}{\partial y_2} & \cdots & \dfrac{\partial x_n}{\partial y_n}\end{vmatrix}.
$$

注 3.4.8 显然, 当 $n=1$ 时, 定理 3.4.15 即为定理 3.4.3.

定理 3.4.16 设随机变量 (X,Y) 服从二维正态分布 $N(\mu_1,\sigma_1^2;\mu_2,\sigma_2^2;\rho)$, 记 $X^*=\dfrac{X-\mu_1}{\sigma_1}$, $Y^*=\dfrac{Y-\mu_2}{\sigma_2}$, 则 (X^*,Y^*) 服从二维正态分布 $N(0,1;0,1;\rho)$.

证明 这里我们用两种方法来证明: 方法一是使用分布函数法; 方法二是利用随机变量的变换直接求概率密度函数.

(X,Y) 的联合概率密度函数为

$$
p(x,y)=\frac{1}{2\pi\sigma_1\sigma_2 c}\exp\left[-\frac{1}{2c^2}(a^2+b^2-2\rho ab)\right],
$$

其中 $a=\dfrac{x-\mu_1}{\sigma_1},b=\dfrac{y-\mu_2}{\sigma_2},c=\sqrt{1-\rho^2}$.

方法一 令 (X^*,Y^*) 的联合分布函数和概率密度函数分别为 $F^*(s,t)$ 和 $p^*(s,t)$. 于是,

$$\begin{aligned}F^*(s,t)&=P(X^*\leqslant s,Y^*\leqslant t)=P(X\leqslant s\sigma_1+\mu_1,Y\leqslant t\sigma_2+\mu_2)\\&=\int_{-\infty}^{s\sigma_1+\mu_1}\int_{-\infty}^{t\sigma_2+\mu_2}p(x,y)\mathrm{d}x\mathrm{d}y\\&=\int_{-\infty}^{s}\int_{-\infty}^{t}\sigma_1\sigma_2p(\sigma_1u+\mu_1,\sigma_2v+\mu_2)\mathrm{d}u\mathrm{d}v,\end{aligned}$$

于是 (X^*,Y^*) 的联合概率密度函数为

$$\begin{aligned}p^*(s,t)&=\frac{\partial^2F^*(s,t)}{\partial s\partial t}=\frac{\partial^2}{\partial s\partial t}\left(\int_{-\infty}^{s}\int_{-\infty}^{t}\sigma_1\sigma_2p(\sigma_1u+\mu_1,\sigma_2v+\mu_2)\mathrm{d}u\mathrm{d}v\right)\\&=\sigma_1\sigma_2p(\sigma_1s+\mu_1,\sigma_2t+\mu_2)=\frac{1}{2\pi c}\exp\left[-\frac{1}{2c^2}(s^2+t^2-2\rho st)\right].\end{aligned}$$

故 (X^*,Y^*) 服从二维正态分布 $N(0,1;0,1;\rho)$.

方法二　作变换 $\begin{cases}s=\dfrac{x-\mu_1}{\sigma_1},\\t=\dfrac{y-\mu_2}{\sigma_2},\end{cases}$ 则逆变换为 $\begin{cases}x=\sigma_1s+\mu_1,\\y=\sigma_2t+\mu_2.\end{cases}$ 雅可比行列式

$$J=\begin{vmatrix}\dfrac{\partial x}{\partial s}&\dfrac{\partial x}{\partial t}\\\dfrac{\partial y}{\partial s}&\dfrac{\partial y}{\partial t}\end{vmatrix}=\begin{vmatrix}\sigma_1&0\\0&\sigma_2\end{vmatrix}=\sigma_1\sigma_2.$$

于是, (X^*,Y^*) 的联合概率密度函数为

$$\begin{aligned}p^*(s,t)&=\sigma_1\sigma_2p(\sigma_1s+\mu_1,\sigma_2t+\mu_2)\\&=\frac{1}{2\pi c}\exp\left[-\frac{1}{2c^2}(s^2+t^2-2\rho st)\right].\end{aligned}$$

故 (X^*,Y^*) 服从二维正态分布 $N(0,1;0,1;\rho)$. □

例 3.4.12　设 X 与 Y 独立同分布, 共同分布为指数分布 Exp(1), 记 $U=X+Y,V=\dfrac{X}{Y}$, 求 $U=X+Y$ 的概率密度函数和随机变量 (U,V) 的联合概率密度函数.

解　易知 (X,Y) 的联合概率密度函数为

$$p(x,y)=\begin{cases}\mathrm{e}^{-(x+y)},&x>0,y>0,\\0,&\text{其他情形}.\end{cases}$$

作变换 $\begin{cases}u=x+y,\\v=\dfrac{x}{y}.\end{cases}$ 当 $x>0,y>0$ 时, 逆变换为 $\begin{cases}x=\dfrac{uv}{1+v},\\y=\dfrac{u}{1+v}.\end{cases}$ 此时 $u>0$,

$v>0$. 容易计算雅可比行列式

$$J=\begin{vmatrix}\dfrac{\partial x}{\partial u} & \dfrac{\partial x}{\partial v}\\ \dfrac{\partial y}{\partial u} & \dfrac{\partial y}{\partial v}\end{vmatrix}=\begin{vmatrix}\dfrac{v}{1+v} & \dfrac{u}{(1+v)^2}\\ \dfrac{1}{1+v} & -\dfrac{u}{(1+v)^2}\end{vmatrix}=-\frac{u}{(1+v)^2}.$$

于是, 由定理 3.4.15, (U,V) 的联合概率密度函数为

$$p^*(u,v)=\begin{cases}\mathrm{e}^{-u}\dfrac{u}{(1+v)^2}, & u>0,v>0,\\ 0, & \text{其他情形}.\end{cases}$$

进一步地, U 的概率密度函数为

$$p_U^*(u)=\int p^*(u,v)\mathrm{d}v=\begin{cases}\displaystyle\int_0^\infty \mathrm{e}^{-u}\frac{u}{(1+v)^2}\mathrm{d}v, & u>0,\\ 0, & u\leqslant 0\end{cases}=\begin{cases}u\mathrm{e}^{-u}, & u>0,\\ 0, & u\leqslant 0.\end{cases}\quad\square$$

注 3.4.9 读者可以从例 3.4.12 中得到启发, 为求 $U=g(X,Y)$ 的分布, 除了直接使用求随机向量函数的分布的方法之外, 可以先增补一个新的变量 $V=h(X,Y)$(一般来说为了简单起见令 $V=X$ 或 Y), 利用定理 3.4.15 先求 (U,V) 的联合分布, 再求 $U=X+Y$ 的边际分布. 这种方法称为**增补变量法**, 参见文献茆诗松等 (2011).

3.5 随机向量的数字特征

我们在注 3.2.4 中已经知道, 已知随机变量 X 与 Y 的边际分布不能确定 (X,Y) 的联合分布. 这是因为联合分布不仅包含了边际分布的信息, 还隐含了 X 与 Y 之间的关系信息. 本节将着重介绍两个刻画 X 与 Y 之间的关系的数字特征: 协方差与相关系数. 我们先给出随机向量的数学期望的定义.

3.5.1 数学期望

定义 3.5.1 设 (X,Y) 为二维随机变量, 若随机变量 X 和 Y 的数学期望都存在, 则称 (EX,EY) 为 (X,Y) 的**数学期望向量**, 简称为**数学期望**.

注 3.5.1 一般地, 设 $\boldsymbol{X}=(X_1,X_2,\cdots,X_d)$ 为 d 维随机向量, 若其每个分量的数学期望都存在, 则称 $E\boldsymbol{X}=(EX_1,EX_2,\cdots,EX_d)$ 为随机向量 $\boldsymbol{X}$ 的数学期望向量.

例 3.5.1 设随机变量 (X,Y) 服从二维正态分布 $N(\mu_1,\sigma_1^2;\mu_2,\sigma_2^2;\rho)$, 则 (X,Y) 的数学期望为 (μ_1,μ_2).

类似于定理 2.5.1, 对于二维随机变量函数的数学期望, 我们有

定理 3.5.1　设随机变量 $Z=g(X,Y)$ 是二维随机变量 (X,Y) 的函数, 若数学期望 EZ 存在, 则

$$EZ=Eg(X,Y)=\begin{cases}\sum\limits_{i,j}g(x_i,y_j)p_{ij}, & \text{离散情形},\\ \iint g(x,y)p(x,y)\mathrm{d}x\mathrm{d}y, & \text{连续情形}.\end{cases}$$

例 3.5.2　设 X 与 Y 是独立地取自区间 $(0,1)$ 中的两点, 求它们之间的平均距离.

解　由题设知, X 与 Y 服从均匀分布 $U(0,1)$, 且相互独立, 故 (X,Y) 的联合概率密度函数为

$$p(x,y)=\begin{cases}1, & (x,y)\in(0,1)\times(0,1),\\ 0, & \text{其他}.\end{cases}$$

于是, 所求的平均距离为

$$\begin{aligned}E|X-Y|&=\iint|x-y|\cdot p(x,y)\mathrm{d}x\mathrm{d}y=\iint_{(0,1)\times(0,1)}|x-y|\cdot 1\mathrm{d}x\mathrm{d}y\\&=2\int_0^1\mathrm{d}x\int_0^x(x-y)\mathrm{d}y=\frac{1}{3}.\end{aligned}$$ □

由定理 3.5.1 容易证明

定理 3.5.2　**数学期望的性质**

假定下面涉及的数学期望都存在.

(1) $E(f(X)+g(Y))=Ef(X)+Eg(Y)$, 其中 f, g 为一元实值函数;

(2) 若 X 与 Y 相互独立, 则 $E(f(X)g(Y))=Ef(X)\cdot Eg(Y)$.

例 3.5.3　设随机变量 X 与 Y 独立同分布, 都服从正态分布 $N(\mu,\sigma^2)$. 求 $\mathrm{E}(\max(X,Y))$.

解　注意到

$$\max(X,Y)=\frac{X+Y+|X-Y|}{2},$$

$EX=EY=\mu$, 故只需求数学期望 $E|X-Y|$.

因为 X 与 Y 相互独立, 由正态分布的可加性知, $X-Y$ 服从正态分布 $N(0,2\sigma^2)$. 由例 2.5.7 知, $E|X-Y|=\sqrt{2}\sigma\sqrt{\frac{2}{\pi}}=\frac{2\sigma}{\sqrt{\pi}}$.

故由数学期望的性质知, $E(\max(X,Y))=\dfrac{\mu+\mu+\dfrac{2\sigma}{\sqrt{\pi}}}{2}=\mu+\dfrac{\sigma}{\sqrt{\pi}}$. □

注 3.5.2 由定理 3.5.1、定理 3.5.2 和定理 2.5.3 可知

(1) $\mathrm{Var}(X \pm Y) = \mathrm{Var}X + \mathrm{Var}Y \pm 2E[(X-EX)(Y-EY)]$;

(2) $E[(X-EX)(Y-EY)] = E(XY) - EXEY$;

(3) 若 X 与 Y 相互独立, 则 $E[(X-EX)(Y-EY)] = 0$;

(4) 若 X 与 Y 相互独立, 则 $\mathrm{Var}(X \pm Y) = \mathrm{Var}X + \mathrm{Var}Y$.

例 3.5.4 设随机变量 X 与 Y 独立, $X \sim U(0,1)$, $Y \sim \mathrm{Exp}(1)$, 求数学期望 $\mathrm{E}(XY)$.

解 由表 2.1 知, $EX = \dfrac{1}{2}$, $EY = 1$. 于是, 由定理 3.5.2 知

$$E(XY) = EX \cdot EY = \frac{1}{2} \cdot 1 = \frac{1}{2}. \qquad \square$$

例 3.5.5 若随机变量 X 与 Y 相互独立, $\mathrm{Var}X = 6$, $\mathrm{Var}Y = 3$, 求 $\mathrm{Var}(2X-Y)$.

解 因为 X 与 Y 相互独立, 故 $2X$ 与 $-Y$ 也相互独立. 于是

$$\mathrm{Var}(2X-Y) = \mathrm{Var}(2X) + \mathrm{Var}(-Y) = 2^2\mathrm{Var}X + (-1)^2\mathrm{Var}Y = 4 \cdot 6 + 3 = 27. \qquad \square$$

例 3.5.6 若随机变量 X 与 Y 相互独立, X 服从泊松分布 $P(2)$, Y 服从正态分布 $N(-2,4)$, 求 $E(X-Y)$, $E(X-Y)^2$.

解 易知 $EX = \mathrm{Var}X = 2$, $EY = -2$, $\mathrm{Var}Y = 4$. 于是

$$E(X-Y) = EX - EY = 2 - (-2) = 4.$$

又因为

$$\mathrm{Var}(X-Y) = \mathrm{Var}X + \mathrm{Var}Y = 2 + 4 = 6,$$

故 $E(X-Y)^2 = \mathrm{Var}(X-Y) + (E(X-Y))^2 = 6 + 4^2 = 22.$ $\square$

注 3.5.3 在例 3.5.6 中, 主要思路是将 $X-Y$ 视作一个随机变量, 先由独立性容易求出其方差, 再利用定理 2.5.3 的 (3). 这种方法比把 $(X-Y)^2$ 展开来直接求数学期望要简便.

3.5.2 协方差

定义 3.5.2 设 (X,Y) 为二维随机变量, 若数学期望 $E[(X-EX)(Y-EY)]$ 存在, 则称 $E[(X-EX)(Y-EY)]$ 为随机变量 X 与 Y 的**协方差**, 记为 $\mathrm{Cov}(X,Y)$.

例 3.5.7 设二维随机变量 (X,Y) 的联合分布如下:

$X \backslash Y$	-1	0	1
-1	$\frac{1}{8}$	$\frac{1}{8}$	$\frac{1}{8}$
0	$\frac{1}{8}$	0	$\frac{1}{8}$
1	$\frac{1}{8}$	$\frac{1}{8}$	$\frac{1}{8}$

求 X 与 Y 的协方差 $\text{Cov}(X,Y)$.

解　显然 X 与 Y 同分布, 且 X 与 XY 的分布列分别为

X	-1	0	1
P	$\frac{3}{8}$	$\frac{1}{4}$	$\frac{3}{8}$

XY	-1	0	1
P	$\frac{1}{4}$	$\frac{1}{2}$	$\frac{1}{4}$

于是, 容易求得 $E(XY) = EX = EY = 0$, 从而

$$\text{Cov}(X,Y) = E(XY) - EX \cdot EY = 0.$$

□

由定义和数学期望的性质, 我们不难得出协方差具有以下性质.

定理 3.5.3　协方差的性质

设 X, Y, Z 为随机变量, 且下面涉及的期望、方差和协方差都存在, 则

(1) $\text{Cov}(X,Y) = \text{Cov}(Y,X)$, $\text{Cov}(X,X) = \text{Var}X$;

(2) $\text{Cov}(X,a) = 0$, $\text{Cov}(aX,bY) = ab\text{Cov}(X,Y)$, *其中* a, b *是常数*;

(3) $\text{Cov}(X,Y) = E(XY) - EXEY$;

(4) *若* X *与* Y *相互独立, 则* $\text{Cov}(X,Y) = 0$;

(5) $\text{Cov}(X+Y,Z) = \text{Cov}(X,Z) + \text{Cov}(Y,Z)$;

(6) $\text{Var}(X \pm Y) = \text{Var}X + \text{Var}Y \pm 2\text{Cov}(X,Y)$.

定义 3.5.3　*设 $(X_1, X_2, \cdots, X_n)$ 是 n 维随机向量, 若对任意的 $i, j (1 \leqslant i, j \leqslant n)$, 协方差 $\text{Cov}(X_i, X_j)$ 存在, 则称矩阵*

$$\boldsymbol{\Sigma} = (\text{Cov}(X_i, X_j))_{n \times n}$$

*为 $(X_1, X_2, \cdots, X_n)$ 的***协方差阵**.

注 3.5.4　由定义, 易知

(1) 协方差阵 $\boldsymbol{\Sigma}$ 的主对角线上的元素即为诸 X_i 的方差.

(2) 协方差阵 $\boldsymbol{\Sigma}$ 的所有元素的和等于诸 X_i 和的方差, 即

$$\text{Var}\left(\sum_{i=1}^{n} X_i\right) = \sum_{i,j=1}^{n} \text{Cov}(X_i, X_j).$$

(3) 设 (X,Y) 服从二维正态分布 $N(\mu_1,\sigma_1^2;\mu_2,\sigma_2^2;\rho)$, 则其协方差阵为

$$\boldsymbol{\Sigma}=\begin{pmatrix}\sigma_1^2 & \rho\sigma_1\sigma_2\\ \rho\sigma_1\sigma_2 & \sigma_2^2\end{pmatrix}.$$

协方差阵具有良好的性质, 参见文献丁万鼎等 (1988).

定理 3.5.4 设 $\boldsymbol{\Sigma}$ 为 $(X_1,X_2,\cdots,X_n)$ 的协方差阵, 则 $\boldsymbol{\Sigma}$ 是对称且非负定的.

证明 对称性由协方差的定义立得.

对任意一组实数 a_i, $i=1,2,\cdots,n$, 由数学期望的性质,

$$\begin{aligned}\sum_{i=1}^n\sum_{j=1}^n \mathrm{Cov}(X_i,X_j)a_ia_j &= \sum_{i=1}^n\sum_{j=1}^n a_ia_jE[(X_i-EX_i)(X_j-EX_j)]\\ &= E\left[\sum_{i=1}^n\sum_{j=1}^n a_ia_j(X_i-EX_i)(X_j-EX_j)\right]\\ &= E\left[\sum_{i=1}^n a_i(X_i-EX_i)\right]^2 \geqslant 0,\end{aligned}$$

由非负定矩阵的定义立得证. □

3.5.3 相关系数

定义 3.5.4 设 (X,Y) 为二维随机变量, 称 $\mathrm{Corr}(X,Y)=\dfrac{\mathrm{Cov}(X,Y)}{\sqrt{\mathrm{Var}X}\sqrt{\mathrm{Var}Y}}$ 为随机变量 X 与 Y 的**相关系数**, 有时也记为 ρ_{XY}.

注 3.5.5 若记 $X^*=\dfrac{X-EX}{\sqrt{\mathrm{Var}X}}$, $Y^*=\dfrac{Y-EY}{\sqrt{\mathrm{Var}Y}}$, 显然 $EX^*=EY^*=0$, $\mathrm{Var}X^*=\mathrm{Var}Y^*=1$, 且

$$\mathrm{Corr}(X,Y)=E(X^*Y^*)=\mathrm{Cov}(X^*,Y^*)=\mathrm{Corr}(X^*,Y^*).$$

例 3.5.8 设随机变量 (X,Y) 有概率密度函数

$$p(x,y)=\begin{cases}\dfrac{1}{8}(x+y), & 0<x<2,0<y<2,\\ 0, & \text{其他}.\end{cases}$$

求 $\mathrm{Corr}(X,Y)$.

解 记 $D=(0,2)\times(0,2)$. 由定义,

$$E(XY)=\iint xyp(x,y)\mathrm{d}x\mathrm{d}y=\iint_D xy\cdot\frac{1}{8}(x+y)\mathrm{d}x\mathrm{d}y$$

$$= \int_0^2 \int_0^2 xy \cdot \frac{1}{8}(x+y)\mathrm{d}x\mathrm{d}y = \frac{4}{3}.$$

注意到 X 与 Y 同分布,

$$EY = EX = \iint xp(x,y)\mathrm{d}x\mathrm{d}y = \iint_D x \cdot \frac{1}{8}(x+y)\mathrm{d}x\mathrm{d}y$$
$$= \int_0^2 \int_0^2 x \cdot \frac{1}{8}(x+y)\mathrm{d}x\mathrm{d}y = \frac{7}{6},$$

$$EY^2 = EX^2 = \iint x^2 p(x,y)\mathrm{d}x\mathrm{d}y = \iint_D x^2 \cdot \frac{1}{8}(x+y)\mathrm{d}x\mathrm{d}y$$
$$= \int_0^2 \int_0^2 x^2 \cdot \frac{1}{8}(x+y)\mathrm{d}x\mathrm{d}y = \frac{5}{3}.$$

于是

$$\mathrm{Var}Y = \mathrm{Var}X = EX^2 - (EX)^2 = \frac{5}{3} - \left(\frac{7}{6}\right)^2 = \frac{11}{36},$$

$$\mathrm{Cov}(X,Y) = E(XY) - EXEY = \frac{4}{3} - \left(\frac{7}{6}\right)^2 = -\frac{1}{36}.$$

故 $\mathrm{Corr}(X,Y) = \dfrac{\mathrm{Cov}(X,Y)}{\sqrt{\mathrm{Var}X}\sqrt{\mathrm{Var}Y}} = \dfrac{-\dfrac{1}{36}}{\dfrac{11}{36}} = -\dfrac{1}{11}.$ □

例 3.5.9　设二维随机变量 (X,Y) 的联合概率密度函数为

$$p(x,y) = \begin{cases} 2, & 0 < x < y < 1, \\ 0, & \text{其他}. \end{cases}$$

求 X 与 Y 的相关系数 $\mathrm{Corr}(X,Y)$.

解　令 $D = \{(x,y) : 0 < x < y < 1\}$, 由数学期望的定义,

$$EX = \iint xp(x,y)\mathrm{d}x\mathrm{d}y = \iint_D x \cdot 2\mathrm{d}x\mathrm{d}y = \int_0^1 \mathrm{d}y \int_0^y 2x\mathrm{d}x = \frac{1}{3},$$

$$EY = \iint yp(x,y)\mathrm{d}x\mathrm{d}y = \iint_D y \cdot 2\mathrm{d}x\mathrm{d}y = \int_0^1 2y\mathrm{d}y \int_0^y \mathrm{d}x = \frac{2}{3},$$

$$EX^2 = \iint x^2 p(x,y)\mathrm{d}x\mathrm{d}y = \iint_D x^2 \cdot 2\mathrm{d}x\mathrm{d}y = \int_0^1 \mathrm{d}y \int_0^y 2x^2\mathrm{d}x = \frac{1}{6},$$

$$EY^2 = \iint y^2 p(x,y)\mathrm{d}x\mathrm{d}y = \iint_D y^2 \cdot 2\mathrm{d}x\mathrm{d}y = \int_0^1 2y^2\mathrm{d}y \int_0^y \mathrm{d}x = \frac{1}{2},$$

$$E(XY)=\iint xyp(x,y)\mathrm{d}x\mathrm{d}y=\iint_D xy\cdot 2\mathrm{d}x\mathrm{d}y=\int_0^1 y\mathrm{d}y\int_0^y 2x\mathrm{d}x=\frac{1}{4}.$$

于是, X 与 Y 的相关系数为

$$\begin{aligned}\mathrm{Corr}(X,Y)&=\frac{\mathrm{Cov}(X,Y)}{\sqrt{\mathrm{Var}X\cdot\mathrm{Var}Y}}=\frac{E(XY)-EXEY}{\sqrt{(EX^2-(EX)^2)(EY^2-(EY)^2)}}\\&=\frac{\frac{1}{4}-\frac{1}{3}\times\frac{2}{3}}{\sqrt{\left(\frac{1}{6}-\left(\frac{1}{3}\right)^2\right)\left(\frac{1}{2}-\left(\frac{2}{3}\right)^2\right)}}=\frac{1}{2}.\end{aligned}$$

□

定理 3.5.5 设 (X,Y) 为二维随机变量, $|\mathrm{Corr}(X,Y)|\leqslant 1$; $|\mathrm{Corr}(X,Y)|=1$ 当且仅当 X 与 Y 有线性关系, 即存在常数 a 和 b, 使得 $P(Y=aX+b)=1$.

证明 记 $X^*=\dfrac{X-EX}{\sqrt{\mathrm{Var}X}}$, $Y^*=\dfrac{Y-EY}{\sqrt{\mathrm{Var}Y}}$, 对任意的 $t\in\mathbb{R}$, 记 $f(t)=E(tX^*+Y^*)^2$. 显然,

$$\begin{aligned}f(t)&=E(tX^*+Y^*)^2=t^2E(X^*)^2+2tE(X^*Y^*)+E(Y^*)^2\\&=t^2+2\mathrm{Corr}(X,Y)t+1\end{aligned}$$

是关于 t 的一元二次多项式, 且对任意的 t, $f(t)\geqslant 0$. 于是, 判别式 $\Delta\leqslant 0$, 即

$$(2\mathrm{Corr}(X,Y))^2-4\leqslant 0,$$

从而得 $|\mathrm{Corr}(X,Y)|\leqslant 1$.

下证 $|\mathrm{Corr}(X,Y)|=1$ 当且仅当 X 与 Y 有线性关系.

$|\mathrm{Corr}(X,Y)|=1\Leftrightarrow\Delta=0\Leftrightarrow$ 方程 $f(t)=0$ 有唯一的解 $t_0=-\mathrm{Corr}(X,Y)$, 即 $f(t_0)=0\Leftrightarrow E(t_0X^*+Y^*)^2=0\Leftrightarrow\mathrm{Var}(t_0X^*+Y^*)=0\Leftrightarrow$ 存在常数 c, 使得 $P(t_0X^*+Y^*=c)=1$, 代入 X^* 和 Y^*, 即得 $P(Y=aX+b)=1$, 其中

$$a=-\frac{\sqrt{\mathrm{Var}Y}}{\sqrt{\mathrm{Var}X}}t_0,\quad b=EX\frac{\sqrt{\mathrm{Var}Y}}{\sqrt{\mathrm{Var}X}}t_0+c\sqrt{\mathrm{Var}Y}+EY.$$

□

注 3.5.6 Cauchy-Schwarz 不等式

由 $|\mathrm{Corr}(X,Y)|\leqslant 1$ 得

$$|E((X-EX)(Y-EY))|^2\leqslant\mathrm{Var}X\cdot\mathrm{Var}Y.$$

一般地, 若对随机变量 (X,Y) 下面涉及的数学期望都存在, 则

$$|E(XY)|^2\leqslant EX^2EY^2.$$

注 3.5.7　$\mathrm{Corr}(X,Y)$ 的大小反映 X 与 Y 之间的线性关系. 特别地,

(1) $\mathrm{Corr}(X,Y)=1(-1)$, 称 X 与 Y 正 (负) 相关.

(2) $\mathrm{Corr}(X,Y)=0$, 称 X 与 Y**不相关**.

例 3.5.10　设二维随机变量 (X,Y) 的联合分布如下:

X \ Y	-1	0	1
-1	$\frac{1}{8}$	$\frac{1}{8}$	$\frac{1}{8}$
0	$\frac{1}{8}$	0	$\frac{1}{8}$
1	$\frac{1}{8}$	$\frac{1}{8}$	$\frac{1}{8}$

求 $\mathrm{Corr}(X,Y)$.

解　在例 3.5.7 中, 已经求得 $\mathrm{Cov}(X,Y)=0$, 故

$$\mathrm{Corr}(X,Y)=\frac{\mathrm{Cov}(X,Y)}{\sqrt{\mathrm{Var}X\cdot\mathrm{Var}Y}}=0.$$ □

注 3.5.8　随机变量 X 与 Y 相互独立, 则 X 与 Y 不相关; 反之不真, 即 X 与 Y 不相关只能说明 X 与 Y 之间没有线性关系. 例如, 在上例中 X 与 Y 不相关, 但是由

$$P(X=0,Y=0)=0,\quad P(X=0)=P(Y=0)=\frac{1}{4}$$

知 X 与 Y 不独立.

定理 3.5.6　若 $(X,Y)\sim N(\mu_1,\sigma_1^2;\mu_2,\sigma_2^2;\rho)$, 则 $\mathrm{Corr}(X,Y)=\rho$. **于是对二维正态分布来说, 不相关与独立等价.**

证明　由定理 3.4.13 知, $X+Y$ 服从正态分布 $N(\mu_1+\mu_2,\sigma_1^2+\sigma_2^2+2\rho\sigma_1\sigma_2)$. 故 $\mathrm{Var}(X+Y)=\sigma_1^2+\sigma_2^2+2\rho\sigma_1\sigma_2$. 又因为 $\mathrm{Var}X=\sigma_1^2$, $\mathrm{Var}Y=\sigma_2^2$,

$$\mathrm{Var}(X+Y)=\mathrm{Var}X+\mathrm{Var}Y+2\mathrm{Cov}(X,Y),$$

故 $\mathrm{Cov}(X,Y)=\rho\sigma_1\sigma_2$, 进而 $\mathrm{Corr}(X,Y)=\rho$. 由定理 3.3.2 知, X 与 Y 独立当且仅当 $\rho=0$, 从而不相关与独立等价. □

下面的例子说明, 两个互不相关的一维正态随机变量可能不独立, 因为其联合分布不一定是二维正态分布. 即没有“联合分布是二维正态分布”的前提, 我们不能说两个互不相关的一维正态随机变量必相互独立!

例 3.5.11 设 (X,Y) 的概率密度函数为

$$p(x,y)=\frac{1}{2}(p_1(x,y)+p_2(x,y)),\quad (x,y)\in\mathbb{R}^2,$$

其中 $p_1(x,y)$ 和 $p_2(x,y)$ 分别是二维正态分布 $N\left(0,1;0,1;\frac{1}{2}\right)$ 和 $N\left(0,1;0,1;-\frac{1}{2}\right)$ 的概率密度函数. 不难验证, X 与 Y 的边际分布都是一维标准正态分布 $N(0,1)$, 且 $\mathrm{Corr}(X,Y)=0$. 但是 X 与 Y 不独立.

例 3.5.12 设 (X,Y) 服从二维正态分布, 且 $X\sim N(1,9)$, $Y\sim N(0,16)$.

(1) 若 $\mathrm{Corr}(X,Y)=0$, 求 (X,Y) 的联合概率密度函数;

(2) 若 $\mathrm{Corr}(X,Y)=-\frac{1}{2}$, $Z=\frac{X}{3}+\frac{Y}{2}$, 求 EZ, $\mathrm{Var}Z$, $\mathrm{Corr}(X,Z)$.

解 由已知, (X,Y) 服从二维正态分布 $N(1,9;0,16;\rho)$, 其中 $\rho=\mathrm{Corr}(X,Y)$.

(1) 当 $\mathrm{Corr}(X,Y)=0$ 时, X 与 Y 独立, 于是 (X,Y) 的联合概率密度函数为

$$\begin{aligned}p(x,y)&=p_X(x)p_Y(y)\\&=\frac{1}{\sqrt{2\pi}\cdot 3}\exp\left(-\frac{(x-1)^2}{2\cdot 9}\right)\cdot\frac{1}{\sqrt{2\pi}\cdot 4}\exp\left(-\frac{y^2}{2\cdot 16}\right)\\&=\frac{1}{24\pi}\exp\left(-\frac{(x-1)^2}{18}-\frac{y^2}{32}\right).\end{aligned}$$

(2) 当 $\mathrm{Corr}(X,Y)=-\frac{1}{2}$ 时,

$$\mathrm{Cov}(X,Y)=\mathrm{Corr}(X,Y)\cdot\sqrt{\mathrm{Var}X}\sqrt{\mathrm{Var}Y}=-\frac{1}{2}\cdot 3\cdot 4=-6.$$

于是,

$$EZ=E\left(\frac{X}{3}+\frac{Y}{2}\right)=\frac{1}{3}\cdot EX+\frac{1}{2}\cdot EY=\frac{1}{3}\cdot 1+\frac{1}{2}\cdot 0=\frac{1}{3},$$

$$\begin{aligned}\mathrm{Var}Z&=\mathrm{Var}\left(\frac{X}{3}+\frac{Y}{2}\right)=\mathrm{Var}\left(\frac{X}{3}\right)+\mathrm{Var}\left(\frac{Y}{2}\right)+2\mathrm{Cov}\left(\frac{X}{3},\frac{Y}{2}\right)\\&=\frac{1}{9}\cdot\mathrm{Var}X+\frac{1}{4}\cdot\mathrm{Var}Y+2\cdot\frac{1}{3}\cdot\frac{1}{2}\cdot\mathrm{Cov}(X,Y)\\&=\frac{1}{9}\cdot 9+\frac{1}{4}\cdot 16+2\cdot\frac{1}{3}\cdot\frac{1}{2}\cdot(-6)=3,\end{aligned}$$

$$\begin{aligned}\mathrm{Cov}(X,Z)&=\mathrm{Cov}\left(X,\frac{X}{3}+\frac{Y}{2}\right)=\frac{1}{3}\mathrm{Cov}(X,X)+\frac{1}{2}\mathrm{Cov}(X,Y)\\&=\frac{1}{3}\cdot 9+\frac{1}{2}\cdot(-6)=0,\end{aligned}$$

于是 $\mathrm{Corr}(X,Z)=0$. □

注 3.5.9 在上例 (2) 中, 读者还可以进一步证明 X 与 Z 是相互独立的, 事实上, 只需验证 (X, Z) 的联合分布是二维正态分布 (具体过程留给读者思考).

3.6 条 件 分 布

在第 1 章中, 我们介绍了条件概率, 用来刻画一个事件的发生对另一事件发生可能性的影响. 基于同样的想法, 有时需要考虑在已知某随机变量取某值的条件下, 去研究另一随机变量的概率分布. 这就是下面我们所要研究的条件分布.

3.6.1 条件分布函数

假设给定二维随机变量 (X, Y) 的联合分布, 自然地, 若概率 $P(Y = y) > 0$, 则称 x 的函数 $P(X \leqslant x|Y = y)$ 为在 $Y = y$ 的条件下 X 的条件分布函数. 为了避免 $P(Y = y) = 0$(譬如, Y 为连续型随机变量) 的情形, 我们有下面严格的定义.

定义 3.6.1 设 (X, Y) 为二维随机变量, 且对任意的 $\Delta y > 0$, $P(y - \Delta y < Y \leqslant y) > 0$. 若对任意的实数 x, 极限

$$\lim_{\Delta y \to 0+} P(X \leqslant x|y - \Delta y < Y \leqslant y) = \lim_{\Delta y \to 0+} \frac{P(X \leqslant x, y - \Delta y < Y \leqslant y)}{P(y - \Delta y < Y \leqslant y)}$$

存在, 则称该极限为在 $Y = y$ 的条件下 X 的**条件分布函数**, 记为 $P(X \leqslant x|Y = y)$ 或 $F_{X|Y}(x|y)$.

注 3.6.1 $P(X \leqslant x|Y = y)$ 或 $F_{X|Y}(x|y)$ 只是一个记号, 且并非对所有的 y, 条件分布函数 $F_{X|Y}(x|y)$ 都存在.

下面分别就离散情形和连续情形来考虑条件分布.

3.6.2 条件分布列

设 (X, Y) 为二维离散型随机变量, 且其联合分布列为

$$P(X = x_i, Y = y_j) = p_{ij}, \quad i, j = 1, 2, \cdots.$$

当 $P(Y = y_j) > 0$ 时, 这里 $j = 1, 2, \cdots$, 由条件概率的定义可知, 在 $Y = y_j$ 的条件下 X 的条件分布列为

$$P(X = x_i|Y = y_j) = \frac{P(X = x_i, Y = y_j)}{P(Y = y_j)} = \frac{p_{ij}}{\sum\limits_k p_{kj}}, \quad i = 1, 2, \cdots.$$

例 3.6.1 已知 (X,Y) 有联合分布列如下:

X \ Y	0	1	2
0	$\frac{1}{2}$	$\frac{1}{8}$	$\frac{1}{4}$
1	$\frac{1}{16}$	$\frac{1}{16}$	0

求在 $X=0$ 的条件下 Y 的条件分布列.

解 易求

$$P(X=0)=\frac{1}{2}+\frac{1}{8}+\frac{1}{4}=\frac{7}{8}.$$

于是, 在 $X=0$ 的条件下 Y 的条件分布列为

$$P(Y=0|X=0)=\frac{P(X=0,Y=0)}{P(X=0)}=\frac{\frac{1}{2}}{\frac{7}{8}}=\frac{4}{7},$$

$$P(Y=1|X=0)=\frac{P(X=0,Y=1)}{P(X=0)}=\frac{\frac{1}{8}}{\frac{7}{8}}=\frac{1}{7},$$

$$P(Y=2|X=0)=\frac{P(X=0,Y=2)}{P(X=0)}=\frac{\frac{1}{4}}{\frac{7}{8}}=\frac{2}{7}.$$ □

例 3.6.2 设随机变量 X 与 Y 相互独立, 且 X 服从泊松分布 $P(\lambda)$, Y 服从泊松分布 $P(\mu)$. 求在 $X+Y=n$ 的条件下 X 的条件分布.

解 由泊松分布的可加性知, $X+Y$ 服从泊松分布 $P(\lambda+\mu)$. 于是,

$$P(X+Y=n)=\frac{(\lambda+\mu)^n}{n!}\mathrm{e}^{-(\lambda+\mu)}.$$

由条件概率的定义和独立性知, 在 $X+Y=n$ 的条件下 X 的条件分布列为

$$\begin{aligned}&P(X=k|X+Y=n)\\&=\frac{P(X=k,X+Y=n)}{P(X+Y=n)}=\frac{P(X=k)P(Y=n-k)}{P(X+Y=n)}\\&=\frac{\frac{\lambda^k}{k!}\mathrm{e}^{-\lambda}\frac{\mu^{n-k}}{(n-k)!}\mathrm{e}^{-\mu}}{\frac{(\lambda+\mu)^n}{n!}\mathrm{e}^{-(\lambda+\mu)}}=\mathrm{C}_n^k\left(\frac{\lambda}{\lambda+\mu}\right)^k\left(\frac{\mu}{\lambda+\mu}\right)^{n-k},\quad k=0,1,\cdots,n,\end{aligned}$$

即在 $X+Y=n$ 的条件下 X 的条件分布为二项分布 $b\left(n,\frac{\lambda}{\lambda+\mu}\right)$. □

3.6.3　条件概率密度函数

设随机变量 (X,Y) 有联合概率密度函数 $p(x,y)$, X 与 Y 的边际概率密度函数分别为 $p_X(x)$ 和 $p_Y(y)$, 且 $p_Y(y)>0$. 注意到

$$\begin{aligned}P(X\leqslant x, y-\Delta y<Y\leqslant y)&=\int_{-\infty}^{x}\int_{y-\Delta y}^{y}p(u,v)\mathrm{d}u\mathrm{d}v\\&=\int_{y-\Delta y}^{y}\left(\int_{-\infty}^{x}p(u,v)du\right)\mathrm{d}v,\end{aligned}$$

由微分中值定理知

$$\begin{aligned}&\lim_{\Delta y\to 0+}\frac{1}{\Delta y}P(X\leqslant x, y-\Delta y<Y\leqslant y)\\=&\lim_{\Delta y\to 0+}\frac{1}{\Delta y}\int_{y-\Delta y}^{y}\left(\int_{-\infty}^{x}p(u,v)du\right)\mathrm{d}v\\=&\int_{-\infty}^{x}p(u,y)\mathrm{d}u.\end{aligned}$$

类似地, 我们有 $\lim\limits_{\Delta y\to 0+}\dfrac{1}{\Delta y}P(y-\Delta y<Y\leqslant y)=p_Y(y)$.

于是由定义 3.6.1 知, 在 $Y=y$ 的条件下 X 的条件分布函数为

$$F_{X|Y}(x|y)=\int_{-\infty}^{x}\frac{p(u,y)}{p_Y(y)}\mathrm{d}u.$$

因此在 $Y=y$ 的条件下, X 的条件分布是连续型分布, 其概率密度函数为

$$\frac{p(x,y)}{p_Y(y)},$$

称为在 $Y=y$ 的条件下 X 的**条件概率密度函数**, 记为 $p_{X|Y}(x|y)$, 即

$$p_{X|Y}(x|y)=\frac{p(x,y)}{p_Y(y)}.$$

读者应特别注意, 上式只有当 $p_Y(y)>0$ 时才有意义.

例 3.6.3　设 (X,Y) 服从二维正态分布 $N(\mu_1,\sigma_1^2;\mu_2,\sigma_2^2;\rho)$, 求在 $Y=y$ 条件下 X 的条件分布.

解　由定理 3.2.4 知, Y 的边际分布为正态分布 $N(\mu_2,\sigma_2^2)$. 故在 $Y=y$ 条件下 X 的条件概率密度函数为

$$p_{X|Y}(x|y)=\frac{p(x,y)}{p_Y(y)}$$

$$=\frac{\dfrac{1}{2\pi\sigma_1\sigma_2\sqrt{1-\rho^2}}\exp\left[-\dfrac{1}{2(1-\rho^2)}\left(\dfrac{(x-\mu_1)^2}{\sigma_1^2}-2\rho\dfrac{(x-\mu_1)(y-\mu_2)}{\sigma_1\sigma_2}+\dfrac{(y-\mu_2)^2}{\sigma_2^2}\right)\right]}{\dfrac{1}{\sqrt{2\pi}\sigma_2}\exp\left(-\dfrac{(y-\mu_2)^2}{2\sigma_2^2}\right)}$$

$$=\frac{1}{\sqrt{2\pi}\sigma_1\sqrt{1-\rho^2}}\exp\left[-\frac{1}{2\sigma_1^2(1-\rho^2)}\left(x-\left(\mu_1+\rho\sigma_1\frac{y-\mu_2}{\sigma_2}\right)\right)^2\right],$$

即在 $Y=y$ 条件下 X 的条件分布是正态分布 $N\left(\mu_1+\rho\sigma_1\dfrac{y-\mu_2}{\sigma_2},\sigma_1^2(1-\rho^2)\right)$. □

另解 记 $X^*=\dfrac{X-\mu_1}{\sigma_1}$, $Y^*=\dfrac{Y-\mu_2}{\sigma_2}$, 由定理 3.4.16 知, (X^*,Y^*) 服从二维正态分布 $N(0,1;0,1;\rho)$, 其联合概率密度函数为

$$p^*(x,y)=\frac{1}{2\pi\sqrt{1-\rho^2}}\exp\left(-\frac{1}{2(1-\rho^2)}\left(x^2+y^2-2\rho xy\right)\right).$$

由定理 3.2.4 知, Y^* 的边际分布为正态分布 $N(0,1)$, 其概率密度函数为

$$p_{Y^*}^*(y)=\varphi(y)=\frac{1}{\sqrt{2\pi}}\exp\left(-\frac{y^2}{2}\right).$$

故在 $Y^*=y$ 条件下 X^* 的条件概率密度函数为

$$p_{X^*|Y^*}^*(x|y)=\frac{p^*(x,y)}{p_{Y^*}^*(y)}=\frac{\dfrac{1}{2\pi\sqrt{1-\rho^2}}\exp\left(-\dfrac{1}{2(1-\rho^2)}\left(x^2+y^2-2\rho xy\right)\right)}{\dfrac{1}{\sqrt{2\pi}}\exp\left(-\dfrac{y^2}{2}\right)}$$

$$=\frac{1}{\sqrt{2\pi}\sqrt{1-\rho^2}}\exp\left[-\frac{(x-\rho y)^2}{2(1-\rho^2)}\right],$$

即 X^* 在给定 $Y^*=y$ 条件下的条件分布为正态分布 $N(\rho y,1-\rho^2)$.

注意到 $X=\sigma_1X^*+\mu_1$, $Y=y$ 当且仅当 $Y^*=\dfrac{y-\mu_2}{\sigma_2}$, 因而由正态分布的线性不变性知, X 在给定 $Y=y$ 时的条件分布为正态分布 $N\left(\mu_1+\rho\sigma_1\dfrac{y-\mu_2}{\sigma_2},\sigma_1^2(1-\rho^2)\right)$.

□

例 3.6.4 设随机变量 (X,Y) 服从区域 $D=\{(x,y):x^2+y^2\leqslant 1\}$ 上的均匀分布, $|y|<1$, 求在给定 $Y=y$ 条件下 X 的条件概率密度函数.

解 易知 (X,Y) 的联合概率密度函数为

$$p(x,y)=\begin{cases}\dfrac{1}{\pi}, & x^2+y^2\leqslant 1,\\ 0, & x^2+y^2>1.\end{cases}$$

由例 3.2.5 知, Y 的边际概率密度函数为

$$p_Y(y)=\begin{cases}\dfrac{2\sqrt{1-y^2}}{\pi}, & |y|<1,\\ 0, & |y|\geqslant 1.\end{cases}$$

于是, 当 $|y|<1$ 时, 在给定 $Y=y$ 条件下 X 的条件概率密度函数为

$$p_{X|Y}(x|y)=\frac{p(x,y)}{p_Y(y)}=\frac{p(x,y)}{\dfrac{2\sqrt{1-y^2}}{\pi}}=\begin{cases}\dfrac{\dfrac{1}{\pi}}{\dfrac{2\sqrt{1-y^2}}{\pi}}, & |x|\leqslant\sqrt{1-y^2},\\ 0, & |x|>\sqrt{1-y^2}\end{cases}$$

$$=\begin{cases}\dfrac{1}{2\sqrt{1-y^2}}, & |x|\leqslant\sqrt{1-y^2},\\ 0, & |x|>\sqrt{1-y^2}.\end{cases}$$

故当 $|y|<1$ 时, 在给定 $Y=y$ 条件下 X 服从均匀分布 $U(-\sqrt{1-y^2},\sqrt{1-y^2})$. □

例 3.6.5　已知随机变量 (X,Y) 的概率密度函数为

$$p(x,y)=\begin{cases}\dfrac{\mathrm{e}^{-\frac{x}{y}}\mathrm{e}^{-y}}{y}, & x>0,\ y>0,\\ 0, & \text{其他}.\end{cases}$$

当 $y>0$ 时, 求概率 $P(X>1|Y=y)$.

解　容易求得 Y 的边际概率密度函数为

$$p_Y(y)=\int_{-\infty}^{\infty}p(x,y)\mathrm{d}x=\begin{cases}\displaystyle\int_0^{\infty}\frac{\mathrm{e}^{-\frac{x}{y}}\mathrm{e}^{-y}}{y}\mathrm{d}x, & y>0,\\ 0, & y\leqslant 0\end{cases}=\begin{cases}\mathrm{e}^{-y}, & y>0,\\ 0, & y\leqslant 0.\end{cases}$$

当 $y>0$ 时, 在给定 $Y=y$ 条件下 X 的条件概率密度函数为

$$p_{X|Y}(x|y)=\frac{p(x,y)}{p_Y(y)}=\begin{cases}\dfrac{\mathrm{e}^{-\frac{x}{y}}\mathrm{e}^{-y}y^{-1}}{\mathrm{e}^{-y}}, & x>0,\\ 0, & x\leqslant 0\end{cases}=\begin{cases}\dfrac{\mathrm{e}^{-\frac{x}{y}}}{y}, & x>0,\\ 0, & x\leqslant 0.\end{cases}$$

故当 $y>0$ 时, 在给定 $Y=y$ 条件下 X 服从指数分布 $\mathrm{Exp}\left(\dfrac{1}{y}\right)$, 从而所求条件概率为

$$P(X>1|Y=y)=\int_1^{\infty}p_{X|Y}(x|y)\mathrm{d}x=\int_1^{\infty}\frac{\mathrm{e}^{-\frac{x}{y}}}{y}\mathrm{d}x=\mathrm{e}^{-\frac{1}{y}}.$$ □

3.7 条件数学期望

正如条件概率是概率一样, 条件分布是一个概率分布, 因而可以考虑条件分布的数字特征.

3.7.1 关于随机事件的条件数学期望

条件分布的数学期望称为条件数学期望, 定义如下:

定义 3.7.1 设 (X,Y) 为二维随机变量, 称

$$E(X|Y=y)=\begin{cases}\sum\limits_i x_iP(X=x_i|Y=y), & \text{离散情形},\\ \int_{-\infty}^{\infty}xp_{X|Y}(x|y)\mathrm{d}x, & \text{连续情形}\end{cases}$$

为在 $Y=y$ 的条件下 X 的**条件数学期望**.

注 3.7.1 在条件数学期望的定义中, 我们必须注意到

(1) 只有当条件分布列 $P(X=x_i|Y=y)$ 或条件概率密度函数 $p_{X|Y}(x|y)$ 有意义时才有可能去考虑条件数学期望 $E(X|Y=y)$.

(2) 条件数学期望可能不存在, 即上述求和或积分结果可能是无穷大.

(3) 条件数学期望 $E(X|Y=y)$ 是 y 的函数.

(4) 设在概率空间 $(\Omega,\mathcal{F},P)$ 中有随机变量 X 和随机事件 B, 若 $P(B)\neq 0$, 我们可以定义随机变量 X 关于随机事件 B 的条件数学期望

$$E(X|B)=\frac{E(X\cdot 1_B)}{P(B)},$$

只要等式右边的数学期望存在.

例 3.7.1 设 (X,Y) 服从二维正态分布 $N(\mu_1,\sigma_1^2;\mu_2,\sigma_2^2;\rho)$, 求在 $Y=y$ 条件下 X 的条件数学期望.

解 由例 3.6.3 知, 在 $Y=y$ 条件下 X 的条件分布为正态分布

$$N\left(\mu_1+\rho\sigma_1\frac{y-\mu_2}{\sigma_2},\sigma_1^2(1-\rho^2)\right),$$

故在 $Y=y$ 条件下 X 的条件数学期望为 $E(X|Y=y)=\mu_1+\rho\sigma_1\dfrac{y-\mu_2}{\sigma_2}$. □

例 3.7.2 设随机变量 (X,Y) 服从区域 $D=\{(x,y):x^2+y^2\leqslant 1\}$ 上的均匀分布, $|y|\leqslant 1$, 求在给定 $Y=y$ 条件下 X 的条件数学期望.

解 由例 3.6.4 知, 当 $|y|\leqslant 1$ 时, 在给定 $Y=y$ 条件下 X 的条件分布为均匀分布

$$U(-\sqrt{1-y^2},\sqrt{1-y^2}),$$

故由表 2.1 知, 在给定 $Y=y$ 条件下 X 的条件数学期望 $E(X|Y=y)=0$. □

例 3.7.3 已知随机变量 (X,Y) 的联合概率密度函数为

$$p(x,y)=\begin{cases}\dfrac{\mathrm{e}^{-\frac{x}{y}}\mathrm{e}^{-y}}{y}, & x>0,y>0,\\ 0, & \text{其他}.\end{cases}$$

求当 $y>0$ 时 X 的条件数学期望 $E(X|Y=y)$.

解 由例 3.6.5 知, 当 $y>0$ 时, 在给定 $Y=y$ 条件下 X 服从指数分布 $\mathrm{Exp}\left(\dfrac{1}{y}\right)$, 故由表 2.1 知, 在给定 $Y=y$ 条件下 X 的条件数学期望为

$$E(X|Y=y)=y.$$ □

3.7.2 关于随机变量的条件数学期望

既然条件数学期望 $E(X|Y=y)$ 是 y 的函数, 记为 $g(y)$. 我们可以考虑随机变量 Y 的函数 $g(Y)$, 即 $g(Y)=E(X|Y)$, 因而 $E(X|Y)$ 是随机变量, 当 $Y=y$ 时其取值为 $E(X|Y=y)$. 我们可以证明条件数学期望和数学期望有如下的关系.

定理 3.7.1 重期望公式

设 (X,Y) 是二维随机变量, 且 EX 存在, 则

$$EX=E(E(X|Y)).$$

注 3.7.2 重期望公式的本质是全概率公式. 使用重期望公式的方法如下:

$$EX=\begin{cases}\sum\limits_{j}E(X|Y=y_j)P(Y=y_j), & \text{离散情形},\\ \displaystyle\int_{-\infty}^{\infty}E(X|Y=y)p_Y(y)\mathrm{d}y, & \text{连续情形}.\end{cases}$$

例 3.7.4 设随机变量 Y 服从均匀分布 $U(0,1)$, 当 $Y=y(0<y<1)$ 时, X 服从均匀分布 $U(y,1)$. 求数学期望 $\mathrm{E}X$.

解 当 $Y=y(0<y<1)$ 时, X 的条件分布为均匀分布 $U(y,1)$. 于是条件数学期望 $E(X|Y=y)=\dfrac{y+1}{2}$. 故 $E(X|Y)=\dfrac{Y+1}{2}$, 从而

$$EX=E(E(X|Y))=\mathrm{E}\left(\frac{Y+1}{2}\right)=\frac{3}{4}.$$ □

例 3.7.5 设某只母鸡下蛋数 N 服从泊松分布 $P(\lambda)$, 每只鸡蛋相互独立地以概率 p 能被孵化为小鸡. 设 X 表示小鸡的数目, 求 EX, $E(X|N)$ 和 $E(N|X)$.

解 由已知, $N \sim P(\lambda)$, 故分布列为

$$P(N=n)=\frac{\lambda^n}{n!}\mathrm{e}^{-\lambda}, \quad n=0,1,\cdots,$$

期望为 $EN=\lambda$.

在 $N=n$ 的条件下, $X \sim b(n,p)$, 故 $E(X|N=n)=np$, 进而 $E(X|N)=Np$, 由重期望公式, $EX=E(E(X|N))=pEN=\lambda p$.

下求 $E(N|X)$. 由贝叶斯公式,

$$\begin{aligned}P(N=n|X=m)&=\frac{P(X=m|N=n)P(N=n)}{\sum\limits_{j=m}^{\infty}P(X=m|N=j)P(N=j)}\\&=\frac{\mathrm{C}_n^m p^m(1-p)^{n-m}\cdot\dfrac{\lambda^n}{n!}\mathrm{e}^{-\lambda}}{\sum\limits_{j=m}^{\infty}\mathrm{C}_j^m p^m(1-p)^{j-m}\cdot\dfrac{\lambda^j}{j!}\mathrm{e}^{-\lambda}}\\&=\frac{(\lambda(1-p))^{n-m}}{(n-m)!}\mathrm{e}^{-\lambda(1-p)}, \quad n=m,m+1,\cdots,\end{aligned}$$

即在 $X=m$ 的条件下, $N-X \sim P(\lambda(1-p))$. 于是, $E(N|X=m)=m+\lambda(1-p)$, 进而 $E(N|X)=X+\lambda(1-p)$. □

注 3.7.3 重期望公式是概率论中较为深刻的结果, 离散情形或连续情形由联合分布与条件分布之间的关系以及条件数学期望的定义即得, 其完整的证明需要用到实分析或测度论的知识, 这里省略.

类似地, 我们有条件方差的定义.

定义 3.7.2 称

$$\mathrm{Var}(X|Y=y)=E[(X-E(X|Y=y))^2|Y=y]=E(X^2|Y=y)-[E(X|Y=y)]^2$$

为在 $Y=y$ 的条件下 X 的**条件方差**, 如果存在. 同样, $\mathrm{Var}(X|Y)$ 是随机变量 Y 的函数, 当 $Y=y$ 时其取值为 $\mathrm{Var}(X|Y=y)$.

由条件数学期望和条件方差的定义, 我们不难得出

定理 3.7.2 **条件方差公式**

$$\mathrm{Var}X=E(\mathrm{Var}(X|Y))+\mathrm{Var}(E(X|Y)).$$

证明 由定义知

$$\mathrm{Var}(X|Y)=E(X^2|Y)-(E(X|Y))^2,$$

于是,

$$E(\mathrm{Var}(X|Y)) = E(E(X^2|Y) - (E(X|Y))^2) = E(E(X^2|Y)) - E((E(X|Y))^2).$$

又因为

$$\mathrm{Var}(E(X|Y)) = E((E(X|Y))^2) - (E(E(X|Y)))^2,$$

故由重期望公式得

$$\begin{aligned}
&E(\mathrm{Var}(X|Y)) + \mathrm{Var}(E(X|Y)) \\
=& E(E(X^2|Y)) - E((E(X|Y))^2) + E((E(X|Y))^2) - (E(E(X|Y)))^2 \\
=& E(E(X^2|Y)) - (E(E(X|Y)))^2 = EX^2 - (EX)^2 = \mathrm{Var}X.
\end{aligned}$$

□

最后, 我们特别指出, 条件数学期望 $E(X|Y)$ 是使得 $E(X - f(Y))^2$ 取得最小值的 $f(Y)$, 证明参见文献 Degroot 等 (2012) 中的定理 4.7.3.

*3.8　补　充

本节主要给出几点补充: Gamma 分布和正态分布可加性的证明, 随机变量的积和商, 以及次序统计量的分布等.

3.8.1　Gamma 分布和正态分布可加性的证明

首先给出 Gamma 分布的可加性的证明.

1. Gamma 分布的可加性

定理 3.4.12 的证明　易知 X 与 Y 的概率密度函数分别为

$$p_X(x) = \begin{cases} \dfrac{\lambda^{\alpha_1}}{\Gamma(\alpha_1)} x^{\alpha_1 - 1} \mathrm{e}^{-\lambda x}, & x > 0, \\ 0, & x \leqslant 0, \end{cases} \qquad p_Y(y) = \begin{cases} \dfrac{\lambda^{\alpha_2}}{\Gamma(\alpha_2)} y^{\alpha_2 - 1} \mathrm{e}^{-\lambda y}, & y > 0, \\ 0, & y \leqslant 0. \end{cases}$$

由卷积公式, 随机变量 $Z = X + Y$ 的概率密度函数为

$$p_Z(z) = \int_{-\infty}^{\infty} p_X(x) p_Y(z - x) \mathrm{d}x,$$

此积分中被积函数的非零区域为

$$\{(x, z) : x > 0, z - x > 0\} = \{(x, z) : z > 0, 0 < x < z\}.$$

于是,

$$
\begin{aligned}
p_Z(z) &= \int_{-\infty}^{\infty} p_X(x)p_Y(z-x)\mathrm{d}x \\
&= \begin{cases} \displaystyle\int_0^z \frac{\lambda^{\alpha_1}}{\Gamma(\alpha_1)} x^{\alpha_1-1}\mathrm{e}^{-\lambda x} \cdot \frac{\lambda^{\alpha_2}}{\Gamma(\alpha_2)}(z-x)^{\alpha_2-1}\mathrm{e}^{-\lambda(z-x)}\mathrm{d}x, & z>0, \\ 0, & z \leqslant 0 \end{cases} \\
&= \begin{cases} \displaystyle\frac{\lambda^{\alpha_1+\alpha_2}\mathrm{e}^{-\lambda z}}{\Gamma(\alpha_1)\Gamma(\alpha_2)} \int_0^z x^{\alpha_1-1}(z-x)^{\alpha_2-1}\mathrm{d}x, & z>0, \\ 0, & z \leqslant 0 \end{cases} \\
&= \begin{cases} \displaystyle\frac{\lambda^{\alpha_1+\alpha_2} z^{\alpha_1+\alpha_2-1}\mathrm{e}^{-\lambda z}}{\Gamma(\alpha_1+\alpha_2)} \cdot \frac{\Gamma(\alpha_1+\alpha_2)}{\Gamma(\alpha_1)\Gamma(\alpha_2)} \int_0^1 t^{\alpha_1-1}(1-t)^{\alpha_2-1}\mathrm{d}t, & z>0, \\ 0, & z \leqslant 0 \end{cases} \\
&= \begin{cases} \displaystyle\frac{\lambda^{\alpha_1+\alpha_2} z^{\alpha_1+\alpha_2-1}\mathrm{e}^{-\lambda z}}{\Gamma(\alpha_1+\alpha_2)}, & z>0, \\ 0, & z \leqslant 0. \end{cases}
\end{aligned}
$$

这里倒数第二个等号利用了积分变量替换 $x = zt$, 最后一个等号是利用了 Γ-函数的性质 (参见命题 2.4.1).

对照 Gamma 分布的概率密度函数, 我们知道 Z 服从 Gamma 分布 $\mathrm{Ga}(\alpha_1 + \alpha_2, \lambda)$.

□

2. 正态分布的可加性

这里给出定理 3.4.13 的证明. 在证明之前, 我们需要给出一个定理.

定理 3.8.1　设随机变量 (X, Y) 服从二维正态分布 $N(0,1;0,1;\rho)$, 则对任意的 $t \in \mathbb{R}$, $Z = tX + Y$ 服从正态分布 $N(0, \Delta)$, 其中 $\Delta = 1 + t^2 + 2t\rho$.

证明　随机变量 (X, Y) 服从二维正态分布 $N(0,1;0,1;\rho)$, 故其联合概率密度函数为

$$
p(x, y) = \frac{1}{2\pi c}\exp\left(-\frac{x^2+y^2-2\rho xy}{2c^2}\right),
$$

其中 $c = \sqrt{1-\rho^2}$.

由定理 3.4.10 知, 随机变量 $Z = tX + Y$ 的概率密度函数为

$$
\begin{aligned}
p_Z(z) &= \int_{-\infty}^{\infty} p(x, z-tx)\mathrm{d}x \\
&= \int_{-\infty}^{\infty} \frac{1}{2\pi c}\exp\left(-\frac{x^2+(z-tx)^2-2\rho x(z-tx)}{2c^2}\right)\mathrm{d}x
\end{aligned}
$$

$$= \frac{1}{\sqrt{2\pi}\sqrt{\Delta}} \exp\left(-\frac{z^2}{2\Delta}\right) \int_{-\infty}^{\infty} \frac{1}{\sqrt{2\pi}\frac{c}{\sqrt{\Delta}}} \exp\left[-\frac{\left(x - \frac{(t+\rho)z}{\Delta}\right)^2}{\frac{2c^2}{\Delta}}\right] \mathrm{d}x$$

$$= \frac{1}{\sqrt{2\pi}\sqrt{\Delta}} \exp\left(-\frac{z^2}{2\Delta}\right),$$

其中 $\Delta = 1 + t^2 + 2t\rho$.

故 $Z = tX + Y$ 服从正态分布 $N(0, \Delta)$. □

推论 3.8.1 (定理 3.4.13)　设随机变量 (X, Y) 服从二维正态分布 $N(\mu_1, \sigma_1^2; \mu_2, \sigma_2^2; \rho)$, 则随机变量 $Z = X + Y$ 服从正态分布 $N(\mu_1 + \mu_2, \sigma_1^2 + \sigma_2^2 + 2\rho\sigma_1\sigma_2)$.

证明　记

$$X^* = \frac{X - \mu_1}{\sigma_1}, \qquad Y^* = \frac{Y - \mu_2}{\sigma_2},$$

由定理 3.4.16, (X^*, Y^*) 服从二维正态分布 $N(0, 1; 0, 1; \rho)$. 由定理 3.8.1, $\frac{\sigma_1}{\sigma_2}X^* + Y^*$ 服从正态分布 $N\left(0, 1 + \left(\frac{\sigma_1}{\sigma_2}\right)^2 + 2\rho \cdot \frac{\sigma_1}{\sigma_2}\right)$.

由正态分布的线性不变性, $X + Y = \sigma_2\left(\frac{\sigma_1}{\sigma_2}X^* + Y^*\right) + \mu_1 + \mu_2$ 服从正态分布

$$N\left(\mu_1 + \mu_2, \sigma_2^2\left(1 + \left(\frac{\sigma_1}{\sigma_2}\right)^2 + 2\rho \cdot \frac{\sigma_1}{\sigma_2}\right)\right),$$

即 $X + Y \sim N(\mu_1 + \mu_2, \sigma_1^2 + \sigma_2^2 + 2\rho\sigma_1\sigma_2)$. □

3.8.2　随机变量的积和商

这里我们仅考虑连续情形.

定理 3.8.2　设随机变量 (X, Y) 的联合概率密度函数为 $p(x, y)$, 记 $S = XY$, $T = \frac{Y}{X}$, 则 S 和 T 的概率密度函数分别为

$$p_S(s) = \int_{-\infty}^{\infty} \frac{1}{|x|} \cdot p\left(x, \frac{s}{x}\right) \mathrm{d}x, \qquad p_T(t) = \int_{-\infty}^{\infty} |x| \cdot p(x, tx) \mathrm{d}x.$$

证明　先求 $S = XY$ 的概率密度函数. 对任意的 $s \in \mathbb{R}$, 记 $D_s = \{(x, y) : xy \leqslant s\}$. 于是, S 的分布函数为

$$F_S(s) = P(S \leqslant s) = P((X, Y) \in D_s) = \iint_{D_s} p(x, y) \mathrm{d}x\mathrm{d}y$$

$$= \int_0^{\infty} \left(\int_{-\infty}^{\frac{s}{x}} p(x, y) \mathrm{d}y\right) \mathrm{d}x + \int_{-\infty}^{0} \left(\int_{\frac{s}{x}}^{\infty} p(x, y) \mathrm{d}y\right) \mathrm{d}x$$

$$
\begin{aligned}
&= \int_0^{\infty}\left(\int_{-\infty}^{s}\frac{1}{x}\cdot p\left(x,\frac{u}{x}\right)\mathrm{d}u\right)\mathrm{d}x+\int_{-\infty}^{0}\left(\int_{s}^{-\infty}\frac{1}{x}\cdot p\left(x,\frac{u}{x}\right)\mathrm{d}u\right)\mathrm{d}x\\
&= \int_{-\infty}^{s}\left(\int_0^{\infty}\frac{1}{x}\cdot p\left(x,\frac{u}{x}\right)\mathrm{d}x\right)\mathrm{d}u+\int_{-\infty}^{s}\left(\int_{-\infty}^{0}\frac{-1}{x}\cdot p\left(x,\frac{u}{x}\right)\mathrm{d}x\right)\mathrm{d}u,
\end{aligned}
$$

故 S 的概率密度函数为

$$
\begin{aligned}
p_S(s)=\frac{\mathrm{d}F_S(s)}{\mathrm{d}s}&=\int_0^{\infty}\frac{1}{x}\cdot p\left(x,\frac{s}{x}\right)\mathrm{d}x+\int_{-\infty}^{0}\frac{-1}{x}\cdot p\left(x,\frac{s}{x}\right)\mathrm{d}x\\
&=\int_{-\infty}^{\infty}\frac{1}{|x|}\cdot p\left(x,\frac{s}{x}\right)\mathrm{d}x.
\end{aligned}
$$

再求 $T=\dfrac{Y}{X}$ 的概率密度函数. 对任意的 $t\in\mathbb{R}$, 记 $D_t=\left\{(x,y):\dfrac{y}{x}\leqslant t\right\}$. 于是, T 的分布函数为

$$
\begin{aligned}
F_T(t)=P(T\leqslant t)=P((X,Y)\in D_t)&=\iint_{D_t}p(x,y)\mathrm{d}x\mathrm{d}y\\
&=\int_0^{\infty}\left(\int_{-\infty}^{tx}p(x,y)\mathrm{d}y\right)\mathrm{d}x+\int_{-\infty}^{0}\left(\int_{tx}^{\infty}p(x,y)\mathrm{d}y\right)\mathrm{d}x\\
&=\int_0^{\infty}\left(\int_{-\infty}^{t}x\cdot p(x,ux)\mathrm{d}u\right)\mathrm{d}x+\int_{-\infty}^{0}\left(\int_{t}^{-\infty}x\cdot p(x,ux)\mathrm{d}u\right)\mathrm{d}x\\
&=\int_{-\infty}^{t}\left(\int_0^{\infty}x\cdot p(x,ux)\mathrm{d}x\right)\mathrm{d}u+\int_{-\infty}^{t}\left(\int_{-\infty}^{0}(-x)\cdot p(x,ux)\mathrm{d}x\right)\mathrm{d}u,
\end{aligned}
$$

故 T 的概率密度函数为

$$
\begin{aligned}
p_T(t)=\frac{\mathrm{d}F_T(t)}{\mathrm{d}t}&=\int_0^{\infty}x\cdot p(x,tx)\mathrm{d}x+\int_{-\infty}^{0}(-x)\cdot p(x,tx)\mathrm{d}x\\
&=\int_{-\infty}^{\infty}|x|\cdot p(x,tx)\mathrm{d}x.
\end{aligned}
$$

□

推论 3.8.2　设 $(X,Y)\sim p(x,y)$, 记 $U=\dfrac{X}{Y}$, 则 U 的概率密度函数为

$$
p_U(u)=\int_{-\infty}^{\infty}|y|\cdot p(uy,y)\mathrm{d}y.
$$

例 3.8.1　设随机变量 X 与 Y 都服从标准正态分布 $N(0,1)$, 且相互独立, 求随机变量 $T=\dfrac{Y}{X}$ 的分布.

解　由题意知, (X,Y) 的联合概率密度函数为 $p(x,y)=\varphi(x)\varphi(y)$, 这里

$$
\varphi(x)=\frac{1}{\sqrt{2\pi}}\exp\left(-\frac{x^2}{2}\right)
$$

是标准正态分布的概率密度函数. 于是, 由定理 3.8.2 知, $T=\dfrac{Y}{X}$ 的概率密度函数为

$$\begin{aligned}p_T(t)&=\int_{-\infty}^{\infty}|x|\cdot p(x,tx)\mathrm{d}x=\int_{-\infty}^{\infty}|x|\cdot\varphi(x)\varphi(tx)\mathrm{d}x\\&=\int_{-\infty}^{\infty}|x|\cdot\frac{1}{\sqrt{2\pi}}\exp\left(\frac{-x^2}{2}\right)\cdot\frac{1}{\sqrt{2\pi}}\exp\left(\frac{-(tx)^2}{2}\right)\mathrm{d}x\\&=\frac{1}{\pi}\int_0^{\infty}x\cdot\exp\left(\frac{-x^2}{2}(1+t^2)\right)\mathrm{d}x=\frac{1}{\pi(1+t^2)},\end{aligned}$$

故 $T=\dfrac{Y}{X}$ 服从柯西分布. □

3.8.3 次序统计量

次序统计量是随机向量的函数, 在统计推断中需要经常用到.

定义 3.8.1　设 $X_1,X_2,\cdots,X_n$ 是定义在 $(\Omega,\mathcal{F},P)$ 中的 n 个随机变量, 注意到对每个固定的 ω, $X_1(\omega)$, $X_2(\omega)$, $\cdots$, $X_n(\omega)$ 都是实数, 因而可以比较它们的大小. 于是我们可以把它们按照从小到大的次序排成一列 (倘若有 $i<j$, 使得 $X_i(\omega)=X_j(\omega)$, 我们就将 $X_i(\omega)$ 排在 $X_j(\omega)$ 之前). 对每个 ω 都可以这样对 $X_1(\omega),X_2(\omega),\cdots,X_n(\omega)$ 进行排序. 将排在第 k 个位置的数记作 $X_{(k)}(\omega)$, 这样我们就定义了新的一列随机变量 $X_{(1)},X_{(2)},\cdots,X_{(n)}$, 且对任意的 $\omega\in\Omega$, 都有

$$X_{(1)}(\omega)\leqslant X_{(2)}(\omega)\leqslant\cdots\leqslant X_{(n)}(\omega),$$

我们称 $X_{(1)},X_{(2)},\cdots,X_{(n)}$ 为 $X_1,X_2,\cdots,X_n$ 的**次序统计量**.

注 3.8.1　由定义,

(1) 特别地, $X_{(1)}=\min(X_1,X_2,\cdots,X_n)$, $X_{(n)}=\max(X_1,X_2,\cdots,X_n)$.

(2) 当 $X_1,X_2,\cdots,X_n$ 独立同分布时, 次序统计量 $X_{(1)},X_{(2)},\cdots,X_{(n)}$ 一般不再独立也不再同分布.

在 3.4 节中我们已经求出 $X_{(1)}$ 和 $X_{(n)}$ 的分布 (参见定理 3.4.14). 下面求在已知 $X_1,X_2,\cdots,X_n$ 独立同分布时, $X_{(k)}$ 的分布, $k=1,2,\cdots,n$.

设 $X_1,X_2,\cdots,X_n$ 的共同分布为 $F(x)$, $X_{(k)}$ 的分布函数为 $G_k(x)$. 注意到对任意的 $x\in\mathbb{R}$, $\{X_{(k)}\leqslant x\}=\{X_1,X_2,\cdots,X_n$ 中至少有 k 个不超过 $x\}=\displaystyle\sum_{j=k}^{n}\{X_1,X_2,\cdots,X_n$ 中恰好有 j 个不超过 $x\}$, 以及 $P(X_1,X_2,\cdots,X_n$ 中恰好有 j 个不超过 $x)=\mathrm{C}_n^jF^j(x)(1-F(x))^{n-j},j=1,2,\cdots,n$.

于是

$$G_k(x)=\sum_{j=k}^{n}P(X_1,X_2,\cdots,X_n\text{中恰好有}j\text{个不超过}x)$$
$$=\sum_{j=k}^{n}\mathrm{C}_n^jF^j(x)(1-F(x))^{n-j}$$
$$=k\mathrm{C}_n^k\int_0^{F(x)}t^{k-1}(1-t)^{n-k}\mathrm{d}t,$$

$k=1,2,\cdots,n.$

特别地, 我们可以通过上式给出 $X_{(1)}$, $X_{(n)}$, $X_{(2)}$ 和 $X_{(n-1)}$ 的分布:

$$G_1(x)=1-(1-F(x))^n,\quad G_n(x)=F^n(x),$$

$$G_2(x)=G_1(x)-nF(x)(1-F(x))^{n-1}=1-(1-F(x))^{n-1}(1+(n-1)F(x)),$$

$$G_{n-1}(x)=nF^{n-1}(x)(1-F(x))+F^n(x)=F^{n-1}(x)(n-(n-1)F(x)).$$

对于其他情形, 请读者自行推出.

例 3.8.2　设 $X_1,X_2,\cdots,X_n$ 独立同分布, 都服从均匀分布 $U(0,1)$, 求第 k 个次序统计量 $X_{(k)}$ 的概率密度函数.

解　易知总体 X 的分布函数为

$$F(x)=\begin{cases}0, & x\leqslant 0,\\ x, & 0<x<1,\\ 1, & x\geqslant 1.\end{cases}$$

于是对 $X_{(k)}$ 的分布函数

$$G_k(x)=k\mathrm{C}_n^k\int_0^{F(x)}t^{k-1}(1-t)^{n-k}\mathrm{d}t$$

求导, 可得 $X_{(k)}$ 的概率密度函数为

$$g_k(x)=\frac{\mathrm{d}G_k(x)}{\mathrm{d}x}=\frac{\mathrm{d}}{\mathrm{d}x}\left(k\mathrm{C}_n^k\int_0^{F(x)}t^{k-1}(1-t)^{n-k}\mathrm{d}t\right)$$
$$=\begin{cases}k\mathrm{C}_n^kx^{k-1}(1-x)^{n-k}, & 0<x<1,\\ 0, & \text{其他情形}.\end{cases}$$

□

当 $X_1,X_2,\cdots,X_n$ 独立同分布时, 我们还可以求出次序统计量 $(X_{(1)},X_{(2)},\cdots,X_{(n)})$ 的联合分布.

定理 3.8.3　设随机变量 $X_1, X_2, \cdots, X_n$ 独立同分布, 且有共同的概率密度函数 $p(x)$, 则随机向量 $(X_{(1)}, X_{(2)}, \cdots, X_{(n)})$ 的联合概率密度函数为

$$p^*(y_1, y_2, \cdots, y_n) = \begin{cases} n!p(y_1)p(y_2)\cdots p(y_n), & y_1 < y_2 < \cdots < y_n, \\ 0, & \text{其他情形}. \end{cases}$$

定理 3.8.3 的证明读者可以参阅文献 DasGupta (2010).

3.8.4 边际分布是连续型分布的联合分布未必是连续型分布

设随机变量 X 服从均匀分布 $U[0,1]$, $Y = X$. 记 $D = \{(x,y) : x = y\}$, $D_1 = \{(x,y) : x < y\}$, $D_2 = \{(x,y) : x > y\}$. 若 (X,Y) 具有概率密度函数 $p(x,y)$, 则

$$\begin{aligned} P((X,Y) \notin D) &= P(X < Y) + P(X > Y) = \iint_{D_1} p(x,y)\mathrm{d}x\mathrm{d}y + \iint_{D_2} p(x,y)\mathrm{d}x\mathrm{d}y \\ &= \int_{-\infty}^{\infty} \left(\int_{-\infty}^{y} p(x,y)\mathrm{d}x \right) \mathrm{d}y + \int_{-\infty}^{\infty} \left(\int_{y}^{\infty} p(x,y)\mathrm{d}x \right) \mathrm{d}y \\ &= \int_{-\infty}^{\infty} \left(\int_{-\infty}^{\infty} p(x,y)\mathrm{d}x \right) \mathrm{d}y = \iint_{\mathbb{R}^2} p(x,y)\mathrm{d}x\mathrm{d}y = 1, \end{aligned}$$

上述最后一个等号由概率密度函数的正则性得到.

但由 Y 的定义知, $P((X,Y) \notin D) = P(X \neq Y) = 0$. 故得到矛盾!

习　题　3

1. 设 $a, b > 0$ 为常数, 验证函数

$$F(x,y) = \begin{cases} 1 - \mathrm{e}^{-ax} - \mathrm{e}^{-by} + \mathrm{e}^{-(ax+by)}, & x > 0, y > 0, \\ 0, & \text{其他} \end{cases}$$

为二维随机变量的分布函数.

2. 设 $F(x,y)$ 为二维随机变量 (X,Y) 的联合分布函数, 试用 $F(x,y)$ 表示下列随机事件发生的概率:

(1) $P(X > a, Y > b)$;　(2) $P(a \leqslant X \leqslant c, Y \geqslant d)$;

(3) $P(X \leqslant a, Y \geqslant b)$;　(4) $P(X = a, Y > b)$.

3. 若二维离散型随机变量 (X,Y) 有联合分布列如下:

X \ Y	0	1	2
0	$\frac{1}{2}$	$\frac{1}{8}$	$\frac{1}{4}$
1	$\frac{1}{16}$	c	0

求: (1) 常数 c 的值; (2) 概率 $P(X=Y)$; (3) 概率 $P(X\leqslant Y)$.

4. 将两个不同的小球随机地放入编号分别为 1, 2, 3 的三个盒子中, 记 X 为空盒数, Y 为不空盒子中的最小编号, 求 (X,Y) 的联合分布.

5. 设随机变量 (X,Y) 的联合概率密度函数为

$$p(x,y)=\begin{cases}c, & 0\leqslant x\leqslant 1, 0\leqslant y\leqslant 2,\\ 0, & \text{其他}.\end{cases}$$

求: (1) 常数 c 的值; (2) 概率 $P(X=Y)$; (3) 概率 $P(X\leqslant Y)$.

6. 设随机变量 (X,Y) 的概率密度函数为

$$p(x,y)=\begin{cases}\dfrac{3}{4}xy^2, & 0<x<1, 0<y<2,\\ 0, & \text{其他}.\end{cases}$$

求 X 与 Y 至少有一个大于 $\dfrac{1}{2}$ 的概率.

7. 已知随机变量 (X,Y) 的概率密度函数为

$$p(x,y)=\begin{cases}c(x^2+y), & 0\leqslant y\leqslant 1-x^2,\\ 0, & \text{其他}.\end{cases}$$

求: (1) c; (2) 概率 $P(Y\leqslant X+1)$; (3) 概率 $P(Y\leqslant X^2)$.

8. 设 $p(x)$ 为某非负随机变量的概率密度函数, 证明函数

$$f(x,y)=\begin{cases}\dfrac{p(x+y)}{x+y}, & x>0, y>0,\\ 0, & \text{其他}\end{cases}$$

为二维随机变量的概率密度函数.

9. 已知 (X,Y) 取值于集合 $D=\{(i,j):i,j=-2,-1,0,1,2\}$, 联合分布列为

$$p_{ij}=P(X=i,Y=j)=c|i+j|,\quad (i,j)\in D.$$

求 c 的值和 X 的边际分布列.

10. 若二维离散型随机变量 (X,Y) 有联合分布列如下:

X \ Y	0	1	2
0	$\dfrac{1}{2}$	$\dfrac{1}{8}$	$\dfrac{1}{4}$
1	$\dfrac{1}{16}$	$\dfrac{1}{16}$	0

求 X 与 Y 的边际分布列.

11. 设随机变量 (X,Y) 的联合概率密度函数为

$$p(x,y)=\begin{cases}\dfrac{1}{2}, & 0\leqslant x\leqslant 1,\ 0\leqslant y\leqslant 2,\\ 0, & \text{其他}.\end{cases}$$

求 X 与 Y 的边际概率密度函数.

12. 设随机变量 (X,Y) 的概率密度函数为

$$p(x,y)=\begin{cases}3x, & 0<y<x<1,\\ 0, & \text{其他}.\end{cases}$$

求 X 与 Y 的边际概率密度函数.

13. 设随机变量 (X,Y) 的联合概率密度函数为

$$p(x,y)=\frac{|x|}{\sqrt{8\pi}}\exp\left(-|x|-\frac{x^2y^2}{2}\right),\quad -\infty<x,y<\infty.$$

求随机变量 X 的边际概率密度函数.

14. 已知随机变量 (X,Y) 的联合概率密度函数为

$$p(x,y)=\frac{1}{\pi}\exp\left(2xy-x^2-2y^2\right).$$

求 Y 的边际概率密度函数和概率 $P(Y>\sqrt{2})$.

15. 证明定理 3.2.2.

16. 证明注 3.2.8.

17. 设随机变量 (X,Y) 的联合分布列为

X \ Y	-1	0	1
0	a	$\frac{1}{9}$	b
1	$\frac{1}{9}$	c	$\frac{1}{3}$

求 a, b 和 c 的值, 使得 X 与 Y 相互独立.

18. 若二维离散型随机变量 (X,Y) 有联合分布列如下:

X \ Y	0	1	2
0	$\frac{1}{2}$	$\frac{1}{8}$	$\frac{1}{4}$
1	$\frac{1}{16}$	$\frac{1}{16}$	0

判断 X 与 Y 是否相互独立.

19. 设随机变量 (X,Y) 的概率密度函数为

$$p(x,y)=\begin{cases}12y^2, & 0<y<x<1,\\ 0, & \text{其他}.\end{cases}$$

求 X 与 Y 的边际概率密度函数, 并判断 X 与 Y 是否相互独立.

20. 设随机变量 (X,Y) 的概率密度函数为

$$p(x,y)=\begin{cases}2x^{-3}\mathrm{e}^{1-y}, & x>1,y>1,\\ 0, & \text{其他}.\end{cases}$$

判断 X 与 Y 是否相互独立.

21. 已知随机变量 (X,Y) 的联合概率密度函数为 $p(x,y)=\dfrac{1}{\pi}\exp\left(2xy-x^2-2y^2\right)$. 判断 X 与 Y 是否相互独立.

22. 已知随机变量 (X,Y) 的概率密度函数为

$$p(x,y)=\begin{cases}\dfrac{1+xy}{4}, & |x|<1,|y|<1,\\ 0, & \text{其他}.\end{cases}$$

求 X 与 Y 的边际概率密度函数, 并判断 X 与 Y 是否相互独立.

23. 设随机变量 X 与 Y 独立, X 服从均匀分布 $U(0,1)$, Y 服从指数分布 $\mathrm{Exp}(1)$, 求:

(1) (X,Y) 的联合概率密度函数; (2) 概率 $P(X+Y\leqslant 1)$; (3) 概率 $P(X\leqslant Y)$.

24. 设随机变量 X 服从正态分布 $N(\mu,\sigma^2)$, 求 $Y=\mathrm{e}^X$ 的分布 (此分布称为对数正态分布).

25. 设随机变量 X 服从指数分布 $\mathrm{Exp}(\lambda)$, 求 $X^{\frac{1}{a}}$($a>0$ 为常数) 的分布 (此分布称为 Weibull 分布).

26. 设随机变量 (X,Y) 服从二维正态分布 $N(\mu_1,\sigma_1^2;\mu_2,\sigma_2^2;0)$, 求 $U=X+Y$ 与 $V=X-Y$ 的联合概率密度函数.

27. 设随机变量 X 与 Y 分别服从指数分布 $\mathrm{Exp}(\lambda_1)$ 和 $\mathrm{Exp}(\lambda_2)$, 且相互独立, 分别求出随机变量 $X+Y$, $\max(X,Y)$ 和 $\min(X,Y)$ 的分布.

28. 设二维随机变量 (X,Y) 的联合概率密度函数为

$$p(x,y)=\begin{cases}2, & 0<x<y<1,\\ 0, & \text{其他}.\end{cases}$$

求: (1) 随机变量 $T=X-Y$ 的概率密度函数 $p_T(t)$;

(2) 概率 $P\left(Y-X\leqslant\dfrac{1}{2}\right)$.

29. 设随机变量 X 服从标准正态分布 $N(0,1)$, $a>0$, 求随机变量 $Y=\begin{cases}X, & |X|<a,\\ -X, & |X|\geqslant a\end{cases}$ 的分布.

30. 设随机变量 $X_1, \cdots, X_r$ 独立同分布, 共同分布为几何分布 $\mathrm{Ge}(p)$, 求随机变量 $Y = \sum_{i=1}^{r} X_i$ 的分布. 这是何种分布?

31. 设随机变量 $X \sim U(0,1)$, 分别求出随机变量 $\left(X - \frac{1}{2}\right)^2$ 和 $\sin\left(\frac{\pi}{2}X\right)$ 的分布.

32. 设随机变量 X 与 Y 独立同分布, 且都服从标准正态分布 $N(0,1)$, 求概率 $P(|X+Y| \leqslant |X-Y|)$.

33. 设随机变量 X 服从指数分布 $\mathrm{Exp}(\lambda)$, 求 $Y = [X]$($[a]$ 表示不大于 a 的最大整数) 的分布.

34. 设随机变量 X 与 Y 都服从指数分布 $\mathrm{Exp}(1)$, 且相互独立, 求数学期望 $E\left(\mathrm{e}^{\frac{X+Y}{2}}\right)$.

35. 设随机变量 X 与 Y 都服从均匀分布 $U(0,1)$, 且相互独立, 求数学期望 $E(\max(X,Y))$ 和 $E(\min(X,Y))$.

36. 设随机变量 X 服从卡方分布 $\chi^2(n)$, Y 服从卡方分布 $\chi^2(m)$, 且相互独立, 求 XY 的数学期望和方差.

37. 已知随机变量 (X,Y) 的概率密度函数为

$$p(x,y) = \begin{cases} \dfrac{1+xy}{4}, & |x|<1, |y|<1, \\ 0, & \text{其他}. \end{cases}$$

求方差 $\mathrm{Var}(X+Y)$.

38. 设 (X,Y) 服从二维正态分布 $N(\mu_1, \sigma_1^2; \mu_2, \sigma_2^2; \rho)$, 求方差 $\mathrm{Var}(X+Y)$ 和 $\mathrm{Var}(X-Y)$.

39. 设随机变量 (X,Y) 具有概率密度函数

$$p(x,y) = \begin{cases} \mathrm{e}^{-y}, & 0<x<y, \\ 0, & \text{其他}. \end{cases}$$

求数学期望 EX, EY, $E(XY)$ 和方差 $\mathrm{Var}X$, $\mathrm{Var}Y$, $\mathrm{Var}(X+Y)$.

40. 设随机变量 X 与 Y 满足 $EX = EY = 0$, $\mathrm{Var}X = \mathrm{Var}Y = 1$, $\mathrm{Cov}(X,Y) = \rho$, 证明

$$E\max(X^2, Y^2) \leqslant 1 + \sqrt{1-\rho^2}.$$

41. 设随机变量 X 与 Y 都服从均匀分布 $U(0,1)$, 且相互独立, 求 $\mathrm{Cov}(\max(X,Y)$ 和 $\min(X,Y))$.

42. 设随机变量 (X,Y) 服从均匀分布 $U(D)$, 其中 $D = \{(x,y) : x^2+y^2 \leqslant 1\}$, 求 X 与 Y 的协方差.

43. 设 $X_1, X_2, \cdots$ 独立同分布, 且 $EX_1 = \mu$, $\mathrm{Var}X_1 = \sigma^2$, 求随机变量 $X_1 + X_2 + \cdots + X_{100}$ 与 $X_{101} + X_{102} + \cdots + X_{150}$ 的协方差.

44. 已知 X 与 Y 的分布列分别为

X	-1	0	1
P	$\frac{1}{4}$	$\frac{1}{2}$	$\frac{1}{4}$

和

Y	0	1
P	$\frac{1}{2}$	$\frac{1}{2}$

且 $P(XY=0)=1$, 求 X 与 Y 的协方差, 并判断 X 与 Y 是否独立.

45. 已知随机变量 (X,Y) 的概率密度函数为

$$p(x,y)=\begin{cases}\dfrac{1+xy}{4}, & |x|<1,|y|<1,\\ 0, & \text{其他}.\end{cases}$$

求 X 与 Y 的协方差和相关系数.

46. 设 (X,Y) 服从二维正态分布 $N(\mu_1,\sigma_1^2;\mu_2,\sigma_2^2;\rho)$, 求 $X+Y$ 和 $X-Y$ 的相关系数.

47. 设随机变量 (X,Y) 具有概率密度函数

$$p(x,y)=\begin{cases}\mathrm{e}^{-y}, & 0<x<y,\\ 0, & \text{其他}.\end{cases}$$

求 X 与 Y 的协方差和相关系数.

48. 设随机变量 X 与 Y 相互独立, 且 X 服从二项分布 $b(n_1,p)$, Y 服从二项分布 $b(n_2,p)$, 求在 $X+Y=m$ 的条件下 X 的分布.

49. 设 (X_1,X_2,X_3) 服从多项分布 $b(n,p_1,p_2,p_3)$, 求在 $X_2=m$ 的条件下 X_1 的分布.

50. 设随机变量 X 与 Y 相互独立, 且 X 服从指数分布 $\mathrm{Exp}(\mu_1)$, Y 服从指数分布 $\mathrm{Exp}(\mu_2)$, 求在 $X+Y=t$ 的条件下, X 的条件概率密度函数.

51. 设随机变量 (X,Y) 的联合概率密度函数为

$$p(x,y)=\begin{cases}c(x+y), & 0<x,y<1,\\ 0, & \text{其他}.\end{cases}$$

设 $0<y<1$, 求在给定 $Y=y$ 的条件下, X 的条件概率密度函数 $p_{X|Y}(x|y)$.

52. 设随机变量 (X,Y) 的联合概率密度函数为

$$p(x,y)=\begin{cases}\mathrm{e}^{-x-y}, & x>0,y>0,\\ 0, & \text{其他}.\end{cases}$$

计算条件数学期望 $E(X+Y|X<Y)$.

53. 设随机变量 X 与 Y 相互独立, 且 X 服从二项分布 $b(n_1,p)$, Y 服从二项分布 $b(n_2,p)$, 求条件数学期望 $E(X|X+Y=m)$ 和 $E(X|X+Y)$.

54. 设 (X_1,X_2,X_3) 服从多项分布 $b(n,p_1,p_2,p_3)$, 求条件数学期望 $E(X_1|X_2=m)$ 和 $E(X_1|X_2)$.

55. 设随机变量 X 与 Y 相互独立, 且 X 服从指数分布 $\mathrm{Exp}(\mu_1)$, Y 服从指数分布 $\mathrm{Exp}(\mu_2)$, 求条件数学期望 $E(X|X+Y=t)$ 和 $E(X|X+Y)$.

第4章　极限理论

极限理论是概率论中极其重要的内容. 对随机现象的观察需要大量重复的随机试验, 而利用极限方法是研究“大量”的主要途径. 本章先给出几种常见收敛性的定义及其性质, 再简单介绍一下特征函数, 然后给出经典的弱大数定律和中心极限定理.

4.1　随机变量序列的收敛性

设 $(\Omega, \mathcal{F}, P)$ 是给定的概率空间, $\{X_n, n \geqslant 1\}$ 是该概率空间上的随机变量序列, X 是该空间上的另一随机变量. 研究随机变量序列的收敛性在理论和应用上都有非常重要的意义. 概率论中随机变量的收敛性有很多种版本, 这里着重介绍三种定义, 并给出它们之间的关系.

4.1.1　定义

定义 4.1.1　称 $\{X_n, n \geqslant 1\}$**几乎处处收敛** (convergence almost surely) 或**以概率 1 收敛** (convergence with probability 1) 到 X, 若

$$P\left(\lim_{n\to\infty} X_n = X\right) = 1,$$

记为 $X_n \xrightarrow{\text{a.s.}} X$ 或 $X_n \to X$, a.s., 这里 a.s. 是英文 almost surely 的缩写.

定义 4.1.2　称 $\{X_n, n \geqslant 1\}$**依概率收敛** (convergence in probability) 于 X, 若对任意的 $\varepsilon > 0$,

$$\lim_{n\to\infty} P(|X_n - X| \geqslant \varepsilon) = 0,$$

记为 $X_n \xrightarrow{P} X$.

由定义不难得出

注 4.1.1　$X_n \xrightarrow{P} X$ 当且仅当 $X_n - X \xrightarrow{P} 0$.

定义 4.1.3　称 $\{X_n, n \geqslant 1\}$**依分布收敛** (convergence in distribution) 于 X, 若对 X 的分布函数 F 中任意的连续点 x, 都有

$$\lim_{n\to\infty} F_n(x) = F(x)$$

成立, 其中 F_n 是 X_n 的分布函数, $n \geqslant 1$, 记为 $X_n \xrightarrow{\text{d}} X$. 有时也称为分布函数列 $\{F_n, n \geqslant 1\}$**弱收敛**于 F, 记为 $F_n \xrightarrow{\text{w}} F$.

注 4.1.2 读者可能会有疑问: 为什么依分布收敛定义中, 只要求在 F 的连续点处收敛. 事实上, 我们不能要求分布函数列 $\{F_n, n \geqslant 1\}$ 处处收敛到一个极限分布函数. 例如, 设 F_n 为退化分布 $X_n = \dfrac{1}{n}$ 的分布函数, 即 $F_n(x) = 1_{[\frac{1}{n},\infty)}(x)$, 易知 $F_n(x)$ 的极限函数为 $G(x) = 1_{(0,\infty)}(x)$, 然而 $G(x)$ 不是分布函数. 记 $F(x) = 1_{[0,\infty)}$, 其为退化分布 $X = 0$ 的分布函数, $x = 0$ 是其间断点, 除了这点之外, $F_n(x)$ 收敛到 $F(x)$ 对任意的 $x \neq 0$ 成立.

4.1.2 性质

我们先来看 a.s. 收敛的性质.

定理 4.1.1 下列命题相互等价:

(1) $X_n \xrightarrow{\text{a.s.}} X$;

(2) $P\left(\bigcup\limits_{k=1}^{\infty}\bigcap\limits_{n=1}^{\infty}\bigcup\limits_{m=n}^{\infty}\left\{|X_m - X| \geqslant \dfrac{1}{k}\right\}\right) = 0$;

(3) 对任意的 $\varepsilon > 0$, $P\left(\bigcap\limits_{n=1}^{\infty}\bigcup\limits_{m=n}^{\infty}\{|X_m - X| \geqslant \varepsilon\}\right) = 0$;

(4) 对任意的 $\varepsilon > 0$, $\lim\limits_{n\to\infty} P\left(\bigcup\limits_{m=n}^{\infty}\{|X_m - X| \geqslant \varepsilon\}\right) = 0$.

证明 由定义知, (1) 等价于 $P(\omega \in \Omega : X_n(\omega) \nrightarrow X(\omega)) = 0$. 记 $N = \{\omega \in \Omega : X_n(\omega) \nrightarrow X(\omega)\}$, 则 $\omega \in N$ 当且仅当 $X_n(\omega) \nrightarrow X(\omega)$. 由数列收敛的定义, $X_n(\omega) \nrightarrow X(\omega)$ 等价于存在 $k \geqslant 1$, 使得对任意的 $n \geqslant 1$, 存在 $m \geqslant n$, 有 $|X_m(\omega) - X(\omega)| \geqslant \dfrac{1}{k}$ 成立. 故

$$N = \bigcup_{k=1}^{\infty}\bigcap_{n=1}^{\infty}\bigcup_{m=n}^{\infty}\left\{|X_m - X| \geqslant \frac{1}{k}\right\},$$

从而 (1) 与 (2) 等价.

(2) 和 (3) 等价: 只需注意到对任意的 $\varepsilon > 0$, 存在 $k \geqslant 1$, 使得 $\dfrac{1}{k} < \varepsilon$.

(3) 和 (4) 等价由概率的上连续性即得. □

在进一步叙述收敛性性质之前, 我们先给出概率论中著名的 Borel-Cantelli 引理.

定理 4.1.2 Borel-Cantelli 引理

设 $\{A_n, n \geqslant 1\}$ 是概率空间 $(\Omega, \mathcal{F}, P)$ 中的随机事件列, 记

$$\{A_n, \text{i.o.}\} = \bigcap_{n=1}^{\infty}\bigcup_{m=n}^{\infty} A_m$$

表示"事件 A_n 发生无穷多次".

(1) 若 $\sum_{n=1}^{\infty} P(A_n) < \infty$, 则 $P(A_n, \text{i.o.}) = 0$;

(2) 若 $\{A_n, n \geqslant 1\}$ 是独立事件列, 且 $\sum_{n=1}^{\infty} P(A_n) = \infty$, 则 $P(A_n, \text{i.o.}) = 1$.

证明　(1) 由已知, 当 $n \to \infty$ 时, $\sum_{m=n}^{\infty} P(A_m) \to 0$. 由概率的上连续性,

$$P(A_n, \text{i.o.}) = \lim_{n\to\infty} P\left(\bigcup_{m=n}^{\infty} A_m\right) \leqslant \lim_{n\to\infty} \sum_{m=n}^{\infty} P(A_m) = 0.$$

(2) 只需证明 $P\left(\bigcup_{n=1}^{\infty} \bigcap_{m=n}^{\infty} \overline{A}_m\right) = 0.$

对任意的 $n \geqslant 1$, $N \geqslant n$, 注意到 $1 - x \leqslant \mathrm{e}^{-x}$, 有

$$P\left(\bigcap_{m=n}^{N} \overline{A}_m\right) = \prod_{m=n}^{N} P(\overline{A}_m) \leqslant \exp\left(-\sum_{m=n}^{N} P(A_m)\right).$$

于是当 $N \to \infty$ 时, 由 $\sum_{n=1}^{\infty} P(A_n) = \infty$, 有 $P\left(\bigcap_{m=n}^{\infty} \overline{A}_m\right) = 0$ 对任意的 $n \geqslant 1$ 都成立. 故 $P\left(\bigcup_{n=1}^{\infty} \bigcap_{m=n}^{\infty} \overline{A}_m\right) = 0$. □

注 4.1.3　设 $\{A_n, n \geqslant 1\}$ 是概率空间 $(\Omega, \mathcal{F}, P)$ 中的相互独立的随机事件列, 则 $P(A_n, \text{i.o.}) = 1$ 当且仅当 $\sum_{n=1}^{\infty} P(A_n) = \infty$.

由 Borel-Cantelli 引理, 我们有

定理 4.1.3　设 X 和 $\{X_n, n \geqslant 1\}$ 是概率空间 $(\Omega, \mathcal{F}, P)$ 中的随机变量 (序列),

(1) 若对任意的 $\varepsilon > 0$, 有 $\sum_{n=1}^{\infty} P(|X_n - X| \geqslant \varepsilon) < \infty$, 则 $X_n \xrightarrow{\text{a.s.}} X$.

(2) 若 $\{X_n, n \geqslant 1\}$ 是相互独立的随机变量序列, c 是常数, 则 $X_n \xrightarrow{\text{a.s.}} c$ 当且仅当对任意的 $\varepsilon > 0$, 有 $\sum_{n=1}^{\infty} P(|X_n - c| \geqslant \varepsilon) < \infty$.

接下来我们研究依概率收敛的性质.

由马尔可夫不等式 (定理 2.5.4), 我们有

定理 4.1.4 若随机变量序列 $\{X_n, n \geqslant 1\}$ 满足 $\lim\limits_{n\to\infty} EX_n^2 = 0$, 则 $X_n \xrightarrow{P} 0$.

证明 对任意的 $\varepsilon > 0$, 由马尔可夫不等式,

$$P(|X_n| \geqslant \varepsilon) \leqslant \frac{EX_n^2}{\varepsilon^2} \to 0,$$

故 $X_n \xrightarrow{P} 0$. □

例 4.1.1 设 $X_1, X_2, \cdots$ 独立同分布, 且 $EX_1 = \mu$, $\mathrm{Var}X_1 = \sigma^2$, 记 $S_n = X_1 + X_2 + \cdots + X_n$, 则

$$\frac{S_n}{n} \xrightarrow{P} \mu.$$

证明 注意到 $ES_n = n\mu$ 以及

$$E(S_n - n\mu)^2 = \mathrm{Var}S_n = \sum_{k=1}^{n} \mathrm{Var}X_k = n\sigma^2,$$

故 $E\left(\frac{S_n - n\mu}{n}\right)^2 = \frac{\sigma^2}{n} \to 0$, 由定理 4.1.4 知, $\frac{S_n - n\mu}{n} \xrightarrow{P} 0$, 这等价于 $\frac{S_n}{n} \xrightarrow{P} \mu$. □

此外, 依概率收敛具有运算性质, 例如

定理 4.1.5 设 $X_n \xrightarrow{P} X$, $Y_n \xrightarrow{P} Y$, 则

(1) $X_n + Y_n \xrightarrow{P} X + Y$;

(2) $X_n Y_n \xrightarrow{P} XY$.

证明 (1) 只需注意到对任意的 $\varepsilon > 0$,

$$\{|X_n + Y_n - (X + Y)| \geqslant \varepsilon\} \subset \left\{|X_n - X| \geqslant \frac{\varepsilon}{2}\right\} \cup \left\{|Y_n - Y| \geqslant \frac{\varepsilon}{2}\right\},$$

由依概率收敛的定义即得.

(2) 注意到

$$X_n Y_n - XY = (X_n - X)(Y_n - Y) + X(Y_n - Y) + Y(X_n - X),$$

故由 (1), 只需证明 $(X_n - X)(Y_n - Y) \xrightarrow{P} 0$, $X(Y_n - Y) \xrightarrow{P} 0$ 和 $Y(X_n - X) \xrightarrow{P} 0$.

先来证明 $(X_n - X)(Y_n - Y) \xrightarrow{P} 0$. 对任意的 $\varepsilon > 0$, 注意到

$$\{|(X_n - X)(Y_n - Y)| \geqslant \varepsilon\} \subset \{|X_n - X| \geqslant \sqrt{\varepsilon}\} \cup \{|Y_n - Y| \geqslant \sqrt{\varepsilon}\},$$

由依概率收敛的定义即得 $(X_n - X)(Y_n - Y) \xrightarrow{P} 0$.

再来证明 $X(Y_n - Y) \xrightarrow{P} 0$. 首先因为 X 是随机变量, 故 $\{|X| = \infty\} = \varnothing$, 从而 $P(|X| = \infty) = 0$. 由概率的上连续性和 $\{|X| = \infty\} = \bigcap\limits_{n=1}^{\infty} \{|X| \geqslant n\}$ 知, 对任意的

$\delta>0$, 存在 $M>0$, 使得 $P(|X|\geqslant M)<\dfrac{\delta}{2}$. 又因为 $Y_n\xrightarrow{P}Y$, 由定义, 对上述 $\delta>0$, $M>0$ 和任意的 $\varepsilon>0$, 存在 N, 当 $n\geqslant N$ 时, $P\left(|Y_n-Y|\geqslant\dfrac{\varepsilon}{M}\right)<\dfrac{\delta}{2}$. 于是, 由

$$\{|X(Y_n-Y)|\geqslant\varepsilon\}\subset\{|X|\geqslant M\}\cup\left\{|Y_n-Y|\geqslant\frac{\varepsilon}{M}\right\}$$

知 $P(|X(Y_n-Y)|\geqslant\varepsilon)\leqslant\dfrac{\delta}{2}+\dfrac{\delta}{2}=\delta$. 故 $X(Y_n-Y)\xrightarrow{P}0$.

同理可证 $Y(X_n-X)\xrightarrow{P}0$. □

判别依概率收敛有很多途径, 例如

定理 4.1.6 设 $X_n\xrightarrow{P}X$,

(1) *若 f 是定义在 $\mathbb{R}$ 上的连续函数, 则 $f(X_n)\xrightarrow{P}f(X)$;*

(2) $\lim\limits_{n\to\infty}E\left(\dfrac{|X_n-X|}{1+|X_n-X|}\right)=0$, *反之也真.*

证明 (1) 首先注意到 $\varnothing=\bigcap\limits_{n=1}^{\infty}\{|X|>n\}$, 于是由概率的上连续性, $\lim\limits_{n\to\infty}P(|X|>n)=0$. 故对任意的 $\varepsilon>0$, 存在 $M>0$, 使得 $P(|X|>M)<\dfrac{\varepsilon}{2}$.

由于 f 是连续函数, 进而在闭区间 $[-2M,2M]$ 上一致连续, 故对上述的 $\varepsilon>0$, 存在 $\delta:0<\delta<M$, 使得当 $x,y\in[-2M,2M]$ 且 $|x-y|<\delta$ 时, $|f(x)-f(y)|<\varepsilon$.

因为 $X_n\xrightarrow{P}X$, 于是对上述的 $\varepsilon>0$ 和 $\delta>0$, 存在正整数 N, 使得当 $n\geqslant N$ 时, $P(|X_n-X|\geqslant\delta)<\dfrac{\varepsilon}{2}$.

综上, 当 $n\geqslant N$ 时, 有

$$\begin{aligned}P(|f(X_n)-f(X)|>\varepsilon)&\leqslant P(|f(X_n)-f(X)|>\varepsilon,|X|\leqslant M)+P(|X|>M)\\&\leqslant P(|X_n-X|\geqslant\delta,|X|\leqslant M)+P(|X|>M)\\&\leqslant P(|X_n-X|\geqslant\delta)+P(|X|>M)<\frac{\varepsilon}{2}+\frac{\varepsilon}{2}=\varepsilon,\end{aligned}$$

故 $f(X_n)\xrightarrow{P}f(X)$.

(2) 不妨设 $X=0$. 往证 $\lim\limits_{n\to\infty}E\left(\dfrac{|X_n|}{1+|X_n|}\right)=0$ 当且仅当 $X_n\xrightarrow{P}0$.

对任意的 $\varepsilon>0$, $1=1_{\{|X_n|\leqslant\varepsilon\}}+1_{\{|X_n|>\varepsilon\}}$, 只需注意到下面两个不等式即可:

$$\begin{aligned}\frac{|X_n|}{1+|X_n|}&=\frac{|X_n|}{1+|X_n|}1_{\{|X_n|\leqslant\varepsilon\}}+\frac{|X_n|}{1+|X_n|}1_{\{|X_n|>\varepsilon\}}\\&\leqslant|X_n|1_{\{|X_n|\leqslant\varepsilon\}}+1_{\{|X_n|>\varepsilon\}}\leqslant\varepsilon+1_{\{|X_n|>\varepsilon\}}\end{aligned}$$

和

$$1_{\{|X_n|>\varepsilon\}}\leqslant\frac{|X_n|}{1+|X_n|}1_{\{|X_n|>\varepsilon\}}\cdot\frac{1+\varepsilon}{\varepsilon}\leqslant\frac{|X_n|}{1+|X_n|}\cdot\frac{1+\varepsilon}{\varepsilon},$$

这里用到了函数 $f(x)=\dfrac{x}{1+x}$ 的单调性. □

依分布收敛没有类似于依概率收敛的四则运算性质 (定理 4.1.5), 但有下面的 Slutsky 定理.

定理 4.1.7 Slutsky 定理

若 $X_n \xrightarrow{\mathrm{d}} X$, $Y_n \xrightarrow{P} c$(常数), 则

(1) $X_n+Y_n \xrightarrow{\mathrm{d}} X+c$;

(2) $X_nY_n \xrightarrow{\mathrm{d}} cX$;

(3) 若 $c\neq 0, Y_n\neq 0$, 则 $X_n/Y_n \xrightarrow{\mathrm{d}} X/c$.

证明 (1) 设 X 的分布函数为 F_X, 选择实数 t 及 $\varepsilon>0$, 使得 $t-c, t-c+\varepsilon$, $t-c-\varepsilon$ 皆为 F_X 的连续点. 于是, 由

$$\begin{aligned}P(X_n+Y_n\leqslant t)&=P(X_n+Y_n\leqslant t,|Y_n-c|<\varepsilon)+P(X_n+Y_n\leqslant t,|Y_n-c|\geqslant\varepsilon)\\&\leqslant P(X_n\leqslant t-c+\varepsilon)+P(|Y_n-c|\geqslant\varepsilon)\end{aligned}$$

得

$$\begin{aligned}\limsup_{n\to\infty}P(X_n+Y_n\leqslant t)&\leqslant\limsup_{n\to\infty}P(X_n\leqslant t-c+\varepsilon)+\limsup_{n\to\infty}P(|Y_n-c|\geqslant\varepsilon)\\&=F_X(t-c+\varepsilon).\end{aligned}$$

再注意到

$$\begin{aligned}P(X_n\leqslant t-c-\varepsilon)&=P(X_n\leqslant t-c-\varepsilon,|Y_n-c|<\varepsilon)\\&\quad+P(X_n\leqslant t-c-\varepsilon,|Y_n-c|\geqslant\varepsilon)\\&\leqslant P(X_n+Y_n\leqslant t)+P(|Y_n-c|\geqslant\varepsilon),\end{aligned}$$

同理可得

$$\liminf_{n\to\infty}P(X_n+Y_n\leqslant t)\geqslant F_X(t-c-\varepsilon).$$

注意到 $t-c$ 为 F_X 的连续点, 让 $\varepsilon\to 0$, 我们有

$$\lim_{n\to\infty}P(X_n+Y_n\leqslant t)=F_X(t-c)=F_{X+c}(t).$$

(2) 仅对 $c>0$ 时证明, $c=0$ 或 $c<0$ 时类似可证.

当 $t\geqslant 0$, 对任意的 $\varepsilon: 0<\varepsilon<c$, 且 $\dfrac{t}{c+\varepsilon}, \dfrac{t}{c+\varepsilon}$ 和 $\dfrac{t}{c}$ 都是 F_X 的连续点时, 由

$$\begin{aligned}P(X_nY_n\leqslant t)=&P(X_nY_n\leqslant t,|Y_n-c|<\varepsilon)+P(X_nY_n\leqslant t,|Y_n-c|\geqslant\varepsilon)\\\leqslant&P\left(X_n\leqslant\frac{t}{c-\varepsilon}\right)+P(|Y_n-c|\geqslant\varepsilon)\end{aligned}$$

和

$$P(X_nY_n > t) = P(X_nY_n > t, |Y_n - c| < \varepsilon) + P(X_nY_n > t, |Y_n - c| \geqslant \varepsilon)$$
$$\leqslant P\left(X_n > \frac{t}{c+\varepsilon}\right) + P(|Y_n - c| \geqslant \varepsilon)$$

我们立得

$$\lim_{n\to\infty} P(X_nY_n \leqslant t) \to F_X\left(\frac{t}{c}\right) = F_{cX}(t).$$

这就证明了当 $t \geqslant 0$ 时, $X_nY_n \xrightarrow{\mathrm{d}} cX$. 当 $t < 0$ 时, 类似可证.

(3) 由 (2), 只需证明, $Y_n^{-1} \xrightarrow{P} c^{-1}$. 注意到对任意的 $0 < \varepsilon < |c|$,

$$\left\{|Y_n^{-1} - c^{-1}| \geqslant \frac{\varepsilon}{|c|(|c| - \varepsilon)}\right\} \subset \{|Y_n - c| \geqslant \varepsilon\}$$

和 $Y_n \xrightarrow{P} c$, 立得 $Y_n^{-1} \xrightarrow{P} c^{-1}$. □

4.1.3 关系

上述三种收敛性之间有密切的关系, 我们陈述如下.

定理 4.1.8　$X_n \xrightarrow{\text{a.s.}} X$ 蕴含 $X_n \xrightarrow{P} X$.

证明　注意到对任意的 $n \geqslant 1$,

$$\{|X_n - X| \geqslant \varepsilon\} \subset \bigcup_{m=n}^{\infty} \{|X_m - X| \geqslant \varepsilon\}$$

成立, 故结论由定理 4.1.1 的 (4) 和依概率收敛的定义立得. □

注 4.1.4　逆不真. 反例: 设 $(\Omega, \mathcal{F}, P) = ([0,1], \mathcal{B}([0,1]), m)$, 这里 m 表示 Lebesgue 测度, 定义

$$X_1 = 1_{[0,1]},$$
$$X_2 = 1_{[0,\frac{1}{2}]}, \quad X_3 = 1_{[\frac{1}{2},1]},$$
$$X_4 = 1_{[0,\frac{1}{3}]}, \quad X_5 = 1_{[\frac{1}{3},\frac{2}{3}]}, \quad X_6 = 1_{[\frac{2}{3},1]},$$
$$\cdots\cdots$$

显然, $X_n \overset{\text{a.s.}}{\nrightarrow} 0$, 但是 $X_n \xrightarrow{P} 0$. 参见文献 Resnick (2014) 中的例 6.2.1.

不过我们有

定理 4.1.9　$X_n \xrightarrow{P} X$ 当且仅当对每个子列 $\{X_{n_k}, k \geqslant 1\}$, 存在子子列 $\{X_{n_{k_j}}, j \geqslant 1\}$ 使得 $X_{n_{k_j}} \xrightarrow{\text{a.s.}} X$.

证明　证明参见文献 Resnick (2014) 中的定理 6.3.1. □

依概率收敛蕴含依分布收敛, 即

定理 4.1.10 $X_n \xrightarrow{P} X$ 蕴含 $X_n \xrightarrow{\mathrm{d}} X$.

证明 记 $X_n, n \geqslant 1$ 与 X 的分布函数分别为 $F_n, n \geqslant 1$ 和 F. 设 $X_n \xrightarrow{P} X$ 往证 $F_n(x) \to F(x)$ 对 F 所有的连续点 x 都成立. 为此, 只需证明对任意的 $x \in \mathbb{R}$, 有

$$F(x-0) \leqslant \liminf_{n\to\infty} F_n(x) \leqslant \limsup_{n\to\infty} F_n(x) \leqslant F(x+0).$$

一方面, 设 $y < x$, 则

$$\begin{aligned} F(y) &= P(X \leqslant y) = P(X_n \leqslant x, X \leqslant y) + P(X_n > x, X \leqslant y) \\ &\leqslant P(X_n \leqslant x) + P(|X_n - X| \geqslant x - y) = F_n(x) + P(|X_n - X| \geqslant x - y), \end{aligned}$$

在不等号的右边令 $n \to \infty$, 得 $F(y) \leqslant \liminf\limits_{n\to\infty} F_n(x)$. 再令 $y \to x-$, 得 $F(x-0) \leqslant \liminf\limits_{n\to\infty} F_n(x)$.

另一方面, 设 $y > x$, 则

$$\begin{aligned} F(y) &= 1 - P(X > y) = 1 - [P(X_n \leqslant x, X > y) + P(X_n > x, X > y)] \\ &\geqslant 1 - P(|X_n - X| \geqslant y - x) - P(X_n > x) = F_n(x) - P(|X_n - X| \geqslant y - x), \end{aligned}$$

在不等号的右边令 $n \to \infty$, 得 $F(y) \geqslant \limsup\limits_{n\to\infty} F_n(x)$. 再令 $y \to x+$, 得

$$F(x+0) \geqslant \limsup_{n\to\infty} F_n(x).$$

$\liminf\limits_{n\to\infty} F_n(x) \leqslant \limsup\limits_{n\to\infty} F_n(x)$ 是显然的. □

注 4.1.5 定理 4.1.10 的逆不真.

例 4.1.2 设 $X \sim N(0,1)$, 对 $n \geqslant 1$, 定义 $X_n = (-1)^n X$, 则因为对任意的 $n \geqslant 1$, X_n 都与 X 有相同的分布 $N(0,1)$, 故 $X_n \xrightarrow{\mathrm{d}} X$. 但是对任意的 $\varepsilon > 0$, 当 n 为奇数时,

$$P(|X_n - X| \geqslant \varepsilon) = P\left(|X| \geqslant \frac{\varepsilon}{2}\right) = 2 - 2\Phi\left(\frac{\varepsilon}{2}\right),$$

故 $\{X_n, n \geqslant 1\}$ 不依概率收敛于 X.

若 X 为退化的分布 (即 X 为常数) 时, 我们有

定理 4.1.11 设 c 是一个常数, 则 $X_n \xrightarrow{\mathrm{d}} c$ 蕴含 $X_n \xrightarrow{P} c$.

证明 易知常数 c 的分布函数为 $F(x) = \begin{cases} 0, & x < c, \\ 1, & x \geqslant c, \end{cases}$ 其仅在 $x = c$ 处不连续.

设 X_n 的分布函数为 F_n, 则由 $X_n \xrightarrow{\mathrm{d}} c$ 知, 对任意的 $\varepsilon > 0$,

$$\begin{aligned}P(|X_n - c| \geqslant \varepsilon) &= P(X_n \geqslant c+\varepsilon) + P(X_n \leqslant c-\varepsilon)\\ &\leqslant P\left(X_n > c+\frac{\varepsilon}{2}\right) + P(X_n \leqslant c-\varepsilon)\\ &= 1 - F_n\left(c+\frac{\varepsilon}{2}\right) + F_n(c-\varepsilon)\\ &\to 1 - F\left(c+\frac{\varepsilon}{2}\right) + F(c-\varepsilon) = 1-1+0 = 0,\end{aligned}$$

故由定义知, $X_n \xrightarrow{P} c$. □

4.2 特 征 函 数

通常, 随机变量的数学期望、方差或矩都不能决定随机变量的分布. 也就是说, 不同的概率分布可以有相同的数字特征. 本节中, 我们将要介绍随机变量或概率分布的一种新的特征: 特征函数能够与概率分布相互唯一确定.

在给出特征函数的定义之前, 我们需要定义复值随机变量及其期望.

定义 4.2.1 　*设 X, Y 是定义在概率空间 $(\Omega, \mathcal{F}, P)$ 上的实值随机变量. 称 $Z = X + \mathrm{i}Y$ 是一个***复值随机变量***, 这里 i 是虚数单位, 即满足 $\mathrm{i}^2 = -1$. 若数学期望 EX 和 EY 存在, 则称 $EZ = EX + \mathrm{i}EY$ 是复值随机变量 Z 的***数学期望***.*

注 4.2.1 　本质上, 复值随机变量不过是两个实值随机变量的一种表示, 于是实值随机变量的性质可以自然推广到复值随机变量, 这里不再一一叙述.

4.2.1 定义

下面给出特征函数的定义.

定义 4.2.2 　*设 X 是一个随机变量, 分布函数为 F, 称复值函数*

$$f(t) = E\mathrm{e}^{\mathrm{i}tX} = E[\cos(tX) + \mathrm{i}\sin(tX)], \quad -\infty < t < \infty$$

*是 X 或 F 的***特征函数***.*

注 4.2.2 　任何随机变量或概率分布的特征函数都存在, 这是因为复值函数 $\mathrm{e}^{\mathrm{i}tx}$ 的模等于 1, 即 $|\mathrm{e}^{\mathrm{i}tx}| = 1$.

注 4.2.3 　特别地, 若 X 是离散型随机变量, 有分布列 $p_k = P(X = x_k)$, $k \geqslant 1$, 或者为连续型随机变量, 有概率密度函数 $p(x)$, X 的特征函数为

$$f(t) = \begin{cases} \displaystyle\sum_k \mathrm{e}^{\mathrm{i}tx_k} p_k, & \text{离散情形}, \\ \displaystyle\int_{-\infty}^{\infty} \mathrm{e}^{\mathrm{i}tx} p(x)\mathrm{d}x, & \text{连续情形}. \end{cases}$$

例 4.2.1 设随机变量 X 服从两点分布 $b(1,p)$, 给出 X 的特征函数.

解 显然 X 有分布列 $P(X=1)=p=1-P(X=0)$, 由定义, X 的特征函数为

$$f(t)=Ee^{itX}=e^{it\cdot 0}P(X=0)+e^{it\cdot 1}P(X=1)=1-p+pe^{it}. \qquad \square$$

例 4.2.2 设随机变量 X 服从均匀分布 $U[0,1]$, 求 X 的特征函数.

解 易知 X 有概率密度函数 $p(x)=\begin{cases}1, & 0<x<1,\\ 0, & \text{其他情形}.\end{cases}$ 由定义, X 的特征函数为

$$f(t)=Ee^{itX}=\int e^{itx}p(x)\mathrm{d}x=\int_0^1 e^{itx}\mathrm{d}x=\begin{cases}\dfrac{e^{it}-1}{it}, & t\neq 0,\\ 1, & t=0.\end{cases} \qquad \square$$

例 4.2.3 求标准正态分布 $N(0,1)$ 的特征函数.

解 由复值函数 e^{iy} 的展开式, 即

$$e^{iy}=\sum_{k=0}^{\infty}\frac{(iy)^k}{k!},$$

标准正态分布 $N(0,1)$ 的特征函数为

$$\begin{aligned}f(t)=Ee^{itX}&=\sum_{k=0}^{\infty}\frac{(it)^k}{k!}EX^k=\sum_{j=0}^{\infty}\frac{(it)^{2j}}{(2j)!}EX^{2j}\\&=\sum_{j=0}^{\infty}\frac{(it)^{2j}}{(2j)!}(2j-1)!!=\sum_{j=0}^{\infty}\frac{\left(-\dfrac{t^2}{2}\right)^j}{j!}\\&=\exp\left\{-\frac{t^2}{2}\right\},\end{aligned}$$

这里用到了标准正态分布 $N(0,1)$ 的 n 阶矩

$$EX^n=\begin{cases}(n-1)!!, & n\ \text{是偶数},\\ 0, & n\ \text{是奇数}.\end{cases} \qquad \square$$

4.2.2 性质

定理 4.2.1 **特征函数的性质**

下面为了不引起混乱, 我们有时候将 X 的特征函数写为 $f_X(t)$, 其他记号不言自明. 特征函数有下列性质:

(1) $f(0)=1$ 和 $|f(t)|\leqslant 1$;

(2) $f(-t)=\overline{f(t)}$, 这里 $\overline{f(t)}$ 表示 $f(t)$ 的共轭;

(3) 设 a 和 b 都是常数, $Y=aX+b$, 则 $f_Y(t)=\mathrm{e}^{\mathrm{i}bt}f_X(at)$;

(4) 若随机变量 X 与 Y 相互独立, 则 $X+Y$ 的特征函数 $f_{X+Y}(t)=f_X(t)f_Y(t)$, 即相互独立的随机变量的和的特征函数等于各自特征函数的乘积;

(5) 设随机变量 X 的 k 阶矩 $\mu_k=EX^k$ 存在, 则对任意的 $j:1\leqslant j\leqslant k$, 特征函数 $f(t)$ 的 j 阶导数存在, 且 $f^{(j)}(0)=\mathrm{i}^j\mu_j$.

证明　由定义, (1)—(4) 显然成立.

(5) 由于高阶矩存在蕴含低阶矩存在, 故我们只需证明 $j=k$ 的情形. 不失一般性, 我们设 X 有概率密度函数 $p(x)$.

因为

$$\left|\frac{\mathrm{d}^k}{\mathrm{d}t^k}\left(\mathrm{e}^{\mathrm{i}tx}p(x)\right)\right|=\left|\mathrm{i}^kx^k\mathrm{e}^{\mathrm{i}tx}p(x)\right|=|x^k|p(x)$$

和 EX^k 存在, 于是积分 $\displaystyle\int_{-\infty}^{\infty}\frac{\mathrm{d}^k}{\mathrm{d}t^k}\left(\mathrm{e}^{\mathrm{i}tx}p(x)\right)\mathrm{d}x$ 作为 t 的函数在 $(-\infty,\infty)$ 上一致收敛. 故 $f(t)$ 的 k 阶导数存在且

$$f^{(k)}(t)=\frac{\mathrm{d}^k}{\mathrm{d}t^k}\int_{-\infty}^{\infty}\mathrm{e}^{\mathrm{i}tx}p(x)\mathrm{d}x=\int_{-\infty}^{\infty}\frac{\mathrm{d}^k}{\mathrm{d}t^k}\left(\mathrm{e}^{\mathrm{i}tx}p(x)\right)\mathrm{d}x=\mathrm{i}^k\int_{-\infty}^{\infty}x^k\mathrm{e}^{\mathrm{i}tx}p(x)\mathrm{d}x.$$

特别地, $f^{(k)}(0)=\mathrm{i}^kEX^k$. □

例 4.2.4　求均匀分布 $U(a,b)$ 和正态分布 $N(\mu,\sigma^2)$ 的特征函数.

解　若 X 服从均匀分布 $U(a,b)$, 则易知 $\dfrac{X-a}{b-a}$ 服从均匀分布 $U(0,1)$, 于是由定理 4.2.1 的性质 (3) 和例 4.2.2 知, $X=(b-a)\cdot\dfrac{X-a}{b-a}+a$ 的特征函数为

$$f(t)=\begin{cases}\mathrm{e}^{\mathrm{i}at}\cdot\dfrac{\mathrm{e}^{\mathrm{i}(b-a)t}-1}{\mathrm{i}t(b-a)}, & t\neq0,\\ 1, & t=0\end{cases}=\begin{cases}\dfrac{\mathrm{e}^{\mathrm{i}bt}-\mathrm{e}^{\mathrm{i}at}}{\mathrm{i}t(b-a)}, & t\neq0,\\ 1, & t=0.\end{cases}$$

类似地, 注意到 $X=\sigma\cdot\dfrac{X-\mu}{\sigma}+\mu$, 且若 X 服从正态分布 $N(\mu,\sigma^2)$, 则 $\dfrac{X-\mu}{\sigma}$ 服从标准正态分布 $N(0,1)$, 由定理 4.2.1 的性质 (3) 和例 4.2.3 知, 正态分布 $N(\mu,\sigma^2)$ 的特征函数为

$$f(t)=\mathrm{e}^{\mathrm{i}\mu t}\exp\left\{-\frac{(\sigma t)^2}{2}\right\}=\exp\left\{\mathrm{i}\mu t-\frac{\sigma^2t^2}{2}\right\}.$$ □

例 4.2.5　求二项分布 $b(n,p)$ 的特征函数.

解　由二项分布的可加性, 定理 4.2.1 的性质 (4) 和例 4.2.1 知, 二项分布 $b(n,p)$ 的特征函数为 $f(t)=(1-p+p\mathrm{e}^{\mathrm{i}t})^n$. □

例 4.2.6 设 X 的概率密度函数为 $p(x)=\begin{cases}x, & 0<x<1,\\ 2-x, & 1\leqslant x<2\\ 0, & 其他,\end{cases}$ 求 X 的特征函数.

解 设 X_1 与 X_2 相互独立, 且都服从均匀分布 $U(0,1)$. 由注 3.4.4 知, X_1+X_2 与 X 同分布. 于是由定理 4.2.1 的性质 (4) 和例 4.2.2 知, X 的特征函数亦即 X_1+X_2 的特征函数为

$$f(t)=\begin{cases}\left(\dfrac{\mathrm{e}^{\mathrm{i}t}-1}{\mathrm{i}t}\right)^2, & t\neq 0,\\ 1, & t=0.\end{cases}$$

□

下面的定理表明任何概率分布的特征函数都是非负定的.

定理 4.2.2 设 $f(t)$ 是随机变量 X 的特征函数, 则 $f(t)$ 是非负定的, 即对任意的正整数 n, 任意的 n 个复数 $z_1,z_2,\cdots,z_n$ 和 n 个实数 $t_1,t_2,\cdots,t_n$,

$$\sum_{i,j=1}^{n} f(t_i-t_j)z_i\bar{z}_j\geqslant 0.$$

证明 不妨设 X 有概率密度函数 $p(x)$, 结论由

$$\sum_{i,j=1}^{n} f(t_i-t_j)z_i\bar{z}_j=\sum_{i,j=1}^{n} z_i\bar{z}_j\int \mathrm{e}^{\mathrm{i}(t_i-t_j)x}p(x)\mathrm{d}x=\int\left|\sum_{i=1}^{n} z_i\mathrm{e}^{\mathrm{i}t_ix}\right|^2 p(x)\mathrm{d}x\geqslant 0$$

立得.

□

接下来, 我们给出唯一性定理, 它表明概率分布与特征函数相互唯一确定. 这个定理的证明这里略去, 读者可以参考文献 Resnick (2014) 中的定理 9.5.1.

定理 4.2.3 唯一性定理

概率分布唯一地由其特征函数确定. 详细地说, 设 f 是某概率分布 F 的特征函数, 则

$$F(x)=\lim_{y\to-\infty}\lim_{T\to\infty}\int_{-T}^{T}\frac{\mathrm{e}^{-\mathrm{i}ty}-\mathrm{e}^{-\mathrm{i}tx}}{\mathrm{i}\cdot 2\pi t}f(t)\mathrm{d}t$$

对 F 的任何连续点 x 都成立.

特别地, 若 F 是一个分布函数, 且对应的特征函数是可积的, 则 F 具有概率密度函数. 即

推论 4.2.1 设 f 是分布函数 F 对应的特征函数, 且 $\int_{-\infty}^{\infty}|f(t)|\mathrm{d}t<\infty$, 则 F 有概率密度函数

$$p(x)=\frac{1}{2\pi}\int_{-\infty}^{\infty}\mathrm{e}^{-\mathrm{i}tx}f(t)\mathrm{d}t.$$

下面的连续性定理为我们提供了证明依分布收敛的一条途径. 证明可以参见文献 Durrett (2013) 中的定理 3.3.6.

定理 4.2.4　连续性定理

(1) 设 $X_n \xrightarrow{\text{d}} X$, $f_n, n \geqslant 1$ 和 f 分别是随机变量 $X_n, n \geqslant 1$ 和 X 的特征函数, 则 $f_n(t) \to f(t)$, $t \in \mathbb{R}$;

(2) 设 f 在 0 点连续, $f_n(t) \to f(t)$ 对任意的 $t \in \mathbb{R}$ 都成立, $f_n, n \geqslant 1$ 是随机变量 $X_n, n \geqslant 1$ 的特征函数, 则 $X_n \xrightarrow{\text{d}} X$, 这里随机变量 X 以 f 作为其特征函数.

注 4.2.4　连续性定理 (2) 中, 要求 f 在 0 点连续, 这是因为特征函数列的极限函数未必是特征函数.

例 4.2.7　对任意的 $n \geqslant 1$, 设 $\{X_n, n \geqslant 1\}$ 是正态分布 $N(0, n)$ 随机变量序列. 于是 X_n 的特征函数为 $f_n(t) = \mathrm{e}^{-\frac{nt^2}{2}}$, $n \geqslant 1$. 显然, f_n 的极限函数为 $1_{\{0\}}$. 但是, X_n 的分布函数 $F_n(x) = \Phi\left(\dfrac{x}{\sqrt{n}}\right)$ 且 $F_n(x) \to \Phi(0) = \dfrac{1}{2}$ 对任意的 $x \in \mathbb{R}$ 都成立. 然而常数 $\dfrac{1}{2}$ 不是任何分布的分布函数.

多维随机变量的特征函数, 我们定义如下:

定义 4.2.3　设 $\boldsymbol{X} = (X_1, X_2, \cdots, X_d)^{\mathrm{T}}$ 是 d 维随机变量, 称

$$f(t_1, t_2, \cdots, t_d) = E\mathrm{e}^{\mathrm{i}\boldsymbol{t}^{\mathrm{T}}\boldsymbol{X}} = E\exp\left\{\mathrm{i}\sum_{i=1}^{d} t_i X_i\right\}$$

为 $\boldsymbol{X}$ 的特征函数, 这里 $\boldsymbol{t} = (t_1, t_2, \cdots, t_d)^{\mathrm{T}} \in \mathbb{R}^d$.

例 4.2.8　设随机变量 (X, Y) 服从二维正态分布 $N(0, 1; 0, 1; \rho)$, 求 (X, Y) 的特征函数.

解　由定义, (X, Y) 的特征函数为

$$f(t_1, t_2) = E\exp[\mathrm{i}(t_1 X + t_2 Y)] = \exp\left\{-\frac{t_1^2 + t_2^2 + 2\rho t_1 t_2}{2}\right\},$$

这里第二个等号是因为由定理 3.8.1 以及正态分布的线性不变性可知 $t_1 X + t_2 Y \sim N(0, t_1^2 + t_2^2 + 2\rho t_1 t_2)$, 进而由例 4.2.4 即得. □

4.3　大 数 定 律

概率的频率方法告诉我们, “概率是频率的稳定值”. 直观的理解就是, 频率取值于概率附近. 严格地来说, 即为下面的定理.

定理 4.3.1　伯努利大数定律

设在一次试验中事件 A 发生的概率为 p, 记 S_n 表示 n 次独立的这种试验中 A 发生的次数, 则当 $n \to \infty$ 时,

$$\frac{S_n}{n} \xrightarrow{P} p.$$

注 4.3.1　上述定理从理论上证明了频率具有稳定性, 表明大量重复试验中, 事件 A 出现的频率依概率收敛于单次试验中出现的概率.

一般地, 我们有如下的定义.

定义 4.3.1　称随机变量序列 $\{X_n, n \geqslant 1\}$ 服从 **(弱) 大数定律** (weak law of large number), 若存在数列 $\{a_n, n \geqslant 1\}$ 和 $\{b_n, n \geqslant 1\}$, 满足 $b_n \uparrow \infty$, 使得当 $n \to \infty$ 时,

$$\frac{S_n - a_n}{b_n} \xrightarrow{P} 0$$

成立, 其中 $S_n = \sum\limits_{k=1}^{n} X_k$.

通常不作特别说明的时候, 我们称 $\{X_n, n \geqslant 1\}$ 服从 (弱) 大数定律, 都是指 $a_n = ES_n, b_n = n$ 时的规范形式.

大数定律还有很多版本, 比较常见的除了伯努利大数定律之外, 有

定理 4.3.2　设 $\{X_n, n \geqslant 1\}$ 是概率空间 $(\Omega, \mathcal{F}, P)$ 上的随机变量序列, 记 $S_n = \sum\limits_{k=1}^{n} X_k$. 若 $\{X_n, n \geqslant 1\}$ 满足下列条件之一, 则 $\{X_n, n \geqslant 1\}$ 服从大数定律:

(1) **切比雪夫大数定律**　$\{X_n, n \geqslant 1\}$ 两两不相关, 方差一致有界;

(2) **马尔可夫大数定律**　马尔可夫条件成立, 即当 $n \to \infty$ 时, $\dfrac{\mathrm{Var} S_n}{n^2} \to 0$;

(3) **辛钦 (Khinchin) 大数定律**　$\{X_n, n \geqslant 1\}$ 独立同分布, 且数学期望存在.

证明　(1) 是 (2) 的推论, (2) 可由切比雪夫不等式 (推论 2.5.1) 得到. 只需证明 (3).

不妨设 $EX_1 = \mu < \infty$, 往证 $\dfrac{S_n}{n} \xrightarrow{P} \mu$. 注意到此与 $\dfrac{S_n}{n} \xrightarrow{\mathrm{d}} \mu$ 等价, 且 μ 的特征函数 $\mathrm{e}^{\mathrm{i}\mu t}$ 处处连续, 因而由特征函数的连续性定理 (定理 4.2.4), 只需证明 $\dfrac{S_n}{n}$ 的特征函数 $f_n(t)$ 收敛于 $\mathrm{e}^{\mathrm{i}\mu t}$.

设 X_1 的特征函数为 $f(t)$, 由特征函数的性质知, $\dfrac{S_n}{n}$ 的特征函数 $f_n(t) = \left[f\left(\dfrac{t}{n}\right)\right]^n$. 又因为 EX_1 存在, 可将 $f(t)$ 在 0 处展开得

$$f(t) = f(0) + f'(0)t + o(t) = 1 + \mathrm{i}\mu t + o(t).$$

于是

$$f_n(t)=\left[1+\mathrm{i}\mu\frac{t}{n}+o\left(\frac{t}{n}\right)\right]^n\to \mathrm{e}^{\mathrm{i}\mu t},$$

当 $n\to\infty$. □

注 4.3.2 显然伯努利大数定律是切比雪夫大数定律的特例; 辛钦大数定律不同于马尔可夫等大数定律在于没有任何关于随机变量二阶矩的要求.

大数定律是数理统计中参数估计的理论基础, 此外还广泛应用于各种数值计算和概率估计. 下面给出一个利用大数定律作近似计算的例子.

例 4.3.1 设 f 的原函数未知, 利用大数定律近似计算积分 $I=\int_0^1 f(x)\mathrm{d}x$.

解 若 $f(x)$ 的原函数无法用初等函数表示, 我们利用大数定律做近似计算: 令 $X\sim U(0,1)$, 则 $I=Ef(X)$. 先产生 n 个 $(0,1)$ 上均匀分布的随机数 $x_1,x_2,\cdots,x_n$, 则由大数定律,

$$I\approx\frac{1}{n}\sum_{k=1}^n f(x_k).$$

□

例 4.3.2 计算定积分 $\int_0^1(2\pi)^{-\frac{1}{2}}\mathrm{e}^{-\frac{x^2}{2}}\mathrm{d}x$.

解 查正态分布函数表可得其值为 0.341344; 利用大数定律, 我们可以通过先产生随机数的方法计算均值:

当 $n=10^4$ 时, 估计值为 0.341329; 当 $n=10^5$ 时, 估计值为 0.341334. □

我们再给出一个例子, 利用大数定律来证明微积分中著名的 Weierstrass 定理, 这个证明是 Bernstein 给出的.

例 4.3.3 Weierstrass 定理的 Bernstein 证明

设 f 是定义在 $[0,1]$ 上的连续函数, 定义 Bernstein 多项式如下:

$$f_n(x)=\sum_{k=0}^n f\left(\frac{k}{n}\right)\mathrm{C}_n^k x^k(1-x)^{n-k},\quad n\geqslant 1,$$

则在 $[0,1]$ 上 f_n 一致收敛于 f.

证明 设对任意的 $n\geqslant 1$, 随机变量 S_n 服从二项分布 $b(n,x)$, 于是

$$P(S_n=k)=\mathrm{C}_n^k x^k(1-x)^{n-k},\quad k=0,1,\cdots,n.$$

故 $f_n(x)=Ef\left(\frac{S_n}{n}\right)$. 由大数定律知, $\frac{S_n}{n}\xrightarrow{P}x$.

因为 f 在闭区间 $[0,1]$ 上连续, 所以一致连续且有界. 故存在 $M>0$, 使得对任意的 $x\in[0,1]$, $|f(x)|\leqslant M$ 成立. 此外, 对任意的 $\varepsilon>0$, 存在 $\delta>0$, 当 $x,y\in[0,1]$, 且 $|x-y|<\delta$ 时, $|f(y)-f(x)|<\frac{\varepsilon}{2}$.

记 $A=\left\{\left|\frac{S_n}{n}-x\right|\geqslant\delta\right\}$, 由于 $\frac{S_n}{n}\xrightarrow{P}x$, 故对上述 $\varepsilon>0$ 和 $M>0$, 存在 $N\in\mathbb{N}$(注意这里 N 依赖于 x 的!!!), 使得当 $n\geqslant N$ 时, $P(A)\leqslant\frac{\varepsilon}{4M}$.

于是,

$$
\begin{aligned}
|f_n(x)-f(x)|&=\left|E\left(f\left(\frac{S_n}{n}\right)-f(x)\right)\right|\leqslant E\left|f\left(\frac{S_n}{n}\right)-f(x)\right|\\
&=E\left|f\left(\frac{S_n}{n}\right)-f(x)\right|1_A+E\left|f\left(\frac{S_n}{n}\right)-f(x)\right|1_{\overline{A}}\\
&\leqslant 2MP(A)+\frac{\varepsilon}{2}P(\overline{A})\leqslant 2M\frac{\varepsilon}{4M}+\frac{\varepsilon}{2}=\varepsilon.
\end{aligned}
$$

这就证明了 $f_n(x)$ 收敛于 $f(x)$.

为证明一致收敛性, 我们由切比雪夫不等式 (推论 2.5.1),

$$
P(A)\leqslant\frac{\mathrm{Var}S_n}{n^2\delta^2}=\frac{x(1-x)}{n\delta^2}\leqslant\frac{1}{4n\delta^2},
$$

对上述 $\varepsilon>0$, $\delta>0$ 以及 $M>0$, 存在 $N'=\left[\frac{M}{\varepsilon\delta^2}\right]+1\in\mathbb{N}$(这里 N' 不依赖于 x), 使得 $n\geqslant N'$ 时, $\frac{1}{4n\delta^2}\leqslant\frac{\varepsilon}{4M}$. 进而我们有 f_n 一致收敛于 f. □

上面介绍的几个大数定律都要求方差或数学期望存在, 我们这里给出一个更一般的大数定律, 其并未要求数学期望存在.

定理 4.3.3 设 $\{X_n,n\geqslant1\}$ 为相互独立的随机变量序列, 对任意的 $n\geqslant1$, 记

$$
Y_{n,k}=\begin{cases}X_k, & |X_k|\leqslant n,\\ 0, & |X_k|>n,\end{cases}\qquad k=1,2,\cdots,n,
$$

并记 $a_n=\sum_{k=1}^{n}EY_{n,k}$ 和 $S_n=\sum_{k=1}^{n}X_k$. 设当 $n\to\infty$ 时有

(1) $\sum_{k=1}^{n}P(|X_k|>n)\to0$;

(2) $\frac{1}{n^2}\sum_{k=1}^{n}EY_{n,k}^2\to0$.

则当 $n\to\infty$ 时,

$$
\frac{S_n-a_n}{n}\xrightarrow{P}0.
$$

证明 记 $S_n^*=\sum_{k=1}^{n}Y_{n,k}$.

一方面, 因为对任意的 $\varepsilon > 0$,

$$P(|S_n - S_n^*| \geqslant \varepsilon) \leqslant P(S_n \neq S_n^*) \leqslant P\left(\bigcup_{k=1}^{n}\{X_k \neq Y_{n,k}\}\right)$$
$$\leqslant \sum_{k=1}^{n} P(|X_k| > n) \to 0,$$

故 $S_n - S_n^* \xrightarrow{P} 0$.

另一方面, 因为 $ES_n^* = a_n$, 对任意的 $\varepsilon > 0$, 由切比雪夫不等式 (推论 2.5.1)

$$P\left(\left|\frac{S_n^* - a_n}{n}\right| \geqslant \varepsilon\right) \leqslant \frac{\mathrm{Var}S_n^*}{n^2\varepsilon^2} \leqslant \frac{1}{n^2\varepsilon^2}\sum_{k=1}^{n} EY_{n,k}^2 \to 0,$$

故 $\dfrac{S_n^* - a_n}{n} \xrightarrow{P} 0$.

综上, 由定理 4.1.5,

$$\frac{S_n - a_n}{n} = \frac{S_n - S_n^*}{n} + \frac{S_n^* - a_n}{n} \xrightarrow{P} 0.$$ □

作为定理 4.3.3 的应用, 我们来重新证明辛钦大数定律.

辛钦大数定律的另一证明　设 $\{X_n, n \geqslant 1\}$ 独立同分布, $\mu = EX_1 < \infty$. 于是, 由 $E|X_1| < \infty$ 知, $E(|X_1|1_{\{|X_1|>n\}}) \to 0$. 故

$$|E(X_1 1_{\{|X_1| \leqslant n\}}) - \mu| \leqslant E(|X_1|1_{\{|X_1|>n\}}) \to 0,$$

且有

$$\sum_{k=1}^{n} P(|X_k| > n) = nP(|X_1| > n) = E(n1_{\{|X_1|>n\}}) \leqslant E(|X_1|1_{\{|X_1|>n\}}) \to 0.$$

又因为对任意的 $\varepsilon > 0$,

$$\frac{1}{n}EX_1^2 1_{\{|X_1| \leqslant n\}} \leqslant \frac{1}{n}\left(E(X_1^2 1_{\{|X_1| \leqslant \varepsilon\sqrt{n}\}}) + E(X_1^2 1_{\{\varepsilon\sqrt{n} \leqslant |X_1| \leqslant n\}})\right)$$
$$\leqslant \varepsilon^2 + E(|X_1|1_{\{|X_1|>\varepsilon\sqrt{n}\}}) \to \varepsilon^2,$$

故

$$\frac{1}{n^2}\sum_{k=1}^{n} EY_{n,k}^2 = \frac{1}{n}E(X_1^2 1_{\{|X_1| \leqslant n\}}) \to 0.$$

于是定理 4.3.3 的条件 (1) 和 (2) 成立, 从而当 $n \to \infty$ 时有

$$\frac{S_n - nE(X_1 1_{\{|X_1| \leqslant n\}})}{n} \xrightarrow{P} 0.$$

综上, 由

$$\left|\frac{S_n}{n}-\mu\right| \leqslant \left|\frac{S_n-nE(X_1 1_{\{|X_1|\leqslant n\}})}{n}\right| + \left|\frac{nE(X_1 1_{\{|X_1|\leqslant n\}})}{n}-\mu\right|$$

知, $\frac{S_n}{n}-\mu \xrightarrow{P} 0$. □

最后, 我们还需特别指出, 大数定律还有强大数定律的版本, 这里的“强”是指在几乎处处收敛的意义下.

定义 4.3.2 称随机变量序列 $\{X_n, n\geqslant 1\}$ 服从**强大数定律** (strong law of large number), 若存在数列 $\{a_n, n\geqslant 1\}$ 和 $\{b_n, n\geqslant 1\}$, 满足 $b_n \uparrow \infty$, 使得当 $n\to\infty$ 时,

$$\frac{S_n-a_n}{b_n} \xrightarrow{\text{a.s.}} 0$$

成立, 其中 $S_n=\sum_{k=1}^{n} X_k$.

我们不加证明地给出独立同分布情形下的一个强大数定律, 它的证明可见文献 Durrett (2013).

定理 4.3.4 设 $\{X_n, n\geqslant 1\}$ 是概率空间 $(\Omega, \mathcal{F}, P)$ 上的独立同分布的随机变量序列, 数学期望 $EX_1=\mu$ 存在, 记 $S_n=\sum_{k=1}^{n} X_k$, 则当 $n\to\infty$ 时,

$$\frac{S_n}{n} \xrightarrow{\text{a.s.}} \mu.$$

注 4.3.3 强大数定律 (定理 4.3.4) 的一个典型应用是用来证明 Glivenko-Cantelli 引理 (该引理是数理统计中基于样本进行统计推断的理论支撑), 读者可以参见文献 Resnick (2014) 中的定理 7.5.2.

4.4 中心极限定理

中心极限定理是研究在何种条件下, 大量随机变量的和的分布渐近服从正态分布的一类定理. 我们从例子开始.

例 4.4.1 设随机变量 X 服从二项分布 $b(n,p)$, 则其分布列为

$$P(X=k)=\mathrm{C}_n^k p^k (1-p)^{n-k}, \quad k=0,1,\cdots,n.$$

现固定 $p=0.1$, 当 $n=10,20,50,100$ 时, 分别作出其概率直方图, 如图 4.1 所示.

由图可知, 随着 n 的增大, 图像变得越来越对称. 事实上, 当 n 充分大时, 我们可以用正态分布 $N(np, np(1-p))$ 来近似替代二项分布 $b(n,p)$.

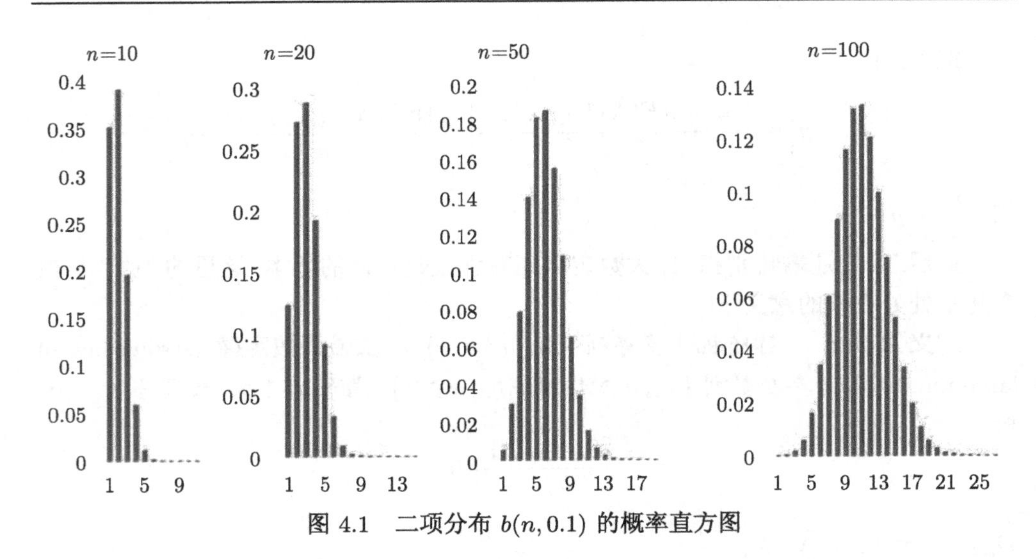

图 4.1　二项分布 $b(n,0.1)$ 的概率直方图

例 4.4.2　设 $X_1, X_2, \cdots, X_n$ 独立同分布且都服从均匀分布 $U(0,1)$, 记 $S_n = \sum\limits_{i=1}^{n} X_i$, 理论上来说, 由卷积公式, S_n 的分布是可以求出的. 例如, S_1, S_2, S_3 的概率密度函数依次为

$$p_1(x) = \begin{cases} 1, & 0 < x < 1, \\ 0, & \text{其他}, \end{cases} \qquad p_2(x) = \begin{cases} x, & 0 < x < 1, \\ 2 - x, & 1 \leqslant x < 2, \\ 0, & \text{其他}. \end{cases}$$

$$p_3(x) = \begin{cases} \dfrac{1}{2}x^2, & 0 < x < 1, \\ \dfrac{1}{2}(x^2 - 3(x-1)^2), & 1 \leqslant x < 2, \\ \dfrac{1}{2}(x^2 - 3(x-1)^2 - 3(x-2)^2), & 2 \leqslant x < 3, \\ 0, & \text{其他}. \end{cases}$$

但是随着 n 的增大, S_n 的概率密度函数会越来越复杂, 使用起来也不方便. 这就迫使人们去寻找 S_n 的近似分布. 中心极限定理告诉我们其近似分布为正态分布.

4.4.1　定义

定义 4.4.1　设 $\{X_n, n \geqslant 1\}$ 为随机变量序列, $S_n = X_1 + X_2 + \cdots + X_n$, $n \geqslant 1$, 若数学期望 ES_n 和方差 $\mathrm{Var}S_n$ 都存在, 且 $S_n^* = \dfrac{S_n - ES_n}{\sqrt{\mathrm{Var}S_n}}$ 依分布收敛于标准正态分布 $N(0,1)$, 则称随机变量序列 $\{X_n, n \geqslant 1\}$ 满足中心极限定理.

注 4.4.1 若随机变量序列 $\{X_n, n \geqslant 1\}$ 满足中心极限定理, 则对任意的 $x \in \mathbb{R}$,

$$\lim_{n\to\infty} P\left(\frac{S_n - ES_n}{\sqrt{\mathrm{Var}S_n}} \leqslant x\right) = \Phi(x),$$

这里 Φ 是标准正态分布 $N(0,1)$ 的分布函数.

4.4.2 独立同分布情形

中心极限定理有很多版本, 本节仅介绍独立同分布情形下的经典中心极限定理。

定理 4.4.1 Lindeberg-Lévy 中心极限定理

设 $\{X_n, n \geqslant 1\}$ 为独立同分布的随机变量序列, 数学期望为 μ, 方差为 σ^2, 则随机变量序列 $\{X_n, n \geqslant 1\}$ 满足中心极限定理.

证明 不妨设 $\mu = 0, \sigma = 1$. 设 X_1 的特征函数为 $f(t)$, 由连续性定理, 只需证明 $f^n\left(\frac{t}{\sqrt{n}}\right) \to \mathrm{e}^{-\frac{t^2}{2}}$. 因为

$$\begin{aligned} f(t) &= f(0) + f'(0)t + f''(0)\frac{t^2}{2} + o(t^2) \\ &= 1 - \frac{t^2}{2} + o(t^2), \end{aligned}$$

故

$$f^n\left(\frac{t}{\sqrt{n}}\right) = \left[1 - \frac{t^2}{2n} + o\left(\frac{1}{n}\right)\right]^n \longrightarrow \mathrm{e}^{-\frac{t^2}{2}}.$$ □

注意到二项分布具有可加性, 作为 Lindeberg-Lévy 中心极限定理的推论, 有

定理 4.4.2 De Moivre-Laplace 中心极限定理

设 Y_n 服从二项分布 $b(n,p)$, 则

$$\lim_{n\to\infty} P\left\{\frac{Y_n - np}{\sqrt{np(1-p)}} \leqslant y\right\} = \Phi(y),$$

这里 Φ 为标准正态分布的分布函数.

证明 设 $X_n, n \geqslant 1$ 相互独立且都服从二项分布 $b(1,p)$, 则对任意的 $n \geqslant 1$, $Y_n = \sum_{k=1}^{n} X_k$ 服从二项分布 $b(n,p)$. 注意到 $EY_n = np$, $\mathrm{Var}Y_n = np(1-p)$, 由 Lindeberg-Lévy 中心极限定理即得. □

4.4.3 应用

中心极限定理有很多应用场景, 譬如近似计算、误差分析、随机数的产生等, 这里仅给出在近似计算方面的应用.

若随机变量序列 $\{X_n, n \geqslant 1\}$ 满足中心极限定理, 则有

$$P\left(a \leqslant \sum_{k=1}^{n} X_k \leqslant b\right) \approx \Phi\left(\frac{b-n\mu}{\sigma\sqrt{n}}\right) - \Phi\left(\frac{a-n\mu}{\sigma\sqrt{n}}\right).$$

例 4.4.3　每袋味精的净重为随机变量, 平均重量为 100 克, 标准差为 10 克. 一箱内装 200 袋味精, 求一箱味精的净重大于 20300 克的概率.

解　设 X_k 表示第 k 袋味精的净重, $k = 1, 2, \cdots, 200$, $X_1, X_2, \cdots, X_{200}$ 独立同分布. 由题意, $EX_1 = 100, \mathrm{Var}X_1 = 10^2$. 由中心极限定理, 所求概率为

$$P\left(\sum_{k=1}^{200} X_k > 20300\right) \approx 1 - \Phi\left(\frac{20300 - 200 \times 100}{10\sqrt{200}}\right) = 1 - 0.9830 = 0.0170. \quad \square$$

例 4.4.4　设 X 为一次射击中命中的环数, X 取 6, 7, 8, 9, 10 的概率分别为 0.03, 0.02, 0.05, 0.1, 0.8. 求 100 次射击中命中环数在 950 环到 970 环之间的概率.

解　易求得 $EX = 9.6$, $\mathrm{Var}X = 0.8$. 设 X_k 表示第 k 次射击时命中的环数, $k = 1, 2, \cdots, 100$, 则 $X_1, X_2, \cdots, X_{100}$ 相互独立, 且都与 X 同分布. 于是, 由中心极限定理, 所求的概率为

$$\begin{aligned} P\left(950 \leqslant \sum_{k=1}^{100} X_k \leqslant 970\right) &\approx \Phi\left(\frac{970 - 100 \times 9.6}{\sqrt{100 \times 0.8}}\right) - \Phi\left(\frac{950 - 100 \times 9.6}{\sqrt{100 \times 0.8}}\right) \\ &\approx 2\Phi(1.12) - 1 = 2 \times 0.8686 = 0.7372. \end{aligned} \quad \square$$

例 4.4.5　设每颗炮弹命中目标的概率为 0.01, 求 500 发炮弹中命中 5 发的概率.

解　设 X 表示命中的炮弹数, 则 $X \sim b(500, 0.01)$.

由二项分布的分布列直接计算可得

$$P(X = 5) = \mathrm{C}_{500}^{5} \times 0.01^5 \times 0.99^{495} \approx 0.17635.$$

由中心极限定理近似计算可得

$$P(X = 5) = P(4.5 < X < 5.5) \approx \Phi\left(\frac{5.5 - 5}{\sqrt{4.95}}\right) - \Phi\left(\frac{4.5 - 5}{\sqrt{4.95}}\right) \approx 0.1742. \quad \square$$

注 4.4.2　二项分布是离散型分布, 而正态分布是连续型分布, 所以用正态分布作为二项分布的近似时, 可作如下修正:

$$\begin{aligned} P(k_1 \leqslant Y_n \leqslant k_2) &= P(k_1 - 0.5 < Y_n < k_2 + 0.5) \\ &\approx \Phi\left(\frac{k_2 + 0.5 - np}{\sqrt{np(1-p)}}\right) - \Phi\left(\frac{k_1 - 0.5 - np}{\sqrt{np(1-p)}}\right). \end{aligned}$$

例 4.4.6 100 个独立工作 (工作的概率为 0.9) 的部件组成一个系统, 求系统中至少有 85 个部件工作的概率.

解 设 X 表示工作的部件数, 则由题意知, $X \sim b(100, 0.9)$. 由中心极限定理知, 所求概率为

$$P(X \geqslant 85) \approx 1 - \Phi\left(\frac{85 - 0.5 - 100 \times 0.9}{\sqrt{100 \times 0.9 \times (1 - 0.9)}}\right)$$
$$= 1 - \Phi\left(-\frac{5.5}{3}\right) = \Phi(1.83) = 0.9664. \qquad \square$$

例 4.4.7 有 200 台独立工作 (工作的概率为 0.7) 的机床, 每台机床工作时需 15 千瓦电力. 问共需多少电力, 才可有 95% 的可能性保证正常生产?

解 设 X 表示正常工作的机床数, 则由题意知, $X \sim b(200, 0.7)$. 设需 y 千瓦电力, 才可有 95% 的可能性保证正常生产, 则必有

$$P(15X \leqslant y) \geqslant 95\%.$$

由中心极限定理知

$$0.95 \leqslant P(15X \leqslant y) \approx \Phi\left(\frac{\frac{y}{15} + 0.5 - 200 \times 0.7}{\sqrt{200 \times 0.7 \times (1 - 0.7)}}\right).$$

查标准正态分布函数表, 得

$$\frac{\frac{y}{15} + 0.5 - 200 \times 0.7}{\sqrt{200 \times 0.7 \times (1 - 0.7)}} \geqslant 1.645,$$

解得 $y \geqslant 2252$. 即共需 2252 千瓦电力, 才可有 95% 的可能性保证正常生产. $\square$

例 4.4.8 连续地掷多少次均匀的硬币, 方能使得出现正面的频率与 $\frac{1}{2}$ 的差异不超过 0.1 的概率至少为 0.7?

解 设需要掷 n 次, X 表示出现的正面数, 则 $X \sim b\left(n, \frac{1}{2}\right)$. 由题意, 必有

$$P\left(\left|\frac{X}{n} - \frac{1}{2}\right| \leqslant 0.1\right) \geqslant 0.7.$$

由切比雪夫不等式 (推论 2.5.1), $P\left(\left|\frac{X}{n} - \frac{1}{2}\right| \leqslant 0.1\right) \geqslant 1 - \frac{25}{n}$. 由此解得当 $n \geqslant 84$ 时, $1 - \frac{25}{n} \geqslant 0.7$.

但是由中心极限定理, $P\left(\left|\frac{X}{n}-\frac{1}{2}\right|\leqslant 0.1\right)=2\Phi\left(\frac{\sqrt{n}}{5}\right)-1$. 由此解得当 $n\geqslant 17$ 时, $2\Phi\left(\frac{\sqrt{n}}{5}\right)-1\geqslant 0.7$.

由二项分布的分布列直接计算可得, 当 $n=15$ 时, $P\left(\left|\frac{X}{n}-\frac{1}{2}\right|\leqslant 0.1\right)=P(0.4n\leqslant X\leqslant 0.6n)=0.7$. □

例 4.4.9　为确定某部电视剧的收视率 p, 现调查 n 个对象, 记其中的观众数为 X, 问 n 至少为多大才能保证 $\frac{X}{n}$ 与 p 的差异小于 0.01 的概率不小于 95%?

解　由题意, 必有

$$P\left(\left|\frac{X}{n}-p\right|\leqslant 0.01\right)\geqslant 0.95.$$

由切比雪夫不等式 (推论 2.5.1), $P\left(\left|\frac{X}{n}-p\right|\leqslant 0.01\right)\geqslant 1-\frac{p(1-p)}{n}\times 10^4$.

注意到 $p(1-p)\leqslant\frac{1}{4}$, 当 $n\geqslant 5\times 10^4$ 时, $1-\frac{p(1-p)}{n}\times 10^4\geqslant 0.95$.

由中心极限定理, $P\left(\left|\frac{X}{n}-p\right|\leqslant 0.01\right)=2\Phi\left(0.01\sqrt{\frac{n}{p(1-p)}}\right)-1$. 当 $n\geqslant 9604$ 时, $2\Phi\left(0.01\sqrt{\frac{n}{p(1-p)}}\right)-1\geqslant 0.95$. □

注 4.4.3　中心极限定理比直接用切比雪夫不等式 (推论 2.5.1) 作近似计算精度更好.

4.4.4　独立不同分布情形

定义 4.4.2　Lindeberg-Feller 条件

设 $\{X_n,n\geqslant 1\}$ 是独立随机变量序列, 且 $EX_n=\mu_n$, $\mathrm{Var}X_n=\sigma_n^2<\infty$. 记 $s_n=\sqrt{\sum_{i=1}^n\sigma_i^2}$, 若对任意的 $\varepsilon>0$,

$$\frac{1}{s_n^2}\sum_{i=1}^n E(X_i-\mu_i)^2 1_{\{|X_i-\mu_i|>\varepsilon s_n\}}\longrightarrow 0,$$

则称 $\{X_n,n\geqslant 1\}$ 满足 Lindeberg-Feller 条件.

定理 4.4.3　Lindeberg-Feller 中心极限定理

设独立随机变量序列 $\{X_n,n\geqslant 1\}$ 满足 Lindeberg-Feller 条件, 则对任意的

$x \in \mathbb{R}$,

$$\lim_{n\to\infty} P\left(\frac{\sum_{i=1}^{n}(X_i-\mu_i)}{s_n} \leqslant x\right) = \Phi(x),$$

其中 Φ 为标准正态分布的分布函数.

Lindeberg-Feller 中心极限定理的证明比较烦琐, 有兴趣的读者可以参阅文献 Billingsley (1995). 尽管 Lindeberg-Feller 条件一般, 但验证起来比较困难. 下面的 Lyapunov 定理较 Lindeberg-Feller 定理更为常用, 因为相对来说其条件比较容易验证.

定理 4.4.4 Lyapunov 定理

设 $\{X_n, n \geqslant 1\}$ 是独立随机变量序列, 且 $EX_n = \mu_n$, $\mathrm{Var}X_n = \sigma_n^2 < \infty$. 记 $s_n = \sqrt{\sum_{i=1}^{n}\sigma_i^2}$, 若存在 $\delta > 0$, 满足

$$\lim_{n\to\infty} \frac{1}{s_n^{2+\delta}} \sum_{i=1}^{n} E|X_i-\mu_i|^{2+\delta} = 0,$$

则对任意的 $x \in \mathbb{R}$,

$$\lim_{n\to\infty} P\left(\frac{\sum_{i=1}^{n}(X_i-\mu_i)}{s_n} \leqslant x\right) = \Phi(x),$$

其中 Φ 为标准正态分布的分布函数.

证明 Lyapunov 定理的证明可以参阅文献 Sen 等 (1993), 也可直接验证 Lindeberg-Feller 条件.

事实上,

$$\begin{aligned}
&\frac{1}{s_n^2}\sum_{i=1}^{n} E(X_i-\mu_i)^2 1_{\{|X_i-\mu_i|>\varepsilon s_n\}} \\
&= \sum_{i=1}^{n} E\left[\left|\frac{X_i-\mu_i}{s_n}\right|^2 \cdot 1 \cdot 1_{\{|X_i-\mu_i|>\varepsilon s_n\}}\right] \\
&\leqslant \sum_{i=1}^{n} E\left[\left|\frac{X_i-\mu_i}{s_n}\right|^2 \cdot \left|\frac{X_i-\mu_i}{\varepsilon s_n}\right|^{\delta} \cdot 1_{\{|X_i-\mu_i|>\varepsilon s_n\}}\right] \\
&\leqslant \frac{1}{\varepsilon^{\delta}} \frac{1}{s_n^{2+\delta}} \sum_{i=1}^{n} E|X_i-\mu_i|^{2+\delta} \to 0,
\end{aligned}$$

当 $n \to \infty$. □

注 4.4.4　实际使用 Lyapunov 定理时, 为了运算方便, 经常尝试 $\delta = 1$ 或 2 的情形.

推论 4.4.1　伯努利分布的中心极限定理

设 $\{X_n, n \geqslant 1\}$ 是独立随机变量序列, 且对任意的 $n \geqslant 1$, $X_n \sim b(1, p_n)$, 记 $Y_n = \dfrac{\sum\limits_{i=1}^{n}(X_i - p_i)}{\sqrt{\sum\limits_{i=1}^{n} p_i(1-p_i)}}$, 若 $\sum\limits_{n=1}^{\infty} p_n(1-p_n) = \infty$, 则对任意的 $x \in \mathbb{R}$,

$$\lim_{n\to\infty} P(Y_n \leqslant x) = \Phi(x),$$

其中 Φ 为标准正态分布的分布函数.

证明　注意到对任意的 $n \geqslant 1$, $X_n \sim b(1, p_n)$, 于是 $EX_n = p_n$, $\mathrm{Var}X_n = p_n(1-p_n)$, 且

$$E|X_n - EX_n|^3 = E|X_n - p_n|^3 = p_n(1-p_n)(p_n^2 + (1-p_n)^2) \leqslant p_n(1-p_n).$$

对 $\delta = 1$ 验证 Lyapunov 定理的条件: 当 $n \to \infty$ 时

$$\frac{\sum\limits_{i=1}^{n} E|X_i - EX_i|^3}{\left[\sum\limits_{i=1}^{n} p_i(1-p_i)\right]^{\frac{3}{2}}} \leqslant \frac{1}{\left[\sum\limits_{i=1}^{n} p_i(1-p_i)\right]^{\frac{1}{2}}} \to 0,$$

即 Lyapunov 定理的条件成立, 故得证. □

例 4.4.10　某份试卷由 99 个题目构成, 学生至少答对 60 个方能通过考试. 假设某考生答对第 i 题的概率为 $1 - \dfrac{i}{100}$, 且回答各题是相互独立的, 试利用中心极限定理估计该生通过考试的概率.

解　设 $p_i = 1 - \dfrac{i}{100}$, $X_i = 1$ 表示考生答对第 i 题, $X_i = 0$ 表示考生答错第 i 题, 则 $X_i \sim b(1, p_i)$, $i = 1, 2, \cdots, 99$. 由题目假设, 诸 X_i 相互独立. 容易计算得

$$\sum_{i=1}^{99} p_i = 49.5, \quad \sum_{i=1}^{99} p_i(1-p_i) = 16.665.$$

由中心极限定理知, 考生答对的题目数 $\sum\limits_{i=1}^{99} X_i$ 渐近服从均值为 49.5、方差为

16.665 的正态分布. 故考生通过考试的概率为

$$P\left(\sum_{i=1}^{99} X_i \geqslant 60\right) = P\left(\frac{\sum_{i=1}^{99} X_i - 49.5}{\sqrt{16.665}} \geqslant \frac{60-49.5}{\sqrt{16.665}}\right) \approx 0.005. \qquad \square$$

4.4.5 Delta 方法

中心极限定理告诉我们, 若随机变量序列 $X_1, \cdots, X_n, \cdots$ 满足某些条件, $S_n = \sum_{k=1}^{n} X_k$, 则当 $n \to \infty$ 时, S_n 渐近服从正态分布. 若 f 是一次函数, 由正态分布的线性不变性, S_n 的线性变换 $f(S_n)$ 也渐近服从正态分布. 我们的问题是, 如果 f 是其他类型的函数, $f(S_n)$ 的渐近分布是什么? 本节将介绍 Delta 方法来回答这个问题.

定理 4.4.5 Delta 定理

设 $\{Y_n, n \geqslant 1\}$ 为随机变量序列, F^* 为连续的分布函数, θ 为实数, 数列 $\{a_n, n \geqslant 1\}$ 满足 $0 < a_n \uparrow \infty$, 且使得

$$a_n(Y_n - \theta) \xrightarrow{\mathrm{d}} F^*.$$

若 $\alpha(\theta)$ 是 θ 的函数, 且有连续的导函数 $\alpha'(\theta) \neq 0$, 则

$$\frac{a_n(\alpha(Y_n) - \alpha(\theta))}{\alpha'(\theta)} \xrightarrow{\mathrm{d}} F^*,$$

即 $\dfrac{a_n(\alpha(Y_n) - \alpha(\theta))}{\alpha'(\theta)}$ 具有和 $a_n(Y_n - \theta)$ 相同的渐近分布 F^*.

在证明 Delta 定理之前, 我们来看看它的应用. Delta 定理常用的是下面的推论.

推论 4.4.2 设随机变量序列 $\{X_n, n \geqslant 1\}$ 独立同分布, 具有数学期望 μ 和方差 σ^2, 记 $\overline{X}_n = \dfrac{1}{n}\sum_{k=1}^{n} X_k$. 设 $\alpha(\mu)$ 为 μ 的函数且有连续的导函数 $\alpha'(\mu) \neq 0$, 则

$$\frac{\sqrt{n}}{\sigma \cdot \alpha'(\mu)}\left(\alpha\left(\overline{X}_n\right) - \alpha(\mu)\right) \xrightarrow{\mathrm{d}} N(0,1).$$

证明 由中心极限定理,

$$\frac{\overline{X}_n - \mu}{\frac{\sigma}{\sqrt{n}}} \xrightarrow{\mathrm{d}} N(0,1).$$

记 $Y_n = \overline{X}_n$, $a_n = \dfrac{\sqrt{n}}{\sigma}$, $\theta = \mu$, 由 Delta 定理,

$$\frac{\sqrt{n}}{\sigma \cdot \alpha'(\mu)}\left(\alpha\left(\overline{X}_n\right) - \alpha(\mu)\right) \xrightarrow{\mathrm{d}} N(0,1).$$

□

例 4.4.11　在一个排队系统中, 假设每个顾客被服务的时间构成独立同分布的随机变量序列 $\{X_n, n \geqslant 1\}$, 且有期望 μ 和方差 σ^2, 则服务效率 $\dfrac{1}{\overline{X}_n}$ 近似服从均值为 $\dfrac{1}{\mu}$、方差为 $\dfrac{\sigma^2}{n\mu^4}$ 的正态分布.

证明　记 $\alpha(x) = \dfrac{1}{x}$, 则 $\alpha'(x) = -\dfrac{1}{x^2}$. 由推论 4.4.2 知

$$-\frac{\sqrt{n}\mu^2}{\sigma}\left(\frac{1}{\overline{X}_n} - \frac{1}{\mu}\right) \xrightarrow{\mathrm{d}} N(0,1).$$

即 $\dfrac{1}{\overline{X}_n}$ 近似服从均值为 $\dfrac{1}{\mu}$、方差为 $\dfrac{\sigma^2}{n\mu^4}$ 的正态分布. □

下面给出 Delta 定理的证明. 证明需要使用 Baby Skorohod 定理 (其证明读者可参阅文献 Resnick (2014) 中的定理 8.3.2.

定理 4.4.6　Baby Skorohod 定理

设 $\{X_n, n \geqslant 0\}$ 是概率空间 $(\Omega, \mathcal{F}, P)$ 中的随机变量序列, 且 $X_n \xrightarrow{\mathrm{d}} X_0$, 则在 Lebesgue 概率空间 $([0,1], \mathcal{B}([0,1]), m)$(其中 m 为 Lebesgue 测度) 中存在随机变量序列 $\{X_n^*, n \geqslant 0\}$, 使得对每个 $n \geqslant 0$, X_n^* 与 X_n 同分布, 且 $X_n^* \to X_0^*$ 关于 Lebesgue 测度 m 几乎处处成立.

Delta 定理的证明　由 Baby Skorohod 定理, 在概率空间 $([0,1], \mathcal{B}([0,1]), m)$ 中存在随机变量序列 $\{Z_n^*, n \geqslant 0\}$, 使得对每个 $n \geqslant 1$, Z_n^* 与 $a_n(Y_n - \theta)$ 同分布, Z_0^* 具有分布 F^*, 且 $Z_n^* \xrightarrow{\text{a.s.}} Z_0^*$.

于是, $\dfrac{Z_n^*}{a_n} \xrightarrow{\text{a.s.}} 0$, 从而由已知,

$$\frac{a_n}{\alpha'(\theta)}\left(\alpha\left(\theta + \frac{Z_n^*}{a_n}\right) - \alpha(\theta)\right) = \frac{\alpha\left(\theta + \dfrac{Z_n^*}{a_n}\right) - \alpha(\theta)}{\dfrac{Z_n^*}{a_n}} \cdot \frac{Z_n^*}{\alpha'(\theta)} \xrightarrow{\mathrm{d}} \alpha'(\theta) \cdot \frac{Z_0^*}{\alpha'(\theta)} = Z_0^*.$$

又因为 Y_n 与 $\theta + \dfrac{Z_n^*}{a_n}$ 同分布, 从而 $\dfrac{a_n(\alpha(Y_n) - \alpha(\theta))}{\alpha'(\theta)}$ 的渐近分布也为 F^*. □

习 题 4

1. 设 $X_n \xrightarrow{\text{a.s.}} X$, 记 $A_n(\varepsilon)=\{|X_n-X|\geqslant\varepsilon\}, n\geqslant 1$, $B_n(\varepsilon)=\bigcup_{m=n}^{\infty}A_n(\varepsilon)$, 证明对任意的 $\varepsilon>0$, $P(B_n(\varepsilon))\to 0$.

2. 若 $\sum_{n=1}^{\infty}P(|X_n-X|\geqslant\varepsilon)<\infty$, 证明 $X_n \xrightarrow{\text{a.s.}} X$.

3. 设 $X_1, X_2, \cdots$ 相互独立, 且对任意的 $k\geqslant 1$, X_k 服从两点分布 $b(1,p_k)$, 证明 $X_n \xrightarrow{P} 0$ 当且仅当 $\lim_{n\to\infty}p_n=0$.

4. 设 $a>0$, $X_1, X_2, \cdots$ 相互独立且都服从均匀分布 $U(0,a)$, 记 $Y_n=\max_{1\leqslant k\leqslant n}X_k$, 证明 $Y_n \xrightarrow{P} a$.

5. 已知随机变量 X 的概率密度函数为 $p(x)=\frac{1}{2}\mathrm{e}^{-|x|}$, 求 X 的特征函数.

6. 已知随机变量 X 的概率密度函数为 $p(x)=\max(1-|1-x|,0)$, 求 X 的特征函数.

7. 已知随机变量 X 的特征函数为 $\phi(t)=\frac{1}{16}(1+\mathrm{e}^{\mathrm{i}t})^4$, 求 EX 和 $\mathrm{Var}X$.

8. 证明随机变量 X 的特征函数是实值函数当且仅当 X 与 $-X$ 同分布.

9. 设随机变量序列 $\{X_n, n\geqslant 1\}$ 相互独立, 且

$$P(X_n=n^a)=P(X_n=-n^a)=\frac{1}{2},\quad n\geqslant 1,$$

其中 $0<a<1$. 证明当 $a<\frac{1}{2}$ 时, $\{X_n, n\geqslant 1\}$ 服从大数定律.

10. 设随机变量序列 $\{X_n, n\geqslant 1\}$ 相互独立, 且

$$P(X_n=2^n)=P(X_n=2^{-n})=\frac{1}{2^{2n+1}},\quad P(X_n=0)=1-\frac{1}{2^{2n}},\quad n\geqslant 1,$$

证明 $\{X_n, n\geqslant 1\}$ 服从大数定律.

11. 设随机变量序列 $\{X_n, n\geqslant 1\}$ 同分布且方差存在. 若 $i\neq j$ 时, $\mathrm{Cov}(X_i,X_j)\leqslant 0$. 证明 $\{X_n, n\geqslant 1\}$ 服从大数定律.

12. 设随机变量序列 $\{X_n, n\geqslant 1\}$ 相互独立且同分布, 且共同的概率密度函数为

$$p(x)=\begin{cases}2x^{-3}, & x\geqslant 1,\\ 0, & x<1.\end{cases}$$

证明 $\{X_n, n\geqslant 1\}$ 服从大数定律.

13. 设 $\{a_n, n\geqslant 1\}$ 为一实数列, 若随机变量序列 $\{X_n, n\geqslant 1\}$ 服从中心极限定理, 证明随机变量序列 $\{X_n+a_n, n\geqslant 1\}$ 也服从中心极限定理.

14. 独立抛掷 100 颗均匀的骰子, 记所得点数的平均值为 $\overline{X}$, 利用中心极限定理求概率 $P(3\leqslant\overline{X}\leqslant 4)$.

15. 掷一枚均匀的硬币 900 次, 试估计至少出现 495 次正面的概率.

16. 某份试卷由 100 个题目构成, 学生至少答对 60 个方能通过考试. 假设某考生答对每一题的概率为 $\frac{1}{2}$, 且回答各题是相互独立的, 试估计该生通过考试的概率.

17. 某厂生产的螺丝钉不合格率为 0.01, 问一盒中应装多少只才能使得其中含有 100 只合格品的概率不小于 0.95?

参考文献

丁万鼎, 刘寿喜, 王佩瑾, 等, 1988. 概率论与数理统计. 上海: 上海科学技术出版社.

匡继昌, 2004. 常用不等式. 3 版. 济南: 山东科学技术出版社.

李少甫, 阎国军, 戴宁, 等, 2011. 概率论. 北京: 科学出版社.

李贤平, 2010. 概率论基础. 3 版. 北京: 高等教育出版社.

茆诗松, 程依明, 濮晓龙, 2011. 概率论与数理统计教程. 2 版. 北京: 高等教育出版社.

苏淳, 2010. 概率论. 2 版. 北京: 科学出版社.

周民强, 2008. 实变函数论. 2 版. 北京: 北京大学出版社.

A. H. 施利亚耶夫, 2008. 概率论习题集. 苏淳, 译. 北京: 高等教育出版社.

Billingsley P, 1995. Probability and Measure. 3rd ed. New York: John Wiley.

Boccaletti S, Latora V, Moreno Y, et al., 2006. Complex networks: Structure and dynamics. Physics Reports, 424: 175-308.

Bollobás B, 2011. Random Graphs. 2nd ed. London: Cambridge University Press.

DasGupta A, 2010. Fundamentals of Probability: A First Course. New York: Springer.

Degroot M H, Schervish M J, 2012. Probability and Statistics. 4th ed. Boston: Pearson Education.

Durrett R, 2013. Probability: Theory and Examples. 4th ed. New York: Cambridge University Press.

Lefebvre M, 2009. Basic Probability Theory with Applications. New York: Springer.

Lin Z Y, Bai Z D, 2010. Probability Inequalities. New York: Springer.

Resnick S I, 2014. A Probability Path. New York: Birkhäuser.

Sen P K, Singer J, 1993. Large Sample Methods in Statistics: An Introduction with Applications. New York: Chapman and Hall.

附　　录

泊松分布函数表

$$P(X \leqslant k)=\sum_{i=0}^{k}\frac{\lambda^i}{i!}\mathrm{e}^{-\lambda}$$

k \ λ	0.1	0.2	0.3	0.4	0.5	0.6
0	0.904837	0.818731	0.740818	0.670320	0.606531	0.548812
1	0.995321	0.982477	0.963064	0.938448	0.909796	0.878099
2	0.999845	0.998852	0.996401	0.992074	0.985612	0.976885
3	0.999996	0.999943	0.999734	0.999224	0.998248	0.996642
4	1.000000	0.999998	0.999984	0.999939	0.999828	0.999606
5	1.000000	1.000000	0.999999	0.999996	0.999986	0.999961
6	1.000000	1.000000	1.000000	1.000000	0.999999	0.999997
7	1.000000	1.000000	1.000000	1.000000	1.000000	1.000000

k \ λ	0.7	0.8	0.9	1	1.5	2
0	0.496585	0.449329	0.406570	0.367879	0.223130	0.135335
1	0.844195	0.808792	0.772482	0.735759	0.557825	0.406006
2	0.965858	0.952577	0.937143	0.919699	0.808847	0.676676
3	0.994247	0.990920	0.986541	0.981012	0.934358	0.857123
4	0.999214	0.998589	0.997656	0.996340	0.981424	0.947347
5	0.999910	0.999816	0.999657	0.999406	0.995544	0.983436
6	0.999991	0.999979	0.999957	0.999917	0.999074	0.995466
7	0.999999	0.999998	0.999995	0.999990	0.999830	0.998903
8	1.000000	1.000000	1.000000	0.999999	0.999972	0.999763
9	1.000000	1.000000	1.000000	1.000000	0.999996	0.999954
10	1.000000	1.000000	1.000000	1.000000	0.999999	0.999992
11	1.000000	1.000000	1.000000	1.000000	1.000000	0.999999
12	1.000000	1.000000	1.000000	1.000000	1.000000	1.000000

$$P(X \leqslant k)=\sum_{i=0}^{k}\frac{\lambda^i}{i!}\mathrm{e}^{-\lambda}$$

续表

k \ λ	2.5	3	3.5	4	4.5	5
0	0.082085	0.049787	0.030197	0.018316	0.011109	0.006738
1	0.287297	0.199148	0.135888	0.091578	0.061099	0.040428
2	0.543813	0.423190	0.320847	0.238103	0.173578	0.124652
3	0.757576	0.647232	0.536633	0.433470	0.342296	0.265026
4	0.891178	0.815263	0.725445	0.628837	0.532104	0.440493
5	0.957979	0.916082	0.857614	0.785130	0.702930	0.615961
6	0.985813	0.966491	0.934712	0.889326	0.831051	0.762183
7	0.995753	0.988095	0.973261	0.948866	0.913414	0.866628
8	0.998860	0.996197	0.990126	0.978637	0.959743	0.931906
9	0.999723	0.998898	0.996685	0.991868	0.982907	0.968172
10	0.999938	0.999708	0.998981	0.997160	0.993331	0.986305
11	0.999987	0.999929	0.999711	0.999085	0.997596	0.994547
12	0.999998	0.999984	0.999924	0.999726	0.999195	0.997981
13	1.000000	0.999997	0.999981	0.999924	0.999748	0.999302
14	1.000000	0.999999	0.999996	0.999980	0.999926	0.999774
15	1.000000	1.000000	0.999999	0.999995	0.999980	0.999931
16	1.000000	1.000000	1.000000	0.999999	0.999995	0.999980
17	1.000000	1.000000	1.000000	1.000000	0.999999	0.999995
18	1.000000	1.000000	1.000000	1.000000	1.000000	0.999999
19	1.000000	1.000000	1.000000	1.000000	1.000000	1.000000
20	1.000000	1.000000	1.000000	1.000000	1.000000	1.000000
21	1.000000	1.000000	1.000000	1.000000	1.000000	1.000000
22	1.000000	1.000000	1.000000	1.000000	1.000000	1.000000
23	1.000000	1.000000	1.000000	1.000000	1.000000	1.000000
24	1.000000	1.000000	1.000000	1.000000	1.000000	1.000000
25	1.000000	1.000000	1.000000	1.000000	1.000000	1.000000
26	1.000000	1.000000	1.000000	1.000000	1.000000	1.000000
27	1.000000	1.000000	1.000000	1.000000	1.000000	1.000000
28	1.000000	1.000000	1.000000	1.000000	1.000000	1.000000
29	1.000000	1.000000	1.000000	1.000000	1.000000	1.000000
30	1.000000	1.000000	1.000000	1.000000	1.000000	1.000000

$$P(X \leqslant k)=\sum_{i=0}^{k}\frac{\lambda^{i}}{i!}\mathrm{e}^{-\lambda}$$

续表

k \ λ	6	7	8	9	10
0	0.002479	0.000912	0.000335	0.000123	0.000045
1	0.017351	0.007295	0.003019	0.001234	0.000499
2	0.061969	0.029636	0.013754	0.006232	0.002769
3	0.151204	0.081765	0.042380	0.021226	0.010336
4	0.285057	0.172992	0.099632	0.054964	0.029253
5	0.445680	0.300708	0.191236	0.115691	0.067086
6	0.606303	0.449711	0.313374	0.206781	0.130141
7	0.743980	0.598714	0.452961	0.323897	0.220221
8	0.847237	0.729091	0.592547	0.455653	0.332820
9	0.916076	0.830496	0.716624	0.587408	0.457930
10	0.957379	0.901479	0.815886	0.705988	0.583040
11	0.979908	0.946650	0.888076	0.803008	0.696776
12	0.991173	0.973000	0.936203	0.875773	0.791556
13	0.996372	0.987189	0.965819	0.926149	0.864464
14	0.998600	0.994283	0.982743	0.958534	0.916542
15	0.999491	0.997593	0.991769	0.977964	0.951260
16	0.999825	0.999042	0.996282	0.988894	0.972958
17	0.999943	0.999638	0.998406	0.994680	0.985722
18	0.999982	0.999870	0.999350	0.997574	0.992813
19	0.999995	0.999956	0.999747	0.998944	0.996546
20	0.999999	0.999986	0.999906	0.999561	0.998412
21	1.000000	0.999995	0.999967	0.999825	0.999300
22	1.000000	0.999999	0.999989	0.999933	0.999704
23	1.000000	1.000000	0.999996	0.999975	0.999880
24	1.000000	1.000000	0.999999	0.999991	0.999953
25	1.000000	1.000000	1.000000	0.999997	0.999982
26	1.000000	1.000000	1.000000	0.999999	0.999994
27	1.000000	1.000000	1.000000	1.000000	0.999998
28	1.000000	1.000000	1.000000	1.000000	0.999999
29	1.000000	1.000000	1.000000	1.000000	1.000000
30	1.000000	1.000000	1.000000	1.000000	1.000000

标准正态分布函数表

$$\Phi(x)=\frac{1}{\sqrt{2\pi}}\int_{-\infty}^{x}e^{-\frac{t^2}{2}}dt$$

x	0	0.01	0.02	0.03	0.04	0.05	0.06	0.07	0.08	0.09
0.0	0.5000	0.5040	0.5080	0.5120	0.5160	0.5199	0.5239	0.5279	0.5319	0.5359
0.1	0.5398	0.5438	0.5478	0.5517	0.5557	0.5596	0.5636	0.5675	0.5714	0.5753
0.2	0.5793	0.5832	0.5871	0.5910	0.5948	0.5987	0.6026	0.6064	0.6103	0.6141
0.3	0.6179	0.6217	0.6255	0.6293	0.6331	0.6368	0.6406	0.6443	0.6480	0.6517
0.4	0.6554	0.6591	0.6628	0.6664	0.6700	0.6736	0.6772	0.6808	0.6844	0.6879
0.5	0.6915	0.6950	0.6985	0.7019	0.7054	0.7088	0.7123	0.7157	0.7190	0.7224
0.6	0.7257	0.7291	0.7324	0.7357	0.7389	0.7422	0.7454	0.7486	0.7517	0.7549
0.7	0.7580	0.7611	0.7642	0.7673	0.7704	0.7734	0.7764	0.7794	0.7823	0.7852
0.8	0.7881	0.7910	0.7939	0.7967	0.7995	0.8023	0.8051	0.8078	0.8106	0.8133
0.9	0.8159	0.8186	0.8212	0.8238	0.8264	0.8289	0.8315	0.8340	0.8365	0.8389
1.0	0.8413	0.8438	0.8461	0.8485	0.8508	0.8531	0.8554	0.8577	0.8599	0.8621
1.1	0.8643	0.8665	0.8686	0.8708	0.8729	0.8749	0.877	0.8790	0.8810	0.8830
1.2	0.8849	0.8869	0.8888	0.8907	0.8925	0.8944	0.8962	0.8980	0.8997	0.9015
1.3	0.9032	0.9049	0.9066	0.9082	0.9099	0.9115	0.9131	0.9147	0.9162	0.9177
1.4	0.9192	0.9207	0.9222	0.9236	0.9251	0.9265	0.9279	0.9292	0.9306	0.9319
1.5	0.9332	0.9345	0.9357	0.9370	0.9382	0.9394	0.9406	0.9418	0.9429	0.9441
1.6	0.9452	0.9463	0.9474	0.9484	0.9495	0.9505	0.9515	0.9525	0.9535	0.9545
1.7	0.9554	0.9564	0.9573	0.9582	0.9591	0.9599	0.9608	0.9616	0.9625	0.9633
1.8	0.9641	0.9649	0.9656	0.9664	0.9671	0.9678	0.9686	0.9693	0.9699	0.9706
1.9	0.9713	0.9719	0.9726	0.9732	0.9738	0.9744	0.9750	0.9756	0.9761	0.9767
2.0	0.9772	0.9778	0.9783	0.9788	0.9793	0.9798	0.9803	0.9808	0.9812	0.9817
2.1	0.9821	0.9826	0.9830	0.9834	0.9838	0.9842	0.9846	0.9850	0.9854	0.9857
2.2	0.9861	0.9864	0.9868	0.9871	0.9875	0.9878	0.9881	0.9884	0.9887	0.9890
2.3	0.9893	0.9896	0.9898	0.9901	0.9904	0.9906	0.9909	0.9911	0.9913	0.9916
2.4	0.9918	0.9920	0.9922	0.9925	0.9927	0.9929	0.9931	0.9932	0.9934	0.9936
2.5	0.9938	0.9940	0.9941	0.9943	0.9945	0.9946	0.9948	0.9949	0.9951	0.9952
2.6	0.9953	0.9955	0.9956	0.9957	0.9959	0.9960	0.9961	0.9962	0.9963	0.9964
2.7	0.9965	0.9966	0.9967	0.9968	0.9969	0.9970	0.9971	0.9972	0.9973	0.9974
2.8	0.9974	0.9975	0.9976	0.9977	0.9977	0.9978	0.9979	0.9979	0.9980	0.9981
2.9	0.9981	0.9982	0.9982	0.9983	0.9984	0.9984	0.9985	0.9985	0.9986	0.9986
3.0	0.9987	0.9987	0.9987	0.9988	0.9988	0.9989	0.9989	0.9990	0.9990	0.9990